浩荡黄河

黄河堤防

黄河花园口段

黄河三门峡段

黄河山西段

黄河湿地山东段

黄河小浪底

黄河大桥

黄河二桥

黄河夕照

壶口瀑布

黄河日出

黄河中下游

炎黄巨塑

三门峡天鹅湖

秀美黄河

春雨惊春清谷天，

夏满芒夏暑相连，

秋处露秋寒霜降，

冬雪雪冬小大寒。

二十四节气·黄河文明的杰作

吕宏军 著

气象出版社
China Meteorological Press

内容简介

本书是一部系统研究二十四节气的理论性著作，主要论述二十四节气诞生于黄河中下游的气候、文化、地理、天文、农业、科技和人口因素；着重阐释西周时期的社会形态使二十四节气开始萌芽，春秋战国时期社会的变革使二十四节气产生雏形，黄河文明的融汇使二十四节气在秦汉时期得到确立和发展，成为中国农业和人们生活的重要指南，也是中国节气民俗产生的源泉，保护和传承二十四节气意义重大。本书是人们了解、认知和研究二十四节气不可或缺的书籍。

图书在版编目（CIP）数据

二十四节气 ： 黄河文明的杰作 / 吕宏军著. 北京 ： 气象出版社， 2025. 3. -- ISBN 978-7-5029-8443-4

Ⅰ. P462

中国国家版本馆 CIP 数据核字第 2025H2L000 号

二十四节气 · 黄河文明的杰作

Ershisi Jieqi • Huanghe Wenming de Jiezuo

出版发行：气象出版社
地　　址：北京市海淀区中关村南大街 46 号　　**邮政编码**：100081
电　　话：010-68407112(总编室)　010-68408042(发行部)
网　　址：http://www.qxcbs.com　　**E-mail**：qxcbs@cma.gov.cn
责任编辑：王　聪　　**终　　审**：张　斌
责任校对：张硕杰　　**责任技编**：赵相宁
封面设计：楠竹文化
印　　刷：中煤(北京)印务有限公司
开　　本：710 mm×1000 mm　1/16　　**印　　张**：18.25
字　　数：268 千字　　**彩　　插**：4
版　　次：2025 年 3 月第 1 版　　**印　　次**：2025 年 3 月第 1 次印刷
定　　价：90.00 元

序

宋豫秦

诞生于黄河中下游地区的二十四节气，是黄河文明大观园中的一大瑰宝，也是中华民族对人类文明进步做出的杰出贡献。

二十四节气是我国古代先民通过观察太阳周年运动并结合中原地区的自然条件而形成的时间知识体系。二十四节气的形成经历了漫长的历史过程，在数千年实践和认知积淀的基础上，至西周时期开始萌芽，东周时期的社会和思想大变革孕育了其雏形。秦汉时期大一统的社会政治背景，促使二十四节气得以确立，并逐步影响到全国，成为生产活动的重要指南和生活方式的得力向导。由二十四节气衍生的时令、习俗、禁忌等，也成为中国民俗文化的重要组成部分。鉴于此，二十四节气于 2006 年被列入国家级非物质文化遗产，2016 年被联合国教科文组织列入人类非物质文化遗产名录，甚至被誉为中国的第五大发明。

二十四节气作为中华优秀传统文化，以其非凡的历史、科学、文化及实用价值等，历来受到人们的高度重视。从《吕氏春秋》显露出的二十四节气雏形，到《淮南子》展示的二十四节气体系，从《逸周书·时训解》所载的七十二候，到《月令七十二候集解》等，都反映了古代社会对二十四节气的高度认同。

近年来，有关二十四节气的书籍不断涌现，特别是二十四节气被列为国家和人类非物质文化遗产后，阐述二十四节气的书籍不断面世。这一可喜现象不仅有利于二十四节气的传承，也对于弘扬中华优秀传统文化起到了积极作用。然而纵观古今，刊印出版的二十四节气书籍，以介绍性质者占比为最，而研究和探索者甚少，从自然环境、人文环境及节气产生本源角度进行阐释者尤其罕见，从理论层面解析二十四节气对生产、生活和文化有何种重大影响的论述也不多见。

吕宏军先生是国家有关机构授予的农历二十四节气非物质文化遗产代表性传承人。他出生于中岳嵩山脚下的河南登封，此地因周公测日影、定地中、察物候、制节令而闻名遐迩。其父吕江水先生乃当地研究二十四节气的资深专家，著述颇丰，口碑甚佳。凭借天时地利之优势和耳濡目染之便利，宏军先生很早就致力于二十四节气的研究和传承，迄今已历时四十余载。其著作功底深厚，造诣精深，新意迭出，堪称这一研究领域的佼佼者和领头羊。

《二十四节气·黄河文明的杰作》一书，从二十四节气诞生地黄河中下游的气候、地理、文化、天文、农耕、科技、人口等方面入手，深入剖析了二十四节气产生于此的自然和人文因素，确认气候是节气产生的气象条件，文化是节气产生的人文环境，居国之中是节气产生的地理和天文因素，农耕是节气产生的经济基础，科技和人口是节气产生的内在动力等。本书还深刻阐释了西周时期重视农耕、分封制及居中经略中原等因素，促使二十四节气于此时萌芽。春秋战国时期政治、经济、文化的大变革，尤其是思想文化领域“百家争鸣”氛围的形成，使节气于此时具备雏形。秦汉时期的大一统及农耕经济的快速发展，使二十四节气得以确立。西汉时期二十四节气列入《太初历》颁行天下，是二十四节气从理念、理论发展到全面指导生产和生活实践的标志，是节气发展史上的重要节点。

本书是二十四节气形成后对农事活动影响的阐述，对社会生活影响的解读，对民俗文化影响的诠释，厘清了节气与三者之间的内在联系和相互作用关系。书中对诸多细节问题的阐释，如节气的本源、节气的次序、节气的完善与发展、节气确立的主导者及时间、节气体现的传统文化观念等，皆为本书的特色和亮点。

该书作为一部系统研究二十四节气的理论性著述，内容之丰富、认识之新颖、价值之广博毋庸置疑。作为二十四节气研究史上极富创新意义的著作，本书的面世将为人们研究二十四节气打开一个敞亮的窗口，成为各界人士了解、认知和研究二十四节气不可或缺的文献。

传承、创新具有时代应用价值的中华优秀传统文化，是当前传统文化研究尤其是传统生态文化研究的一个崭新领域。由于笔者的学术履历兼跨考古学、地理学和环境科学与可持续发展，加之近年来与本书作者有过诸多交流合作，深知本书具有多学科的学术功能和多领域的应用价值，不失为交叉科学研究的扛鼎之作。其所荟萃的珍贵史料和迸发的真知灼见，对于践行生态文明理念，实现人与自然的和谐共生，有着无可替代的作用和意义。故不揣浅陋草成上文，忝为序。

2025 年元旦于北京大学

（作者系北京大学环境科学与工程学院教授）

前言

在中国源远流长的历史长河中，中华民族缔造了恢宏的历史，创造了灿烂的文明。造纸术、指南针、火药、活字印刷、陶瓷、中医药等众多伟大的发明，无不闪烁着耀眼的光芒。而在中华民族的农耕史上，二十四节气的诞生，则是中华农耕文明的重要标志，是中华民族聪明和智慧的结晶。2016 年，二十四节气被联合国教科文组织列入人类非物质文化遗产代表作名录。

二十四节气是中国人通过观察太阳周年运动而形成的时间知识体系及其实践。二十四节气作为中国农耕文明的产物，其形成和发展有着深厚的历史渊源，也有着必要的自然和人文环境。二十四节气诞生于以中原为核心的黄河中下游地区，其形成和发展共经历了 5 个阶段：从农耕文明开始到商朝是二十四节气的探索阶段；西周时期是二十四节气的奠基阶段；春秋战国时期是二十四节气的初步形成阶段；秦汉时期是二十四节气的确立阶段；西汉到清代是二十四节气的传播、完善和发展阶段。

二十四节气诞生于黄河中下游地区，从气候上来说，这一区域属北温带季风气候区，四季分明，气温适中，适宜农作物生长；从地理位置来说，这一区域有着独特的地理优势，自古就被认为是“天下之中”，以此为原点制定的历法具有辐射性强、适应范围广的特征。这些是在此制定二十四节气所具备的气候和地理条件。

黄河中下游地区是中华民族重要的发祥地，有着极其深厚的人文资源。中华先民从旧石器时代到新石器时代在此繁衍生息，从夏商周到秦汉在此辛勤耕耘，使之成为中华文明的核心区，中国文化之根河洛文化的滥觞地，夏商周秦汉的建都之地及政治、经济和文化的中心。这些是二十四节气诞生于此的人文基础。

黄河夕照

黄河中下游地区由黄河、淮河、海河、渭河、汾河、洛河、伊河等冲积而形成华北平原、洛阳盆地、关中盆地、汾河谷地等，是中国农耕的发源地和先导。这一地区疏松的黄土、肥沃的土壤适宜耕种，因而是中国农耕的拓荒地，催生了中华民族璀璨夺目的农业文明。这些是二十四节气诞生于此的农业基石。

黄河中下游地区作为中国古代科技的核心，是天文活动的中心，同时还是人口最为集中的地区。这为从测日影孕育二十四节气提供了坚实的科技基础，同时也使在此制定的历法能服务更多的农耕生产人群。这些是二十四节气诞生于此的科技和人口因素。

在经历了从中国农业发端到夏商农耕文明的发展对二十四节气的探索之后，到西周时期，随着社会的发展和农业的进步，二十四节气步入了实际的发端阶段。西周时由测日影萌芽的“两至两分”成为二十四节气的奠基时期。春秋战国时期社会的大变革是二十四节气形成的关键时期，至战国末期基本形成了二十四节气的雏形和初步概念。秦汉时期，随着中国大一统的实现及天文科学技术的发展、铁制农具的普遍使用，从而促使指导农业生产的补充历法二十四节气最终得到确立。

西汉时期，为了促进农业生产，将二十四节气纳入《太初历》中，颁行全国作为农耕的重要指南。从此，二十四节气从起源地黄河中下游地区开始走向全国。各地根据二十四节气，结合当地的气候特征制定了本地的节气农耕时间表。由此，全国各地都有了一个比较科学的、准确的农耕播种和收获时间，从而极大地促进了中国农业的发展。足见，二十四节气的诞生是中国农耕文明发展史上具有里程碑意义的一件大事。

在确立二十四节气之后，人们为了更精准地反映每个节气间气候、物候现象，在汉代时又根据长期观察到的每个节气 15 日的气候、物候现象，将一个节气的 15 日分为三候，5 日为一候，二十四节气共七十二候。七十二候诞生之后，使一个节气之间不同时间的气候、物候现象更加丰满，从而为人们进行农业生产和生活提供了更加丰富的参照物。

在二十四节气的形成过程中，由于受当时社会生产力及天文科学水平的限制，人们对地球运转的状况、一个回归年的时间等认知不到位，测量不够精准，同时加上中国历法阴阳合历的特性，使二十四节气的阳历与阴历出现不协调现象。为此，历代天文历法学家不断从历法的角度来调整阳历和阴历的不一致。到了明末清初，改变了自汉代以“平气法”确定二十四节气的方法，使以太阳在黄道上的位置来确定二十四节气的“定气法”最终确立，沿用至今。

二十四节气作为农耕文明的产物，自节气产生之后，深深影响着中国农耕生产的发展，不仅使农业生产有了一个比较精准的时间表，而且人们还根据二十四节气农耕的特征，总结出大量的农业谚语，这些通俗而又准确的农谚不仅使农民便于掌握和记忆，也形成了更加丰富多彩的农耕节气文化体系。

二十四节气的诞生，不仅是农耕的指南，也是人们生活的重要向导，使人们在每个季节、每个节气都能很好地按照二十四节气的气候特征安排生活，如衣食住行、健身、养生等。由此，二十四节气的“天人合一”“顺天应时”的思想，使之成为人们生活的重要航标。

二十四节气诞生之后，节气文化延伸到民俗文化之中，对中国民俗产生了巨大影响，不仅孕育了众多节气民俗，也促进了民俗的节气化，并且加速了民俗的融合与发展，由此形成了二十四节气文化体系中规模最大、内容最为丰富的节气民俗体系，成为流传至今的珍贵非物质文化遗产。

二十四节气从黄河中下游地区走向全国，在中华各民族的共同保护、传承和发展下，已成为整个中华民族共同的精神和物质财富。保护和传承中华民族优秀的二十四节气非物质文化遗产，是中华民族共同的责任和义务。在中华民族的共同努力下，中华优秀的二十四节气文化一定会得到更好的保护、传承和发展，也必将对中华民族各项事业的发展起到更大的推动作用。

吕宏军

2024 年 10 月 20 日

目录

第一章

黄河中下游四季分明的气候是节气诞生的气象条件

第一节　黄河中下游气候的基本特征

一、中国气候的基本特点

二十四节气的诞生与气候密切相关，可以说二十四节气主要是根据气候特征而制定的。中国人观察太阳周年运动，最核心的就是由太阳运动引起的气候变化，而在对气候变化认知的情况下逐渐形成了时间知识体系及其实践。由此，探寻二十四节气的起源问题，必须弄清楚起源地黄河中下游地区的气候特征，并通过这些气候状况来明晰二十四节气产生的气候因素。

在阐述黄河中下游地区的气候特征时，首先要明确这一地区在全国气候区中的位置，以及黄河中下游二十四节气形成区气候的基本特征。

中国地域辽阔，冷热程度基本上由纬度决定，从黑龙江北端的漠河到海南的三亚，纬度就在北纬 18°09′到北纬 53°33′。纬度的位置不仅在很大程度上决定着气候的多样性，还对中国的自然资源、农业、人口等产生巨大的影响。气候对中国农业产生的影响主要是每个气候带的气温和降水。中国气候带的分布则受纬度、地理位置、地形和季风等自然因素的影响，从而使中国形成了 6 个气候带区，分别是热带、亚热带、暖温带、中温带、寒温带、高原气候区。热带地区包括雷州半岛、台湾南部、海南岛及云南西双版纳等地区，年积温在8000 ℃·d以上。亚热带分布于秦岭淮河以南、横断山脉以东地区，包括四川盆地、长江中下游平原、武夷山脉、南岭、云贵高原等地，年积温在4500～8000 ℃·d。暖温带分布于秦岭、淮河一线以北长城以南的广大地区，年积温在3400～4500 ℃·d。中温带主要分布于东北地区大部、内蒙古高原等地区，年积温在1600～3400 ℃·d。寒温带主要分布于黑龙江和内蒙古北部，年积温低于1600 ℃·d。高原气候区是青藏高原，年积温低于2000 ℃·d。

黄河湿地山东段

在中国的气候区中，不论哪个气候区季风气候都比较明显，随着季节的进退，降水有明显的变化。南方雨季开始得早、结束得晚，集中在5—10月；北方雨季开始得晚、结束得早，集中在7—8月。全国绝大部分地区都是夏秋多雨，冬春少雨。从全国上述气候带的分布和降雨来看，呈现出明显的纬度性和垂直地带性，并深受季风气候的影响，具有明显的季节性变化。

中国这些气候区的特征不仅是中国农业生产的基石，也是为农业生产服务的二十四节气产生的本源。二十四节气形成的黄河中下游地区，之所以会产生二十四节气，是因为这一地区的气候条件在中国长达万年的农耕史上，农作物的生长与当地的气候相适应，符合农作物的自然生长规律。

二、黄河中下游地区的气候特征

二十四节气诞生地的黄河中下游地区，从南北向来说，基本上就是从秦岭淮河一线以北到华北邢台以南的地区；从东西向来说，就是华北平原中部东侧到关中盆地西部，大致包括河南除信阳地区之外的全部、河北的南部、山东的西南部、山西的南部、陕西的关中地区、安徽的北部地区。从纬度上来说，形成二十四节气的气候区大致在北纬 33°—37°。从中国的地理上来说，这一区域基本处在中国的中心部位，也就是中国古代文明重要的起源和发展的核心区。

黄河花园口段

黄河中下游地区的气候属于暖温带大陆性季风气候。虽然由于纬度、地形、地貌的差异，在这一区域内的气候仍存在一定的差异，但总体上是一致的，即气候差别并不是太大，农作物的生长也大体相近，这是这一区域成为二十四节气形成区的基本原因。

把黄河中下游形成二十四节气的气候区从东到西分，按南、北两条线各三个点及东、西两点来审视，看一下各个点线的具体气候状况。先从二十四节气形成区西侧南北三个点来看这条线气候的基本特征。居于西侧中部的洛阳地区，位于黄河中下游地区中游的末端，这里古代被称为天下之中，至迟从西周开始，其属地阳城（今登封市告成镇）就是中国天文活动的中心。洛阳的气候属暖温带大陆性季风气候，四季分明，年平均气温 14 ℃左右，最热在7 月，最冷在 1 月，年平均降水量 603 毫米左右，全年平均日照时数 2141 小时左右，年平均无霜期 210 天左右。

二十四节气形成区黄河中下游西侧北部临汾地区，地处黄河中游的中段，为黄河第二大支流汾河谷地的中心。临汾的气候也是暖温带大陆性季风气候，四季分明，年平均气温 12 ℃左右，最热在 7 月，最冷在 1 月。年平均降水量 485 毫米左右，年平均日照时数 2353 小时左右，年平均无霜期 190 天左右。

二十四节气形成区西侧南部的南阳地区，伏牛山、桐柏山、大别山等环峙四周。南阳气候为亚热带向暖温带大陆性季风气候的过渡地带，气候四季分明。南阳年平均气温 15 ℃左右，最热在 7 月，最冷在 1 月。年平均降水量 938 毫米左右，年平均日照时数 2009 小时左右，年平均无霜期 232 天左右。

二十四节气形成区东侧中部的开封地区，位于黄河中下游地区下游的前部。开封地区气候属于暖温带大陆性季风气候，四季分明。年平均气温 14 ℃左右，最热在 7 月，最冷在 1 月。年平均降水量 627 毫米左右，年平均日照时数 2267 小时左右，年平均无霜期 221 天左右。

二十四节气形成区黄河中下游东侧北部的邯郸地区，地处华北平原中部，气候也属暖温带大陆性季风气候，四季分明。年平均气温 13 ℃左右，最热在 7 月，最冷在 1 月。年平均降水量 600 毫米左右，年平均日照时数 2557 小时左右，年平均无霜期 200 天左右。

二十四节气形成区东侧南部的驻马店地区，地处华北平原南部，气候属

黄河中下游之春

于亚热带向暖温带大陆性季风气候的过渡地带，四季分明。年平均气温14 ℃左右，最热在7月，最冷在1月。年平均降水量935毫米左右，年平均日照时数2100小时左右，年平均无霜期225天左右。

二十四节气形成区黄河中下游西部的渭南地区，气候属于暖温带大陆性季风气候，四季分明。年平均气温12 ℃左右，最热在7月，最冷在1月。年平均降水量558毫米左右，年平均日照时数2264小时左右，年平均无霜期227天左右。

二十四节气形成区黄河中下游东端的徐州地区，地处华北平原中东部，气候属于暖温带大陆性季风气候，四季分明。年平均气温14 ℃左右，最热在7月，最冷在1月。年平均降水量865毫米左右，年平均日照时数2389小时左右，年平均无霜期210天左右。

综合黄河中下游二十四节气形成区的气候特性，这一区域皆属暖温带大陆性季风气候，而且都是四季分明。这一区域内的年平均气温在12～15 ℃，最热在7月，最冷在1月；年平均降水量在485～938毫米；年平均日照时数在2009～2557小时；年平均无霜期在190～232天。由此，黄河中下游二十四节气形成区的气候没有巨大的差别，这就为确定二十四节气统一的气候和物候标

黄河中下游之夏

准提供了可能和条件，也为以气候和物候确定节气时间提供了一致的参照物。

本书所说的黄河中下游地区，实际上就是古代所称的大中原地区，也即广义的中原地区。而狭义上一般把以河南为中心的地区称为中原。在黄河中下游的大中原地区中，以河南为中心的中原地区是黄河中下游的中心地带，而古时这一地区是中国天文观测的中心，也是形成二十四节气的核心区，是二十四节气具有代表性的标志点和参照点。

下面再来观察一下以河南为中心的中原地区的气候特征。中原地区气

黄河中下游之秋

黄河中下游之冬

候具有最直接、最明显的梯次变化的过渡性特征，其最显著的景象就是四季分明。年平均降水量600～800毫米，年平均日照时数2228小时左右，年平均气温13～15 ℃，最高气温40～43 ℃，最低气温－15～－10 ℃，无霜期200～

225 天，植物生长期 265 天左右。中原地区春季多风，干旱少雨，平均气温 9～21 ℃，年平均降水量 120～130 毫米。中原的夏季炎热多雨，平均气温 25.3～26.4 ℃，年平均降水量在 300～360 毫米。中原的秋季晴朗而日照时间较长，昼暖夜凉，年平均气温在 8.8～21.0 ℃，年平均降水量在 120～140 毫米。中原的冬季天气寒冷，年平均气温在 －1～8 ℃，年平均降水量较少，在 9.5～13.5 毫米。

下面以中国古代天文活动的中心、中国天文博物院所在地河南登封观星台地区每月的气温和降水量，作为二十四节气形成区气候的代表性参照数据。

中国古代天文观测中心登封观星台地区平均每季、每月气温

	春季			夏季			秋季			冬季			年平均
	3 月	4 月	5 月	6 月	7 月	8 月	9 月	10 月	11 月	12 月	1 月	2 月	
平均气温/℃	8.0	15.6	20.9	25.4	26.4	25.3	21.0	15.5	8.8	3.1	0.9	3.1	14.5

中国古代天文观测中心登封观星台地区平均每季、每月降水量

	春季			夏季			秋季			冬季			年平均
	3 月	4 月	5 月	6 月	7 月	8 月	9 月	10 月	11 月	12 月	1 月	2 月	
降水量/毫米	123.4			325.0			126.7			29.5			604.6
	25.9	44.2	53.3	62.4	150.6	112.0	63.7	42.3	20.7	8.5	8.6	12.4	

三、季节的划分及节气形成区的确切表述

一年四季是由气候决定的。对于一年四季的划分，随着社会的发展及不同行业对气候需求的不同，当前春、夏、秋、冬四季共有 4 种分季方法。

季节的第一种分季法是传统节气分季法，即以二十四节气的立春、立夏、立秋、立冬作为四季的开始，这是目前社会上通行的一种分季方法。就是以太阳在黄道上的位置来确定节气，以春分为零度点，黄经 315°时是立春，就是春季的开始；黄经 45°时是立夏，就是夏季的开始；黄经 135°时是立秋，就是秋

季的开始；黄经225°时是立冬，就是冬季的开始。

第二种分季法是天文分季法，就是以太阳最高点夏至、最低点冬至及太阳最高点和最低点的中分点春分和秋分来划分四季，即从春分到夏至为春季；从夏至到秋分为夏季；从秋分到冬至为秋季；从冬至到春分为冬季。

第三种分季法是气温分季法，也称为气象分季法或气候分季法，即把一年中连续5天平均气温大于或等于22 ℃的时期作为夏季；连续5天平均气温小于或等于10 ℃的时期作为冬季；连续5天平均气温在10～22 ℃的时期作为春季和秋季。

第四种分季法是统计分季法，就是通过对气温的常年统计，确认公历一年之中3月、4月、5月天气温暖，为春季；6月、7月、8月天气炎热，为夏季；9月、10月、11月天气凉爽，为秋季；12月、翌年1月和2月天气寒冷，为冬季。

在这4种分季方法中，天文、气温、统计分季法属于现代科学技术条件下对季节的划分。天文分季法标出了太阳的最高点、最低点及中间点，从天文的角度划分四季很明确，具有天文意义。气温分季法用气温的高低来确定季节，符合每季实际气温的高低，比较准确地反映了四季的气温。统计分季法符合统计学原理，比较准确地反映出一年四季气候的基本规律。虽然天文、气温、统计这3种分季法都有科学道理，但这3种方法是分别使用在不同领域的。古代历书发行很少，天文法对于普通大众来说观测困难，不易掌握；气温法存在着日期不确定性，难以掌握；统计法虽合理，但不符合传统的习惯及农历历法。

中国传统的二十四节气分季法，虽然也有不足之处，但它所确立的4个季节的起始点的确是气候的转折点，这是符合科学道理的。再者，二十四节气分类法长期在中国通行，人们的农业生产、日常生活、各种节日等皆是据此安排的。故传统的二十四节气分季法是社会上通用的四季分季法，而现代产生的3种季节分类法则适用于各自不同的领域和行业。

关于二十四节气的形成区，目前主要有3种观点：

其一，起源于黄河中下游地区。这个观点的依据是这一地区，一是有相似的气候条件；二是有相似的物候条件；三是有相近的人文条件；四是有相似的农业生产条件；五是有相似的地理条件。此外，还有相近的科技和人口分布密集因素等。

其二，起源于黄河流域。这种表述方法最普遍，也最常见。但是这种表述方法严格来说是不准确的。二十四节气的起源地主要是沿黄河中下游的两岸地区，但说黄河流域则不确切。因为二十四节气的形成是在一个相似的气候区内产生的。黄河中下游北纬 33°—37°，从地域上来说基本上都属于黄河两岸，从气候上来说也大体相近，但从流域上来说这一纬度之间并不都是黄河流域。黄河从发源地到入大海，流经青海、四川、甘肃、宁夏、内蒙古、陕西、山西、河南、山东 9 省（区）。而整个黄河流经区气候基本相似的区域是从黄河中游的壶口以下地段开始的中下游地区，从壶口上溯到黄河发源地的气候，与壶口之下黄河中下游的气候存在着较大的差异。在黄河中下游的区域内，从流域来说，并不全是黄河流域，其中一部分是黄河流域，一部分是淮河流域，一部分是海河流域。由此，二十四节气起源于黄河流域是不准确的，说起源于黄河中下游地区是准确的。出现二十四节气起源于黄河流域之说，是因为二十四节气形成区主要是在黄河两岸，而黄河又是中华文明的核心发源地，是母亲河，故有此说。因此，二十四节气起源于黄河流域之说乃是一种通俗的说法，但不够准确。

壶口瀑布

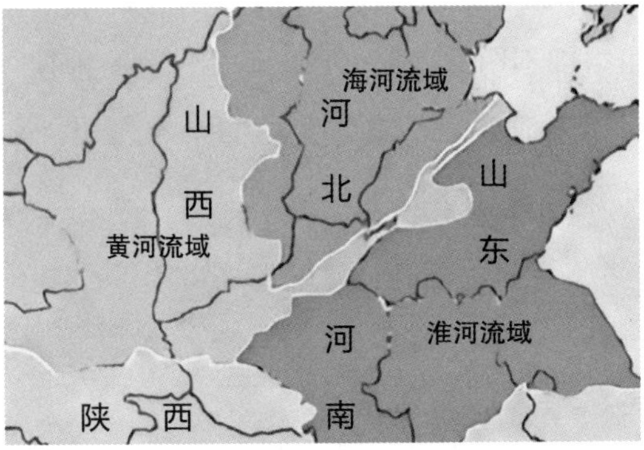

黄河中下游分布图

其三，二十四节气还有起源于以河南为中心的中原的说法。中原是黄河中下游的一部分，是黄河中下游的节气起源的核心地区，应属于黄河中下游范畴之内。

第二节　气候在节气形成中的作用

一、气候是节气形成的必要条件

黄河中下游地区的气候特征是确定二十四节气的条件。黄河中下游地区四季明显。春暖、夏热、秋凉、冬冷依次交替，循环进行，而四季的时长也大体相近，这为划分一年四季不同的节气提供了必要的时空条件。黄河中下游地区四季之间的气候随着气温的变化，也呈现阶梯性的变化，不仅有规律，而且比较稳定，这为从气候上划分不同季节、不同节气提供了条件。

环视整个中国的气候，由于地域辽阔，南方和北方气候差异非常大。如果一个地区的四季不呈现规律性的变化，四季不分明，四季长短差距很大，实际上是无法划定二十四节气的。同时，以这种不明确的气候现象划分的节气也不具有广泛性和普遍性的特征，应用范围极小。中国的东北地区，春季、夏季、秋季都比较短暂，而冬季则漫长而寒冷，四季时长不一，季节的交替比较突兀。中国的海南，四季都不明显，这种四季不太分明的特征，不仅无法划定二十四节气，同样对中国广大地区也不具备普遍的指导作用。

春

夏

秋

冬

黄河中下游四季

黄河中下游地区，四季分明的气候、季节规律性的变化、四季时长大体相当的特征，不仅可以划分四季，而且所划分四季的每个节气都具有普遍的指导作用。这是黄河中下游地区诞生二十四节气所必须具备的气候条件。

黄河中下游地区四季分明的气候特征，对于农业生产也极为重要，因为这里的气候符合各种农作物生长的条件。在农耕时代，黄河中下游地区的气候，夏季炎热多雨，适合高温多雨的农作物生长；冬季寒冷干旱，适合耐寒的农作物生长；气温适中的春季和秋季则适宜非寒非暖的农作物生长。由此，黄河中下游地区的气候适合种植多种农作物。古代中国的农作物粟（谷子）、黍（黍子）、麦、稻、菽（大豆）、麻基本上都最早种植于黄河中下游地区。五谷中的粟、黍、菽、麻 4 种农作物，与黄河中下游的春生、夏长、秋收、冬藏的农耕规律完全相符，而越冬的麦子与黄河中下游秋播、冬存、春长、夏收的气候条件相符。黄河中下游地区的气候条件正是五谷种植和收获的气候条件，也是二十四节气诞生于黄河中下游地区的基本要素。

二、黄河中下游的气候和物候现象是节气命名的依据

二十四节气诞生于黄河中下游地区的依据，就是节气的名称皆是根据该地区的气候以及由气候引发的物候现象命名的。

二十四节气春季的第一个节气立春，是一个反映季节变化的节气。《月令七十二候集解》云："立，建始也。"立春就是春天开始之意。这个节气从气候上来说，就是立春之后，最寒冷的时节到达终点，之后气温逐渐上升，即将迎来春暖花开之时。这一气候现象与黄河中下游地区气候特征是完全一致的。

春季的第二个节气雨水，是一个反映降水现象的节气。雨水的意思就是到了这个节气之后开始降雨。随着时间的增加，降雪逐渐减少，降雨逐渐增加，这与黄河中下游地区的气候现象也是一致的。

春季的第三个节气惊蛰，是一个反映物候现象的节气。惊蛰的意思是到了这个节气开始打雷，而雷声惊醒了蛰伏于地下越冬的昆虫。当然，昆虫惊醒的原因并非雷声，而是随着气温升高，冬眠的昆虫感到升温了才苏醒，因为昆虫是没有耳朵的。关于雷声惊醒冬眠动物的现象，现在有人认为这个比较符合长江中下游地区的天气，但实际上反映的还是黄河中下游地区的天气。惊蛰的真正意思是这个节气会出现打雷现象，而黄河中下游地区这时确实会出现打雷现象，只是比较少见。由于惊蛰之后冬眠的动物会出来活动，所以古人认为是被雷声惊醒了。

春季的第四个节气春分，也是一个反映季节变化的节气。董仲舒《春秋繁露》云："春分者，阴阳相半也，故昼夜均而寒暑平。"春分时昼夜平分，寒暑相等，这实际上仍是一个气候概念。就中国的纬度来说，北纬 40°地区的春分、秋分时昼夜相等。而黄河中下游地区处于北纬 33°—37°的中纬度地区，紧

临北纬 40°，在春分时昼夜大体上也是相等的，昼夜长短差别不明显。

春分

春季的第五个节气清明，是一个反映物候现象的节气。所谓清明，即天清地明之意，就是春天阳光明媚，草木萌动，春和景明。但认真分析这也是一个气候现象，即随着春天气温的升高，草木开始发芽，大地绿草青青。这一因气候而引起的物候现象与黄河中下游地区的天气及草木生长相吻合。

春季的第六个节气谷雨，是反映降水现象的一个节气。谷雨的意思就是雨生百谷，即这个时节降水明显增加，雨水使谷类作物生长发育。谷雨不仅是一个明显的气候现象，而且与黄河中下游地区谷类作物的生长是一致的。

夏季的第一个节气立夏，是一个表示季节变化的节气。立夏的意思就是夏季开始了。从气候和物候的角度而言，《月令七十二候集解》说得很明确："夏，假也。物至此时皆假大也。"假，就是大的意思。到了立夏之后就进入炎热多雨的时节，而农作物也进入最旺盛生长期。立夏作为一个因气候转变而产生的节气，与黄河中下游的气候及农作物生长状况是完全一致的。

夏季的第二个节气小满，是一个反映物候现象的节气。小满的意思是有芒的麦类农作物开始饱满，但还未完全成熟。从形态上看，这是一个物候现象，而产生这一物候现象的真实原因仍是气候因素，即随着气温的升高，小麦等有芒作物开始饱满。小满这个时节因气候影响而产生的物候现象，与黄河中下游小麦等有芒作物的生长状态完全相同。

夏季的第三个节气芒种，也是反映物候现象的一个节气。《月令七十二候集解》云："谓有芒之种谷可稼种矣。"即有芒的小麦等开始收割、有芒的夏季谷子开始播种之意。从形态上看，这是一个物候现象，但这个物候现象也是由于气候因素造成的，即随着夏季气温的升高，有芒作物到了收获及播种之时，与黄河中下游地区的气候及农作物小麦的收获时间、夏谷的播种时间也是完全相同的。

夏季的第四个节气夏至，是反映季节变化的一个节气。夏至的意思是炎热的夏天开始了，这时太阳基本上直射北回归线，位于中纬度的黄河中下游地区呈现出的现象是白昼最长、黑夜最短。过了夏至即进入最炎热的时节。夏至是气候转换的一个标志点，也是转折点，反映的正是黄河中下游地区昼长夜短的时长现象和气候特征。

夏至

夏季的第五个节气小暑，是反映气温变化的一个节气。小暑的意思是天气开始变得炎热，但还没有达到最热。就黄河中下游的气候而言，小暑之后，很快进入伏天，这的确是一个非常炎热的时节。小暑反映的是气候状况，这与黄河中下游的气候特征完全相符。

夏季的第六个节气大暑，也是反映气温变化的一个节气。大暑的意思就是天气最炎热之时，故有“小暑、大暑，上蒸下煮”之说。大暑作为最炎热时节的气候现象，正是黄河中下游地区气候的真实反映。

秋季的第一个节气立秋，是反映季节变化的节气。立秋的意思是秋季开始了。立秋的实质也是反映气候的。到了这个季节之后，最炎热的季节已达到终点，之后气温将开始逐渐下降。实际上立秋就是气候的转折点，这也与黄河中下游的气候相符。

秋季的第二个节气处暑，是反映气温变化的一个节气。处暑的意思是炎热的暑天即将结束。处暑之后天气才真正开始逐渐变凉，所以处暑是一个比较明显的反映降温的节气，是真正进入秋季的开始。这个气候和黄河中下游的气候特征也是一致的。

秋季的第三个节气白露，也是反映气温变化的一个节气。白露的意思是随着气温的下降，天气变冷，露水凝结而发白。出现这个现象是因为气候的原因，就是由于气温下降才有白露。白露也属于气候节气，这与黄河中下游地区气候的特征相符合。

秋季的第四个节气秋分，也是反映季节变化的节气。秋分的意思和春分一样也是昼夜平分、寒暑相等。秋分实际上也是秋天气候的一个标志点。而在此时，由于太阳直射赤道，位于中纬度的黄河中下游地区，白昼和黑夜基本上是相等的，这一天气现象正是黄河中下游天气的特征。

秋季的第五个节气寒露，也是一个主要反映气温变化的节气。寒露的意思是凝结的露水已变寒。这是一个比较明显的气候现象。这个节气，黄河中下游地区的露水，用手触摸感到有凉意，这也正是这一地区气候现象的反映。

秋季的第六个节气霜降，也是反映气温变化的一个节气。霜降的意思就是天气变寒，开始有霜，农作物这时会出现霜冻。霜降作为气温变化而造成的自然现象，与黄河中下游的霜降时间非常吻合。据长期观察，中国古代天文活动中心的河南登封观星台地区，正常年份一般在霜降当日之后四五天内就会有霜。

冬季的第一个节气立冬，是反映季节变化的一个节气。立冬的意思就是冬季开始了。在这个节气之后，冷空气南下，降温已成为常态。自此之后，天气会逐渐变得越来越冷。由此，立冬不仅是季节转变的标志，也是黄河中下游地区气候的写照。

冬季的第二个节气小雪，是反映降水的节气。所谓小雪，就是这个时节要开始下雪，但降雪较少，故名小雪。这是一个标准的气候性节气，既是气候的转折点，也是黄河中下游地区气候的反映。

冬季的第三个节气大雪，也是反映降水的一个节气。大雪的意思是降雪增多、地表积雪增厚。由此，大雪作为一个气候的表现形式，所反映的正是黄河中下游地区气候的特征。

冬季的第四个节气冬至，是反映季节变化的节气。冬至的意思是进入了最寒冷的时节，而这天白昼最短、黑夜最长。实际上，冬至是气候的一个标志点，也是转折点，过了冬至即进入严冬。而此时太阳基本直射南回归线，中纬度的黄河中下游地区白昼最短、黑夜最长，这是一个天文现象。

冬至

冬季的第五个节气小寒，是反映气温变化的一个节气。小寒的意思是天气变得非常寒冷，但还没有达到最冷。对于黄河中下游地区来说，这个季节的确非常寒冷，但不是最冷。这与黄河中下游地区的气候相符。

冬季的第六个节气大寒，也是反映气温变化的一个节气。大寒的意思是最寒冷的时节。大寒实际上也是气候的一个转折点，大寒不仅最冷，而且过了大寒之后气温开始逐渐升高。大寒也是黄河中下游地区气候特征最明显的标志。

综上所述，从二十四节气的命名来说，皆是由黄河中下游地区的气候、物候决定的，其名称不论是从气候还是物候上来说都与这一地区的特征相符。由此可见，二十四节气乃是黄河中下游气候变化的产物，其名称则是黄河中下游地区气候现象的真实反映。

第二章

黄河中下游厚重的文化是节气诞生的人文环境

第一节　中华文明的重要发祥地

二十四节气发源于以中原为核心的黄河中下游地区，最深厚的基石是灿烂的中华文明。黄河中下游地区作为中华文明的重要发祥地，从夏、商、周三代起是中华文明的先导，一直引领着中华民族走向辉煌，并成为二十四节气诞生地。

一、华夏民族的核心发源地

人类从产生到现在已经走过了大约 300 万年的历史。早在人类从原始社会向氏族社会过渡的旧石器时代，黄河中下游地区就是中华民族繁衍生息的中心地区之一，也是华夏文明的核心策源地之一。位于黄河中游的山西省芮城县风陵渡镇的西侯度遗址，是中国境内已知最早的旧石器时代遗址，距今大约 180 万年。在西侯度遗址中发现了猿人用火的痕迹，把中国人用火的历史向前推进了 100 多万年。位于黄河流域关中平原的陕西蓝田人，是旧石器时代早期的人类，距今 70 万～115 万年。蓝田猿人不仅进一步证明了黄河流域是中华民族的重要发源地，也为研究黄河流域远古文明的发展历程提供了重要证据。

位于黄河中游地区的山西省襄汾县丁村汾河东岸的丁村人，距今 10 万～

12 万年，在人类发展史上属于早期智人阶段，是华北含有古人类化石的旧石器时代中期遗存。发现于黄河中游和下游交汇处的河南省嵩山东麓荥阳市崔庙镇王宗店的织机洞遗址，为旧石器时代洞穴遗址的重要代表，所存的遗迹距今 1 万～30 万年。织机洞发现的打制石器涵盖了中国旧石器时代所发现的各种石器。发现于河南省许昌市灵井镇的灵井许昌人，是旧石器时代中晚期人类在中原地区活动的重要代表。灵井遗址中发现的人类头盖骨化石，距今 10 万～12 万年，是研究中国现代人起源的重大发现，也是破解古人类进程的密码。

在旧石器时代，黄河中下游地区除上述人类遗存外，陕西关中大荔人遗址、河南郑州老奶奶庙遗址、山西沁水下川遗址、山西吉县柿子滩遗址等都是黄河中下游地区旧石器时代人类活动于此的重要见证者，也是黄河中下游地区旧石器时代文化的重要代表。

当历史进入新石器时代之后，黄河中下游地区是裴李岗文化时期、仰韶文化时期、龙山文化时期文化最发达的地区。新石器时代遗址分布之广、分布之密，居全国之冠。1977 年发掘的河南新郑的裴李岗遗址，距今 7000～9000 年，为新石器时代早期文化的杰出代表。裴李岗文化的分布区域，东至河南东部，西至河南西部，南至大别山，北至太行山的广大中原地区，是黄河中下游的中心区域。裴李岗遗址中所发现的精制生产、生活石器表明，远在 8000 多年前，华夏民族就在这块土地上辛勤耕耘，创造了璀璨夺目的中原文明，并成为中国新石器时代文化的杰出代表和范例。裴李岗文化的先进性，不仅代表着黄河中下游地区文明的程度，也是黄河文明的重要标志。

位于河南舞阳的贾湖遗址，也是黄河中下游地区新石器时代早期文明的重要代表，贾湖遗址距今 7500～9000 年。该遗址的发现，证明了这一地区是新石器时代早期人类活动的核心区之一，尤其是在贾湖遗址中发现的用鹤类尺骨制成的骨笛，距今已有 8000 多年的历史。该骨笛是目前中国考古发现最早的乐器，这个发现将中国音乐的起源从距今 5000 年传说中的黄帝时代提前到距今 8000 多年前的新石器时代早期。更为重要的是，从贾湖遗址发

裴李岗遗址(局部)

现的骨笛等代表着当时生产和生活最高水平的器物看,黄河中下游地区是当时新石器时代中华文明的重要引领者。

位于河北武安的磁山文化遗址,距今约8000年,是黄河中下游地区北部新石器时代早期的遗址,这一遗址的发现证明了这里是新石器早期人类活动的重要地区。其遗址内发现的众多生产、生活工具及农作物遗存,不仅表明这里是发达的农耕区,也是黄河中下游华北地区新石器时代文明的典型代表。

河南新密超化的莪沟北岗遗址,也是新石器裴李岗时期的文化遗址,距今7800～8000年。在1977—1978年的两次发掘中,共清理房基6座、灰坑44座、石器370余件。其经济生活以农耕为主、狩猎和采集为辅。其遗址中的制作陶器、石器及纺织等手工业作坊,表明当时已进入母系氏族社会比较兴盛的时期。

1921年发现于河南渑池的仰韶文化是黄河中下游核心区新石器时代中期文化的典型代表。仰韶文化距今5000～7000年,持续2000年左右。仰韶文化是分布区域极为广泛的史前文化,在黄河流域中,仰韶文化从甘肃到河南均有分布。仰韶文化的发现地渑池地区是黄河中游一个非常重要的区域。黄河最大支流渭河在三门峡西注入黄河之后,在流经一段峡谷时,黄河在这里受到挤压，形成三个峡口，即三门峡。如今，这里上为三门峡水库，下为小浪底水库，地理位置独特。仰韶文化作为具有强大生命力的文化，向外具有极强的辐射性，并成为这一时期黄河流域最具有代表性的文化，尤其是其彩陶不仅传播范围广，而且是这一时期黄河中下游地区最具特色的器物。

仰韶遗址(局部)

黄河三门峡段

位于陕西西安浐河东岸的半坡遗址，也是黄河流域仰韶文化的一种早期类型。半坡遗址距今6000多年，遗址主要是具有代表性的大型聚落，揭示了以环壕聚落为特征的新石器时代闭合式聚落形态及其布局特征。半坡遗址对研究新石器时代人类的生活、生产形式、建筑技术、埋葬制度及社会结构、彩陶形态、社会治理等都具有重要的意义，是这一时期文化的又一典型代表。

分布于黄河中下游新石器时代的龙山文化，距今4000～4600年。龙山文化因最早发现于黄河下游的山东济南历城龙山镇而得名。龙山文化是以黑陶为主要特征的文化遗存，其分布区域为黄河中下游地区的河南、山东、山西、陕西等省。在二十四节气形成的气候区内，龙山文化遗存非常多。河南省有登封市的王城岗遗址、汝州市的煤山遗址、汤阴县的白营遗址、三门峡市的三里桥遗址、永城市的王油坊遗址、叶县的余庄遗址等；陕西省有西安市长安区的客省庄遗址、浐河西岸的米家崖遗址、咸新区的太平遗址等；山东省除龙山遗址外还有日照市的两城镇遗址、菏泽市的青邱堌堆遗址等；山西省有襄汾县的陶寺遗址、泽州县的下町遗址等。黄河中下游地区这些众多的龙山文化遗存，不仅为后来夏朝建立起到了巨大的推动作用，也为二十四节气在这一地区的孕育奠定了坚实的人文基础。

龙山遗址（局部）

二、史前中华传说文化的核心

在人类漫长的发展史上，从人类产生到殷商甲骨文诞生的300万年间，中国是没有成熟文字的史前时代，而这个时期人类的历史是靠口头进行传承的。人们口口相传的神话故事，尤其是具有创世造人传说性质的故事，是支撑这一历史时期的重要基石。在史前时代，黄河中下游以中原为核心的地区就是远古创世神话的核心策源地。流传于河南桐柏地区的盘古开天地，是中国最著名的创世神话之一，《三五历纪》《太平御览》《述异记》等对此均有记载。这个故事讲述的是盘古用斧头劈开混沌之地而创造天地的故事。盘古开天地之后他的身躯又化为世间的山脉、河流、林木等，这不仅反映了盘古的牺牲精神和创造力，也再现了远古先民对地球和宇宙产生的认识，即地球是在某种外力的作用下形成的。这实际是对地球形成史的艺术加工，具有一定的朴素唯物主义思想。

流传于黄河中下游河南济源、登封等地的女娲补天的神话故事，《列子·汤问》《淮南子·览冥训》等均有记载。故事讲述的是女娲不仅用黄土和水创造了人类，而且在天塌地陷时，女娲为了拯救遭受灾难的人类，炼成五色石补天。这个神话故事体现了远古先民不惧危险、勇于奉献及抵御自然灾害的精神。

流传于黄河中下游山西长治、河南商丘等地的后羿射日的神话故事，《山海经》《淮南子》《楚辞天问》等均有记载。这个故事说的是数千年前天空出现了10个太阳，照射到地球上，炙热的地球使人类难以生存。此时走出一位英雄后羿，他射落了9个太阳，拯救了大地上的生灵。这个神话故事反映了远古先民不屈不挠的大无畏精神和对当时自然现象的解释。

流传于河南灵宝、山东潍坊、河北地区的夸父逐日的神话故事，《山海经》《列子》等均有记载。这个故事讲述夜晚之时毒蛇猛兽常出来袭击人，于是勇敢的夸父决定捉住太阳，让白昼黑夜都有光明，以免猛兽伤人。但是后来夸父追日时因渴而死去，意愿未能实现。这个神话故事反映了古人对自然的探索精神以及对英雄主义的赞扬。

夸父逐日

流传于黄河中下游河南济源等地区的神农尝百草的神话故事，《淮南子·修务训》《史记补·三皇本纪》《世本》等均有记载。这个故事说的是神农为找到医病的药草，多次尝有毒的百草而多次中毒，其后因尝断肠草而逝。人们为纪念神农尝百草发明医药，奉他为药王神并建庙祭祀。

流传于河南济源王屋山等地区的愚公移山的神话故事，《列子·汤问》有记载。这个故事讲述了愚公为了挖掉阻挡其后代子孙出路的王屋山，不畏艰难，坚持不懈，挖山不止，最后感动天地将王屋山挪走。这个故事体现了中国古人不屈不挠的精神、毅力以及与大自然斗争的勇气。

流传于黄河中下游的这些具有创世性质的传说故事，不仅是史前时期中国核心文化的一个缩影，更重要的是这些具有巨大影响力、号召力和感人力故事的流传，确立了史前时期黄河中下游地区在中华文化中的核心地位，为二十四节气在此诞生起到了巨大的推动作用。

三、炎黄二帝的活动中心

炎黄是传说中上古时期中国的两个部落领袖。5000多年前，黄帝带领华夏民族在黄河中下游的中原地区建立了强大的部落联盟，被人们称为中华民族的人文初祖，其地位及影响在中华民族的心目中至高无上。据《史记·五帝本纪》《竹书纪年》《山海经》《黄帝内经》等记载，黄帝，姬姓，少典之子，因居于嵩山东麓具茨山下的轩辕丘，号轩辕氏。黄帝在轩辕丘被人拥戴为部落联盟领袖之后，带领中原华夏民族建立了不朽的业绩。相传，黄帝在位时，大力发展生产，相继发明了养蚕、舟车、文字、音律、医药、算术、历法等。黄帝的妻子西陵之女嫘祖，据说就是养蚕织丝的创立者。她因发明了抽丝织巾的技术，被后世称为"蚕神"。《黄帝内经》是中国现存最早、影响最大的一部医书，被后世尊为医家之宗。传说，黄帝时代的仓颉是中国文字的创立者，这个传说反映了古人对文字和文化的重视。中国最早的历法，相传也出自黄帝时代，称为《黄帝历》。又传黄帝看到风吹草帽滚动受到启发，发明了装上轮子的车，可以乘坐和载物。黄帝时代众多发明的传说，表达了人们对人文初祖无比的崇敬之情。

炎黄巨塑

炎帝部落起源于黄河最大的支流渭河流域。据《史记·五帝本纪》等记载，炎帝为姜姓部落的首领，后沿渭河向东进入黄河中下游的中原地区。其后黄帝和炎帝在中原发生冲突，双方进行了几次大战，最后黄帝击败了炎帝。由于两个部落有血缘关系，最后结成联盟，一统中原。时九黎部落首领蚩尤率众进攻炎帝，炎帝向黄帝求援，于是黄帝率部迎敌，与蚩尤在涿鹿展开决战，蚩尤战败被杀。涿鹿大战的胜利扩大了炎帝部落和黄帝部落在中原地区的统治地位，炎黄二帝成为华夏民族的始祖。在中国历史上，留下了众多关于炎帝创立华夏文明的故事。相传，炎帝教人耕种，饲养家畜、家禽，从而开启了华夏农业文明的新篇章。炎帝还指导人们制陶器、炼铜、打造工具，使生产、生活工具的数量大大增加。又传，炎帝还颁布了九畹田制度，这是中国土地制度的开端。这种制度的创立保障了农民权益，推动了农业的进步。此外，相传炎帝还创制耒耜、种五谷，解决了百姓吃饭的问题等。

炎黄二帝不仅是中华民族共同尊崇的祖先，更是一种具有统领意义的文化符号。炎黄二帝无与伦比的影响力和统治力，使黄河中下游地区成为华夏民族的圣地，成为华夏民族心灵的家园，这为二十四节气诞生于黄河中下游地区奠定了基础，树立了旗帜。

第二节　河洛文化的滥觞之地

在中华文明发展史上，河洛文化被称为中华文明的重要源头，是中华民族的根文化。河洛文化区位于黄河中下游黄河与洛水交汇处以洛阳为中心的地区，范围大致从三门峡以东到荥阳西的黄河南岸，具体指洛阳地区的洛水、伊水及颍河上游的嵩山地区。中华文明的发祥地为黄河流域，而河洛地区则是黄河文明的中心地区。河洛文化在中华文明的形成及发展过程中，始终发挥着不可替代的作用，故被称为中华文化的滥觞之地。

一、河洛文化产生的环境

河洛文化是以洛阳盆地为中心的地带，之所以会诞生河洛文化，与这里的环境密不可分。这里的地理环境非常独特，是一个四面山河之地。洛阳盆地东为嵩山，南为外方山，西为崤山，北为邙山，洛阳盆地内及北侧有伊河、洛河、瀍河、涧河、黄河 5 条河流纵横其间，自古就有“河山拱戴，形胜甲于天下”之说。同时，由于洛阳特殊的山河夹峙的地形，进出洛阳必须经过险关隘口。洛阳东部的轘辕关、南部的伊阙关、北部的孟津关、西部的函谷关等环拱四周，成为通往洛阳的必经之地，而且易守难攻，故夏、商、周三代的都城皆建于此。洛阳盆地优越的地理条件，是河洛文化在此诞生的地理因素。

黄河河洛段

河洛地区成为中华文化的根源之地，与四周的河流也有着极为密切的关系。首先，与中华母亲河黄河有着紧密的关系。其次，洛阳处于黄河中下游的核心地段，这里是黄河及第一大支流渭河和第二大支流汾河交汇融合后进入平原最先沉积的地方，也是文明交汇的地方。

渭河，古称渭水，发源于甘肃省定西市渭源县鸟鼠山，流经甘肃天水、关中平原的宝鸡、咸阳、西安、渭南等地，至渭南市潼关县汇入黄河之中。渭河全长 818 千米，流域面积达 134766 平方千米。渭河冲积形成的关中平原也是中华文明的重要组成部分，不仅有丰富的自然资源，更有底蕴丰厚的历史文化。这些文化在河洛地区的沉淀，为河洛文化的形成起到了积极的推动作用。

汾河是黄河第二大支流。汾河发源于晋西北管涔山，流经静乐及太原、临汾 2 个盆地，至河津汇入黄河之中，流域面积 39721 平方千米，全长 713 千米。特别是汾河冲积形成的临汾盆地，也是华夏文明发祥地黄河文明的重要组成部分。临汾盆地的历史非常悠久，文化也极为丰富，汾河文化在河洛地区的沉积是河洛文化形成的来源之一。

黄河在接纳了汾河和渭河之后，在潼关绕了一个大弯向东越过三门峡谷，进入平原地区后便是洛阳盆地。黄河携带泥沙，在洛阳盆地北部沉积形成邙山。位于洛阳之北的邙山北倚黄河、南拥伊洛河的地形，自古被认为是“风水宝地”，有“生在苏杭，死葬北邙”之说。

洛阳盆地成为河洛文化的发源地，还与流经此地的又一重要河流洛河有关。洛河古称雒水，是黄河南岸的重要支流。洛河源于陕西华山南麓，流经陕西东南部及河南洛阳，后由巩义注入黄河，全长 447 千米，流域面积为 18881 平方千米。洛河也是一条历史悠久、文化灿烂的河流，河洛文化就是因洛河和黄河而得名的，而洛河文明在洛阳盆地的沉淀也是形成河洛文化的重要源泉。

在流经洛阳的河流中，还有一个重要的河流就是伊河。伊河是黄河南岸洛河的最大支流，发源于熊耳山南麓，流经嵩县、伊川，蜿蜒于熊耳山南麓、伏牛山北麓，之后穿过伊阙进入洛阳，流经偃师注入洛河，与洛河合称伊洛河，也称洛河。伊河全长 264.8 千米，流域面积 6100 多平方千米。伊河也是一条古老的河流，文化底蕴极为丰厚。中国著名的世界文化遗产龙门石窟就在伊河岸边。

由于黄河、渭河、汾河、洛河、伊河等文明在河洛地区的沉淀和汇集，加上深厚的中原文明，使河洛地区成为华夏民族文明的核心区。这一地区的新石器时代的仰韶文化、双槐树河洛古国及三代的建都之地等使之成为华夏文明的重要标志，在中华文明的形成和发展史上具有不可替代的作用。

二、河洛文化的形成及基本内容

河洛文化是中华文化的重要源泉之一，也是黄河文明的核心，属于中国古代历史文化中的“根文化”。河洛文化的精神和形式以河图洛书为标志。《尚书》《易经》《论语》《竹书纪年》《礼记》等对河图洛书均有记载。

相传，河图出自洛阳北部的黄河之中。在大约 7000 年前的伏羲时代，伏羲为了寻找山川河流等自然现象形成的原因，沿着嵩山下的黄河寻找，一日当行至洛阳孟津北的黄河边时，突然黄河之中腾跃出一匹龙马，背上负有一图献于伏羲。伏羲据此图画出八卦。这就是流传已久的伏羲画八卦的故事。相传，在周朝时，周文王演八卦而成《周易》。由此，八卦乃《周易》之本源。在八卦和《周易》形成之后成为中国古代解释和推测自然界万物的依据。河图的出现为中国古人认识自然、解释自然提供了一把钥匙。

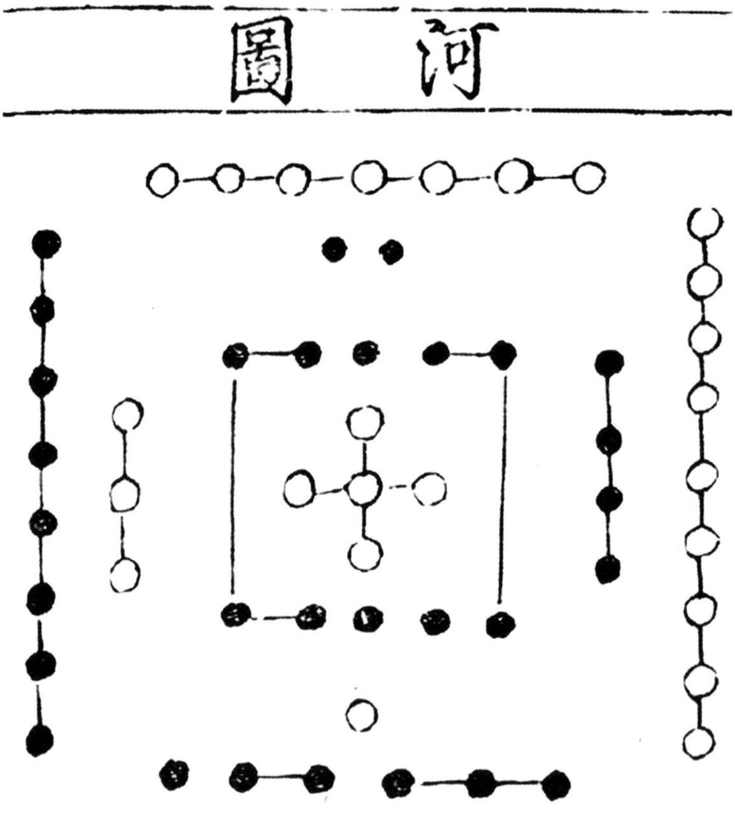

河图

洛书，相传出自大禹时代。据《史记·夏本纪》等记载，尧舜时天下洪水泛滥成灾，尧命大禹的父亲鲧治水，他采用“水来土掩”的办法治水，最终失败，被舜杀死于羽山。后任用大禹治水，当禹刚走上治水舞台之时，面对茫茫洪水，也不知如何治理。于是大禹就沿黄河支流洛河寻找治水的方法。一日大禹行至洛河的一个地方时，河中突然腾跃出一只神龟，龟的背上驮着一部书献给了大禹，这本书就是洛书。大禹根据书上的记载，采用疏导的方法治理好了天下的洪水。之后又根据洛书制定了国家九章大法，从此国家有了法律和典章制度。为了便于治理国家，大禹把中华大地划为冀州、兖州、青州、徐州、扬州、荆州、豫州、梁州、雍州 9 个州，并铸造了九鼎来象征这九州，九鼎后来就代表全国的统一和王权的高度集中。而洛书就是《尚书》中所说的《洪范》。由此可知，洛书实际上是治理社会的一部大法。

河图洛书自出现之后备受世人的关注，也深受人们的尊崇。《易・系辞》云："河出图，洛出书，圣人则之。"这句话高度概括了河图洛书在古代被圣人用来作为解释自然、治理国家的依据。

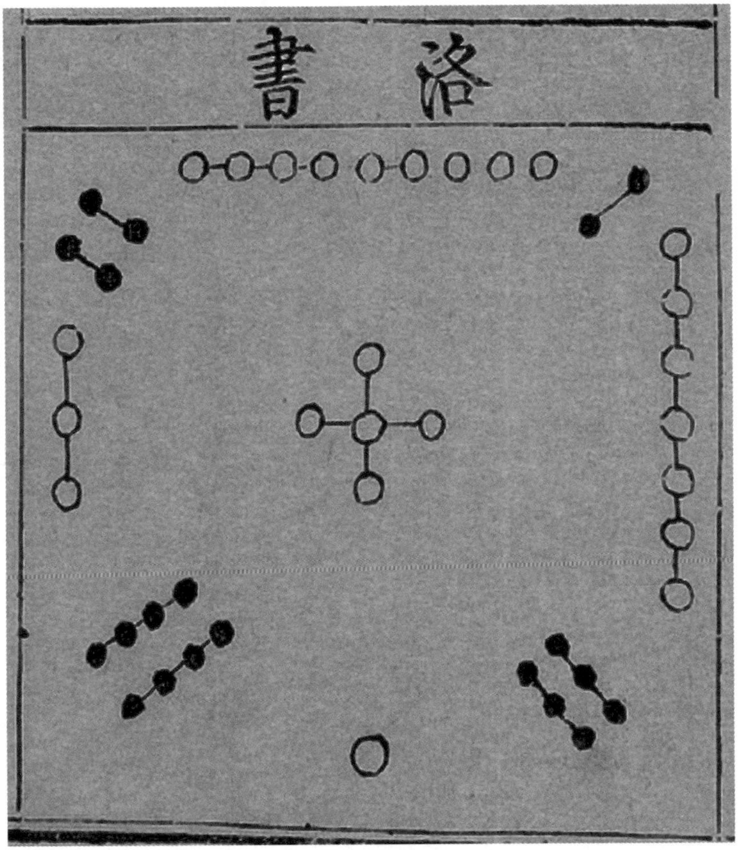

洛书

三、河洛文化的影响及意义

河洛文化在中华文化的发展史上占有极其重要的地位，对中国自然、政治、经济、文化、社会、科学、天文等产生了深远的影响，并成为中华民族前进的重要动力。以河图洛书为标志的河洛文化，对中国政治的影响就是确立了“天下之中”在华夏的中心地位，致使夏、商、周三代的都城都建立于此地，并成为当时的政治、经济和文化的中心。而河图洛书的神奇性和象征性，使其在中国古代的政治中被用作权力和合法性的象征。由此，从政治的角度而言，河洛文化对中国后世政治文化制度的确立具有引领性和示范性。

河洛文化对中国哲学思想也产生了极为深刻的影响。中国传统的阴阳学说、五行说等在中国古代起着重要作用的学说，都来自河图洛书。同时，河图洛书所蕴含的符号和数理关系，对春秋战国时期诸子百家的形成和发展也起到了巨大的启迪作用。特别是河洛文化所孕育的中和思想，成为后来封建社会支柱儒家中庸之道的重要法则，从而影响中国数千年哲学思想的走向。

河洛文化在中国文化的发展史上占有极为重要的地位。河洛文化所包含的政治理念、社会礼仪、法制体系、宗教思想、民俗文化等构成了中国文化的主干。在河洛文化的影响下，中华文明形成了比较完整的体系，成为中华文明的象征。河洛文化具有的特性，不仅使其成为中华文化的重要源头，并且对促进国家统一、文化繁荣和社会发展都发挥了巨大作用。

以河图洛书为核心的河洛文化，对中国的数学和天文学也产生了重大的影响。河图洛书的数字排列是对数学的一个重要贡献。天文方面，河图洛书的内涵与中国古代天文历法密切相关，其所主张的通过对天体日月星辰运行规律的观察和总结来制定历法，是后来二十四节气形成的重要源泉。

总之，河洛文化作为中华民族的根文化，在中华文明的发展史上起着扛鼎的作用。以河图洛书为标志，不仅是中华民族文化的骨干，也成为中华民族的特质。时至今日，河洛文化已成为中华民族精神的体现，河洛之地也成为中华民族的精神家园。

第三节　夏商周秦汉的建都之地

黄河中下游地区在旧石器时代和新石器时代是华夏民族的重要发祥地，当历史进入国家制度之后，这里是夏、商、周三代至秦汉时期的建都之地，是中国当时的政治、经济、文化、科技等的中心，这为二十四节气在此诞生、发展奠定了无与伦比的文化基础。

一、夏朝的建都之地及其影响

中国是一个有着悠久文明史的古国，而夏朝则是史册所记载中国的第一个国家，建立时间大致在中国龙山文化的晚期。相传，夏朝的创始者为大禹，据《史记·夏本纪》等记载，大禹是黄帝的玄孙，鲧的儿子。因大禹治水有功，得到舜等先王的赞誉和支持，被推举为天下之主，而大禹的建都之地就是黄河中下游以河洛为中心的嵩洛地区。其中，禹都阳城史册记载得最为详尽而繁多。《史记·夏本纪》："禹辞辟(避)舜之子商均于阳城。天下诸侯皆去商均而朝禹。禹于是遂即天子位，南面朝天下，国号曰夏后，姓姒氏。"阳城，即今河南嵩山下的登封告成。《孟子·万章上》："禹避舜之子于阳城。"韦昭注："夏居阳城。"古本《竹书纪年·夏后氏》："禹居阳城。"《汉书·地理志》臣瓒注引《世本》载："禹都阳城。"这些都是史册中关于夏代建都于嵩山脚下阳城的记述。

除阳城外，历史文献中记载夏代的都城还有斟鄩(今洛阳偃师)、纶城(河南虞城)、安邑(山西夏县)、帝丘(河南濮阳)、阳翟(河南禹州)、老丘(河南开封)等。从众多记载中可以看出，夏代的这些都城皆在以嵩洛为中心的黄河中下游地区。夏朝建都于黄河中下游以嵩洛为中心的地区，考古也有了许多新发现，证明龙山文化晚期这一地区大的城池，有可能是夏代的都城。位于

王城岗遗址(局部)

河南登封的告成镇,是史册记述的禹都阳城。从20世纪70年代开始在告成王城岗发现了属于龙山文化中晚期的夯筑城池3万多平方米,2000年又在小城基础上发现了龙山文化中晚期30万平方米的大城。城内发现有与城墙同期的10余座较大夯土建筑基址,有些基址下还发现有奠基坑,在城内还发现了青铜器残缺片。碳14测定古城的年代距今4000年左右,时间与夏代初期相同,很可能就是大禹的都城。

位于河南新密的新砦遗址,是一座面积约100万平方米的巨大古城。城有内外三重壕和大型建筑基址,还有加工骨器的手工作坊。其出土的文物不仅数量多,而且规格高,碳14测定其年代在公元前2000年至前1900年,属于二里头文化早期,与史册所载夏启时代相符。新砦遗址极有可能是夏启时代的都城。

位于河南洛阳偃师的二里头遗址,极有可能就是夏朝晚期的都城。遗址中包括祭祀区、宫殿区和官营作坊区等重要区域。宫殿区位于城池中心,表示王权至高无上之意。二里头发现的大型居址和高规格的墓葬以及制陶遗存、加工作坊等,都是研究国家早期制度的重要实物资料。

不论从文献中所记载的黄河中下游地区为夏朝的建都之地,还是考古发现与夏朝相对应的龙山文化中晚期的大型城池,都可以证明,与夏朝同期的那个时代，黄河中下游以河洛为中心的地区是中国的政治、经济、文化和科技的中心，这为二十四节气在黄河中下游地区的孕育提供了有利条件，也起到了极为重要的奠基作用。

二、商朝的建都之地及其影响

商代作为中国历史上的三代之一，是中华民族发展史上一个极其重要的时期。商族是兴起于黄河中下游以河南东部商丘为中心的一个部落。相传，商的始祖契与禹同时。夏代末期，商族的首领为商汤，他任用贤臣伊尹，带领四方诸侯一举推翻了夏王朝建立了商朝，开始统治以中原为核心的黄河中下游地区。

关于商朝都城的历史，除《尚书·商书》《史记·殷本纪》《逸周书》等历史文献都有记载外，对商朝的考古更明白无误地证实了商朝统治的中心是黄河中下游地区。虽然商朝频繁迁都，但是都城始终在黄河中下游的中原地区。下面从考古发现的商都来审视商朝的都城状况及对中国文化的影响。

郑州商代遗址

郑州商代遗址是商朝早期都城遗址，位于中原腹地郑州市管城区。遗址由占地约3.25平方千米的都城遗址和分布于城外的手工作坊、居民区、墓葬区组成，总面积约25平方千米。郑州商代遗址距今约3600年，其中郑州商代都城遗址的三重城垣和宫殿区的整体形制奠定了中国城市发展的基础。此外，郑州商代遗址中发现了大量青铜器、玉器、骨器、陶器等，尤其是通高1米、重86.4千克的杜岭方鼎，是商朝前期最大的一件青铜器。郑州商代遗址作为商朝早期都城的遗址，是中国商代早期文明的重要载体，它的发现填补了殷墟之前商文化的空缺，为夏文化和先商文化的探索起到了承上启下的作用。其遗址的文化内涵不仅代表了早商时期文明的发展程度，也是中华文明形成史的重要环节，对中华文明的形成和发展产生了深远的影响。1961年3月4日，国务院公布郑州商代遗址为首批全国重点文物保护单位。

位于中原河洛文化区核心地带的洛阳偃师商城遗址，古称西亳，这里也是商朝早期的都城遗址。自1983年以来，考古工作者对商城遗址进行了多次发掘。偃师商城为商汤灭夏之后所建，总面积约2平方千米。遗址北依邙山，南临洛水，地理位置优越。偃师商城遗址平面呈方形，包括大城、小城、宫城三重城垣。城址内发现有城门、道路、宫殿、居址、护城壕、府库等，排列井然有序，还出土了大量的石器、陶器、铜器、玉器等。偃师商城是目前夏商时期布局结构最清晰的都城遗址。它的发现为研究商与夏的分界提供了重要的实物证据。1988年偃师商城遗址被国务院公布为全国重点文物保护单位。

到了商朝后期，即公元前14世纪，商朝的第十九代国君盘庚迁都于今河南省安阳市小屯村。由于商后期称为殷，故后世称商为殷商，商晚期都城遗址称为殷墟。关于盘庚迁殷之事，《尚书·盘庚》《史记·殷本纪》《古本竹书纪年》等均有记载。现今考古所发现的殷墟，面积约30平方千米。从盘庚迁都之后到纣王灭国，传8代12王，前后254年。殷墟遗址主要包括城墙基址、大灰沟、道路、夯土建筑基址、地穴和半地穴居址、灰坑窖穴、水井、祭祀遗存、手工业作坊遗址、王陵区、家族墓地和车马坑等。殷墟是中国历史上第一个有文献可考并为考古学和甲骨文所证实的都城遗址，为研究商王朝提供了真实可靠的实物证据，因此被誉为“中华文明探源的起点和基石”。1961 年 3 月 4 日，殷墟被国务院公布为首批全国重点文物保护单位。2006 年 7 月 13 日，安阳殷墟被联合国教科文组织列入世界文化遗产名录。

商朝除了上述经考古发掘证实的商朝都城外，史册还记载了盘庚迁殷前商朝早中期的多次迁都之事。据载，商朝的都城还有亳，这是商灭夏最早的都城，地址在今河南商丘市附近。商朝中期，商王中丁迁都于嚣，地址在今河南郑州一带。商王河亶甲继位后又迁都于相，地址在今河南安阳内黄县。商王祖乙又迁于耿，地址在今山西河津、河北邢台。商王祖乙又迁都于庇，地址在今山东郓城。商王南庚时又迁都于奄，地址在今山东曲阜。到盘庚时从奄迁安阳小屯后，改为殷。从以上文献记载商朝早、中期迁都的情况看，其都城也皆在以中原为中心的黄河中下游地区。

商朝在中华文明史上是青铜器冶铸的鼎盛时期，生产规模大、品种多、工艺精湛是商朝青铜器的重要标志。商朝的青铜器以其独特的艺术风格和历史价值闻名于世。商代青铜器造型庄重、纹饰精美、铭文内容丰富，是研究商朝社会政治、经济、文化、宗教的重要实物。后母戊鼎、四羊方尊、大盂鼎等精妙绝伦的青铜器，不仅是权力、高超艺术的代表，也是历史的见证。

殷墟(局部)

商朝在中华文明史上最为引人注目的发明就是创立了中国最早的甲骨

文。甲骨文又称契文、甲骨卜辞、殷墟文字、龟甲兽骨文等，是迄今为止中国发现年代最早的成熟文字系统，是汉字的源头和中华优秀传统文化的根脉。甲骨文于1899年被发现，商代前期的甲骨文极少，仅发现于郑州商城，大批甲骨文发现于安阳殷墟，说明甲骨文是殷商晚期最主要的文字。甲骨文的发现不仅证明了商王朝的真实存在，也证实了中华民族3000多年的文明史。同时，甲骨文对研究汉字的发展历程具有重大意义。

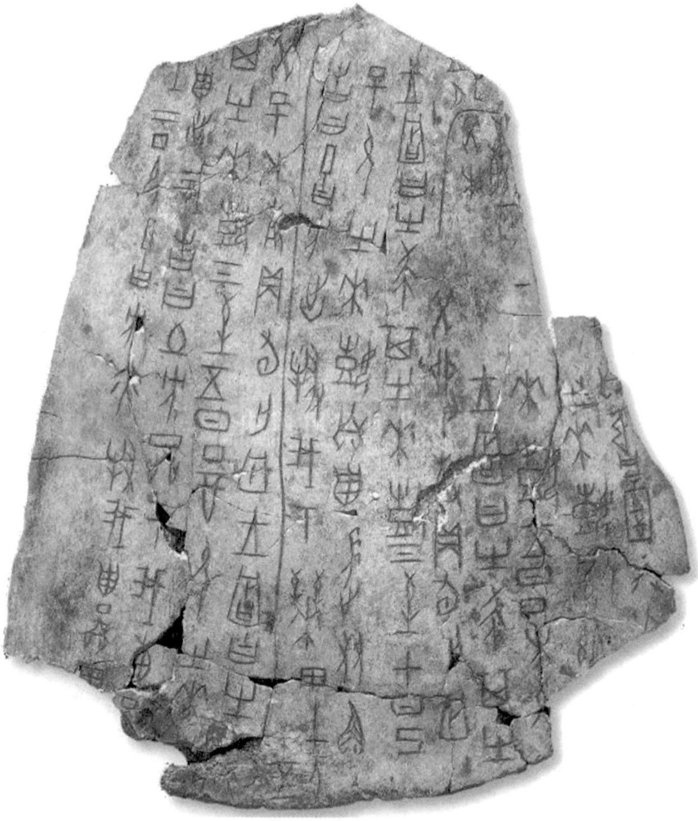

现存国家博物馆的殷商甲骨文

综上所述，从商王朝的建都之地看，整个商王朝的都城，皆在以中原为中心的黄河中下游地区，这里是商代的政治、经济、文化和科技的中心。同时商朝发达的青铜器、最早的甲骨文等，使之成为当时中华文明的中心，这为二十四节气诞生于此起到了巨大的促进作用。

三、周朝的建都之地及其影响

周王朝也是中华民族文明史上具有重要意义的三代之一。周朝的历史可分为两个时期，即西周时期和东周时期，东周又分为春秋和战国时期。西周作为中华民族发展史上的一个重要阶段，在二十四节气的发展史上具有承上启下的作用，是节气文化的奠基时期。而春秋战国时期则是二十四节气初步形成的时期。这些与整个周王朝都城的建立都有密切的关系。

相传，周人的祖先是黄帝曾孙后稷，兴起于陕西岐山一带，至周文王姬昌开始昌盛。之后，周武王联合中原诸侯，会盟于孟津进攻殷商，牧野之战武王大胜，纣王自焚于鹿台。武王灭商后，因源于周原即以周为朝代名，并建都镐京，即今陕西长安沣河以东。接着，周武王为统治中原决定建都河洛，未就而逝，其子周成王时，由周公建都于天下之中洛阳，史称成周。这些《尚书》《周易》《史记》及“何尊”铭文均有记载。

20 世纪 80 年代以来，考古人员在镐京遗址进行了勘探，发现了多座西周时期的遗址，现存面积约 9.2 平方千米，其用夯土建的筑址约 1200 平方米。这些发现为研究西周镐京历史提供了宝贵的资料。

西周时期周公营建的都城洛邑，据考古发现，成周城分外城和内城两层，内城即“宫城”，面积约为 1.56 平方千米。而整个成周城的总面积大约 12.45 平方千米。成周的考古，从 20 世纪 60 年代至今发现大量西周时期的遗址，其中包括贵族墓葬、铸器作坊、车马坑、祭祀遗址等。这些发现不仅丰富了西周的历史，也为研究古代都城发展提供了宝贵的资料。

公元前 770 年，周平王东迁洛阳后，洛阳作为东周的都城，其都城遗址在今河南洛阳王城公园一带。整个王城周长约 15 千米。东周王城经 60 年的考古，发现了都城的宫殿区、王陵区、手工作坊区、仓窖区等城内布局。其中在王陵区发现的“天子驾六”尤为重要，这处遗址保存完好，规模宏大，为研究东周王城的布局和周朝礼制提供了珍贵的实物资料。洛阳作为西周、东周都城所在地，使之成为当时的政治、经济和文化中心，对二十四节气形成具有不可替代的作用。

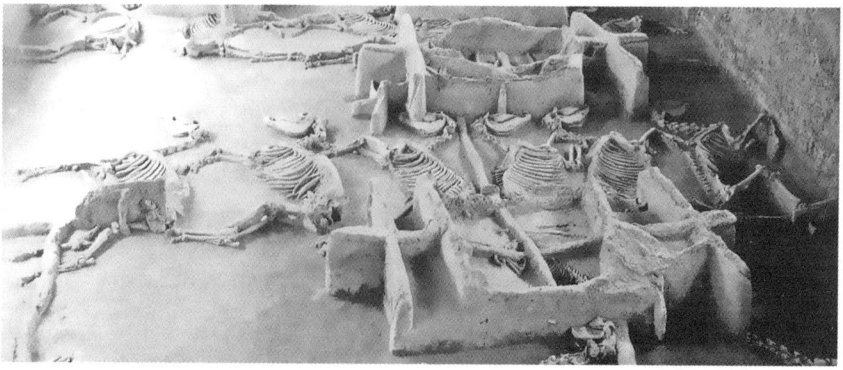

洛阳王陵区天子驾六

到了战国时期，虽然周王朝衰落，诸侯国称霸，但洛阳作为名誉上的宗主，其政治、经济和文化的地位仍然是很高的，尤其是在文化方面，仍为全国的中心。战国时期的齐、楚、燕、韩、赵、魏、秦七雄中，韩国、赵国、魏国、秦国、齐国 5 个诸侯国的都城也在黄河中下游地区。韩国的都城最早在河南阳翟（今河南禹州），公元前 375 年韩灭郑后，迁都河南新郑，今郑韩都城遗址尚存。魏国的都城初在山西夏县，大致于公元前 364 年迁都大梁（今河南开封）。赵国都城初在山西太原，春秋末迁都中牟，公元前 386 年迁都河北邯郸。秦国的都城在关中平原的咸阳。齐国都城在黄河下游的山东临淄（今山东淄博临淄区）。从整个春秋战国时期的都城看，洛阳始终是东周的政治、经济和文化的中心，而战国诸侯的都城也大多在黄河中下游地区。故司马迁《史记》有“昔三代之居，皆在河洛之间”之言。这些为二十四节气在黄河中下游以河洛为中心地区的初步形成起到了无与伦比的作用。

四、秦汉建都之地及其影响

黄河中下游地区不仅是夏、商、周三代的建都之地，也是秦朝和汉朝的都城所在地。秦汉都城建于此，对二十四节气在秦汉时期最终确立起了极为关键的作用。

秦人的祖先，据《史记·秦本纪》记载，属于黄帝之孙颛顼的后代，居于关中，周宣王封为西陲大夫。公元前770年，秦襄公派兵护送周平王东迁洛邑，被封为诸侯。秦穆公时成为“春秋五霸”之一。战国时秦孝公任用商鞅变法富国强兵，逐渐成为战国时最强大的诸侯国，并定都于关中腹地咸阳。公元前230年至前221年，秦王嬴政灭掉六国，建立了中国历史上的第一个大一统的秦朝。秦始皇时期的都城咸阳规模达到了顶峰。秦国通过仿建六国的宫殿，动工兴建阿房宫，使得咸阳城内宫殿林立、亭台楼阁相连，气势雄伟。秦朝咸阳不仅建筑辉煌，同时也是当时的政治、经济和文化中心，为二十四节气最终确立起到了重要的推动作用。

秦始皇兵马俑(局部)

秦朝末年，刘邦、项羽反秦，秦亡后，大一统的汉王朝建立。因秦咸阳被焚，汉高祖五年(前202年)建都洛阳，不久迁都于长安(今西安)。西汉长安城，规模宏大，气势恢宏，周长25700米，面积约36平方千米，城墙用黄土夯筑而成，外有城壕。城内的宫殿分布占全城面积的2/3。作为汉代大都市的长安不仅是当时中国的政治、经济和文化中心，而且也为二十四节气的确定起到了极其重要的促进作用。

第三章

黄河中下游居国之中是节气诞生的地理及天文因素

第一节　居国之中的地理优势

黄河中下游地区不仅是中华民族的人文中心，也是中国地理上的中心。黄河中下游居国之中包括两个方面：其一，这里是中国古代宇宙观“天圆地方”观念下的“天地之中”；其二，这里地处中国南北的中间位置。这两个中心不仅在中华民族的文化和心理上占有重要地位，更重要的是居中的位置，使之成为中国古代天文活动的中心，从而成为二十四节气在此诞生必不可少的地理和天文因素。

一、天地之中的由来

在中华民族的发展史上，中国人的宇宙观是在不断地观察和实践中得来的。在远古时代，由于社会生产力低下、科技水平所限，人们对许多自然现象无法作出科学的解释，因此产生了对天地的崇拜，认为天地是万物的制造者和抚养者。在进入农耕时代之后，人们不仅认识到了土地的重要性，也认识到了太阳的重要性，于是人们开始观察大地和太阳的关系。人们发现早晨太阳从东方升起，在天空中画了一个半圆最后落入西方。在更早的时候，人们崇拜的月亮也是如此，夜晚时月亮从东方升起，在天空中画了一个半圆落入西方，于是人们认为天是圆的。再审视大地，怎么走都是一个平面，虽然有高山，但过了高山仍然是平地；虽有深壑，但过了深壑仍然是平地，于是人们得出大地是一个平面的结论，进而认为平面的大地是方形的。于是在远古时的中国产生了一个深深影响中华民族心理的“天圆地方”宇宙观。这个宇宙观虽然与当今科学得出的地球和日月星辰运行的状况有巨大差异，但凭当时视角得出的这个结论是具有朴素唯物主义观的。

在“天圆地方”宇宙观形成之后，逐渐成为华夏民族信仰的核心。从此华夏先民对“天圆地方”无比敬重，凡表示天的皆为圆形，表示地的皆为方形。中华先民“天圆地方”宇宙观形成的历史源远流长。在辽宁省建平县牛河梁发现的距今5000年前的红山文化晚期的“石冢”群遗址中，其女神庙由同心圆祭坛构成的大型祭祀遗址，即是中国古代的“天圆地方”观念的见证。就是说，至迟在5000年前的新石器时代，中华民族对“天圆地方”已经十分崇敬了。远古先民从观察日月星辰的运动及地球的形态而得出的“天圆地方”的宇宙观，深深影响中国的政治、经济、文化、社会等。

牛河梁红山女神庙遗址

在中华先民形成“天圆地方”的宇宙观之后，又逐渐认识到方形的地球必然有一个中心点。从几何学来说，就是正方形地球的两条对角线的交汇点即是大地的中心点，即天地之中。这个中心点在中华先民的理念中是极为重要的，它不仅被认为是地表面最稳固的地方，而且是日月星辰环绕运动的中心点。那么，这个被人们认为是神圣的中心点在什么地方呢？这个中心点就位于黄河中下游的河洛地区中岳嵩山下的阳城(今告成)。

天地之中这个观念,最早应该是在夏商时期孕育的。嵩洛地区是夏民族的核心发祥地,也是夏人活动的中心地区。从史册所载及考古已证实,龙山文化中晚期夏朝建都的中心在嵩洛地区,也就是河洛地区。夏朝时嵩洛地区作为都城的所在地自然是当时中国的政治、经济和文化的中心。商朝同样如此,因为商朝的都城早中期基本都是紧紧环绕嵩山而建的,晚期殷商虽然建都于安阳,但这个地方仍然属于中原。由此,商朝时嵩洛地区也是当时政治、经济和文化的中心。这些对确立嵩洛地区为天地之中起到根源性的作用。

夏商时嵩洛地区孕育天地之中还有两个原因:其一,夏商之时,从地理位置而言,嵩洛地区基本上处于国家的中心地带。中原夏人活动的中心地区,从文献和考古得知,大致在晋南和豫西,嵩洛基本上处于中心地带。商朝统治的区域也是以中原为中心的地区,嵩洛地区正处于中心位置。司马迁所说的"故嵩高为中岳",就是说夏商时嵩山处于中心之位,所以称为中岳。其二,古人都是以自我为中心的,把人的心脏视为中心即是如此。同时,古人以为处于中心位置也是最稳定的地方。嵩洛地区作为都城所在地,是政治、经济和文化的中心,也必然是最稳固的地理中心。因为在古人的信仰中,往往把自然现象与理想结合起来,成为一种理念。例如,站在方形的桌子上,最不易掉下去的是中心位置,而过桥时最不易掉到桥下面的也是中间。由此,古人就是从这些朴素的认知中得出,方形地球的中心点是最稳固的结论。因而,夏商时期建都之地的嵩洛地区被认为是天地的中心,就表明在这个地方建立的国都也是最稳固的。

夏商时对嵩洛地区为天地之中的认知只是雏形,或者说只是在统治者的高层有此认识,并不为社会所公认。商朝在入主中原后称为"中商",这实际上就是商朝统治者高层的认识。而真正确认并让世人皆知嵩洛地区为天地之中是在西周初年。铸造于西周初年的"天亡簋",是承载西周初年武王当政时期政治、军事及社会状况的非常有名的青铜器。"天亡簋"铭文中"王祀于天室",对天地之中位置的确立和彰显起到了重要的作用。"天亡簋"铭文所

现存国家博物馆的西周“天亡簋”铭文

言的“天室”即“天室山”，也就是嵩山太室山。因为古代“天”和“太”相通，天室即太室。周武王在灭商之后，既没有立即在殷都举行祭天大典，也没有在其都城镐京举行祭天大典，为何单单选择在太室山举行“祀于天室”的大典呢？这里有着深层次的原因。周人认为自己是黄帝、大禹的后人。《尚书·康诰》《尚书·立政》都记载着周人自称夏人，即夏朝人的后裔。周朝以夏人之后自称，故称自己是“由夏”。而位于中原的嵩山，因为是夏人的核心发祥地，被称为夏人的圣山。周武王在夏人的圣山举行祭天大典，表明周人是正统的华夏民族，是华夏子孙，统治华夏中原合理合法。周武王在嵩山举行的祭天大典，确立了周王朝统治中原的正统性，这样周人自然就具备了承夏代商的资格了，当然也就是夏王朝的合法继承者。

在周武王举行祭天大典之后，又面临一个重要问题，就是如何统治以河洛为中心的广大中原地区。周武王在祭天大典完成后，回到镐京是“具明不寝”。这个让周武王“夜不能寝”的事就是如何选择建都之地才能统治中原，才能使周王朝长治久安。周武王在天室山举行的祭天大典，解决了周王朝统治华夏中原的合理性和合法性的问题，也就是周武王解决了统治中原政治上的问题。但在古代要稳固地统治一个地区，有两个最为重要的因素：一是政治方面，二是军事方面。虽然周武王通过在天室山举行的祭天大典确立了其统治中原的合理性，但还有一个军事问题没有解决。因为从地理上来说，西周统治中心镐京距中原比较远，极不利于统治中原。于是周武王经过深思熟虑终于想到了一个治理中原的战略决策，这就是《逸周书·度邑》《史记·周本纪》所言的“定天宝，依天室”。定天宝实际就是建立国都，依天室就是依靠夏朝和周朝人的圣山嵩山太室山。事实上，“定天宝，依天室”的真实含义就是在中原地区建立国都，就能统治中原。

周武王的这个决定是非常睿智的，因为后来发生的“三监之乱”证明了周武王的决定是正确的。在周朝建立不久，还未来得及实施“定天宝，依天室”统治中原的战略，武王就驾崩了，年幼的成王继位，就在此时中原发生“三监之乱”，形势十分危急。在此情况下，辅政的周公率军东征，经过3年多的战争，最终平定了中原地区的叛乱。在平定叛乱之后，周公紧接着就实施周武王制定的“定天宝，依天室”的战略。于是周公亲往嵩洛地区寻找天地之中以建立都城来统治中原。此事《周礼·地宫·大司徒》有载：“以土圭之法，测土深，正日影，以求地中。”这个“地中”，即今河南嵩洛地区的中岳嵩山下告成镇的周公测影台处。在确定嵩洛地区为天地之中之后，经周公勘察，认为嵩山西侧的洛邑（今洛阳）地势平坦，土地肥沃，而且有伊、洛两条大河穿行其中，是建都的好地方。其地的重要性《史记·周本纪》说得很明白：“成王在丰，使召公复营洛邑，如武王之意。周公复卜申视，卒营筑，居九鼎焉。曰：‘此天下之中，四方入贡道里均。’作《召诰》《洛诰》。”在周成王五年，周公决定于洛邑建立西周的

周公测影定“地中”

都城，即成周洛邑，并以此作为统治中原的大本营。

建都天下之中的洛邑，这件事在铸造于西周初年的“何尊”铭文上也有明确的记载：“余其宅兹中国，自兹乂民。”这段铭文说的意思就是在天下之中的洛邑建立国都，就能治理中原。“中国”即“中央之国”“天中之国”之意，周公建立的都城洛邑就是中国，这是中国名字的发祥地。从此之后，嵩洛地区被称为“天地之中”“天下之中”“地中”，并由此而彰显于天下，成为华夏民族的共识。

宝鸡博物馆藏“何尊”铭文

在古代，嵩山和洛阳本是一个地区，嵩洛地区实际就是河洛地区，由于洛阳居嵩山之下为国都，在当时是统治天下的中心，故被称为“天下之中”，有时也称“土中”“地中”；紧临的中岳嵩山高耸而通天接地，故被称为“天地之中”，也称“地中”“土中”。其后武周女皇武则天封洛阳为“神都”，封嵩山为“神岳”的原因也是如此。

二、天地之中的影响

周王朝在天下之中的洛邑建都之后，便有了司马迁《史记》中所说的“昔三代之居，皆在河洛之间”的史实。而夏、商、周三代建都于天地之中的意义，荀子在《大略篇》中说得非常精辟：“欲近四旁，莫如中央，故王者必居天下之中，礼也。”这个实际上是从地理位置上说明了在中原地区的天下之中建都的真正原因。而周朝则把居天下之中建都作为一种崇高而神圣的“礼制”。同时，周武王和周公决定建都于天下之中的洛邑还与周朝实行的分封制有关。周朝天子的都城在中原的正中心，而诸侯国列于其四周，如屏障一样，可以起到保护周朝都城的作用，这样京师就可以平安，就可稳固地统治天下。这一点正如《汉书・地理志》所言：“昔周公营洛邑，以为在于土中，诸侯蕃屏四方，故立京师。”

西周营建成周洛邑居中的观念对后来的中国产生了巨大的影响。天地之中原本是一个宇宙观，即“地中”之意，但至迟到了春秋战国时期，天地之中的观念已由宇宙观转向哲学观，从而深深影响着中国的政治、经济、文化、哲学及国人的文化心理。《周礼・地官・大司徒》云：“谓之地中。天地之所合也，四时之所交也，风雨之所会也，阴阳之所和也。然则百物阜安，乃建王国焉。”显然《周礼》所言的“地中”是天地相通、四时相交、风雨相会、阴阳相合之地，因此万民归附，所以于此建立王国。《周礼》的阐释不仅为周王朝建立都城于“地中”提供了神圣的依据，同时也标志着天地之中已从宇宙观走向了哲学观，走向了以“中”为核心的文化观念。这个以“中”为核心的观念就是道家的“中和之道”、儒家的“中庸之道”，也即中国哲学思想的核心。

天地之中观念形成的以“中”为核心的思想，对中国的影响是多方面的，不仅确立了建都天下之中的正确性，而且对中国的政治也产生了深远的影响，形成了以"允执厥中"为核心的传统政治的灵魂和大纲。所谓"允执厥中"就是秉持中正之道来治理国家。这也正如《中庸》所云："舜好问而好察迩言，隐恶而扬善，执其两端，用其中于民。"源起于天地之中观念的中和、中庸思想既是中国传统文化的核心思想，是古代治国的法宝，也是中华文化重要的道德准则。由此，"中和治天下"是古代统治天下恪守不渝的理政治国模式和原则。

北京故宫"允执厥中"匾

天地之中的观念对中国传统思想产生了巨大影响，主要体现在"天人合一"思想和"中庸之道"上，就是强调人与自然和谐相处的思想，这既是中国传统文化的基本精神，也是中国古典哲学的核心。中庸是儒家学说的重要思想范畴，孔子认为，一言一行都要求不偏不倚，无过不及。在孔子看来，中庸思想不仅是一种美德，还是一种表达方式和处事原则。

天地之中的观念对中华民族的文化心理也产生了深远的影响。天地之中在我们民族文化心理上得到了无限的深化和延伸，已成为一种象征。中和之道是中华民族心理的重要组成部分，中国传统思想倡导的中和思想，深刻烙印在中华民族心理之中，造就了和谐圆满的处世之道，也就是中华民族自强不息、坚韧不拔的性格。以中为核心塑造的中华民族精神具有择善而从、集思广益、兼容并蓄等特点。

综上所述，黄河中下游河洛地区居于天地之中、国家之中，不仅使这一地区具有近四旁的地理优势，而且逐渐成为中华民族的思想基石，从而在思想上、地理上导致了"地中"成为中国天文活动的中心。

第二节　中国古代天文活动的中心

黄河中下游地区作为中华文明的核心发祥地，自新石器时代农耕开始之后，由于农耕的需要，华夏的先民开始重视天文观测，并逐渐使这一地区成为华夏天文活动的核心地区。尤其是河洛地区经夏商的发展，特别是周朝天地之中确立之后，在天地之中文化背景的影响下，作为政治、经济、文化中心的河洛地区的“地中”，成为中国天文活动的中心，为二十四节气以此为孕育中心和确立奠定了必要的天文科学基础。

一、天文活动中心的确立及其影响

黄河中下游地区天文学的发展，夏代之前主要是随着农耕生产的需要而进步的。到了夏、商、周三代之时，由于三代对建都之地河洛地区的重视，使这里成为中国天文活动的中枢。其原因概括起来主要是建都之地天文活动的需求、国家重大祭祀活动的需要、地处国家中心的地理优势以及农业生产的需要。

中国古代是非常重视天象的，不仅建都须看天象，而且天象与重要的祭祀活动、重大的政治活动、军事行动等都有着十分密切的关系。远古先民最早的天文活动是对日月星辰等天象的崇拜，认为天象主宰着人的生产和生活。远古时的宁夏贺兰岩画、江苏将军崖岩画、河南具茨山岩画等都有很多日月星辰的图案，这是远古先人对天象重视的见证，也是对天文的重视。到了殷商时，殷人更重视天象，表现在多个方面，包括天文观测、历法、占卜、天命观等。殷商甲骨文卜辞中就有众多关于日食、月食、彩虹等天象的记述，这些是商代对天文重视的写照。

黄河中下游的河洛地区是夏、商、周三代的建都之地，而都城的建立在选择地址上往往与天文观测有关。西周都城洛邑即是周公测日影而确定的。古人以为居于“通天接地”的“天地之中”，才能实施与天地的沟通，实现“天人合一”的理念。中国古代都城作为政治和礼制文化的中心，在举行重大政治活动、军事行动及祭祀时，都要观测星象，然后根据星象呈现的现象来定吉凶，确定祭祀、军事、政治等重大事项，以表示对自然和神灵的敬重。古代的都城规划建设很多以青龙、白虎、朱雀、玄武分别代表东、西、南、北四方，以为这是对宇宙秩序的模仿。古代的帝王在修建宫殿时，皇宫的布局也与天文有关，并且融入星辰图案、日月纹饰等，以彰显皇宫的神圣和庄严。

在古代，历法被视为皇权的象征，因为帝王被认为是上天在人间的代表，所以中国古代的历法是由帝王颁布的，而历法是根据上天的意志而制定的。由此，历法的制定和颁布成为皇权合法性和权威性的象征和标志。由于古代的帝王认为通过历法可以掌握时间和农事，这在农耕时代是极为重要的，所以历法在古代是由皇帝掌握的。河洛地区是夏、商、周三代的建都之地，在此进行天文观测、制定历法，从天意、合礼制，故成为天文活动的中心。

黄河中下游处在国家地理的中心位置，使之成为天文观测的核心地区，除了文明的中心、四季分明的气候、农耕文明的先导、科技的重地、历法的皇权性等因素外，所处的区位优势也是极其重要的。这是因为在“地中”这个地方制定的历法辐射性最强，适用性最广。中国古代先民以“地中”的河洛地区作为观测和制定历法的原点是符合科学道理的。这个之所以是非常正确的，是因为在“地中”的河洛地区制定的历法不仅中原可以使用，而且可以辐射至中原的东、西、南、北四方，使这些地区都可以使用。也就是说，在中间位置制定的历法适用范围最大。反之，如果以海南、东北、西北、西南等我国的边陲地区作为制定历法的原点，除了气候与中国大部分地区有差异外，其辐射的范围自然是很有限的，适用范围较小。由此，在居中的位置作为天文观测的中心是古人遵循科学道理的结果。

由于中华先民对建都之地天文的重视，加上“地中”的河洛地区地处国家中心的区位优势，使古代的历法基本上都是以黄河中下游地区中原的“地中”作为基点进行天文观测。而服务农业生产和人们生活的二十四节气诞生于黄河中下游地区，正是古人的智慧，也是古人对天文科学知识正确地、有效地掌握和运用结出的硕果。

二、源远流长的天文活动

中国对天文的观测历史，可追溯到6000～9000年前的新石器时代的母系氏族社会时期。在这一时期，人们已经能够利用星体的位置来辨别方向，判断时间和识别季节，从而积累了丰富的天文知识来进行农业生产。远古岩画的日月星辰图是这一时期天文活动的体现。

黄河中下游地区作为中国古代天文活动的中心，早在新石器时代，已有关于观测天象的例证。1987年考古工作者在河南省濮阳县西水坡出土了距今6000多年仰韶文化晚期的一组由蚌壳摆砌的龙虎图。其中龙的图案是已知最早的龙图案，被称为“中华第一龙”。而龙和虎皆面朝北斗星的方向，应当就是具有天文性质的图案，表示天文方位，这是黄河中下游早期天文活动的重要见证。

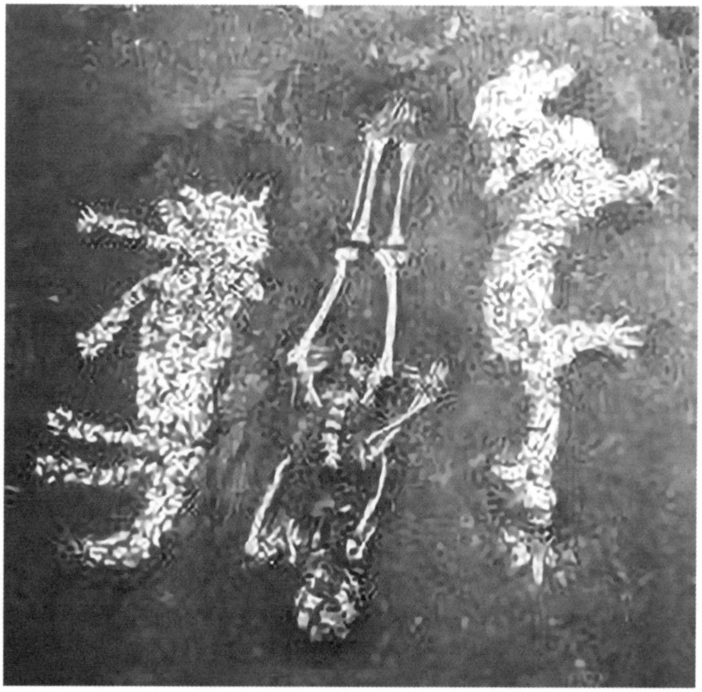

西水坡龙虎图

在黄河下游地区河南商丘有一座阏伯台，古称商丘，民间称火星台、火神台。此台位于商丘睢阳区商丘古城西南，是一座距今已有4500多年历史的天文遗址。现存的阏伯台上有阏伯庙，庙内有大殿、拜厅、钟鼓楼、戏台等。相传，在部落社会时代，五帝之一颛顼之后的帝喾为商部落的首领，帝喾看到商地民众没有火，就让自己的儿子阏伯到商地担任"火正"，一是管理火种，二是祭祀火星，同时观察火星等星辰的运行。在古时，人们为了观测日、月、金、木、水、火、土等星辰，把天区分成大小不等的28个小区，称二十八宿，作为观测的标志。其中东方苍龙七宿有一个星宿对着商丘，就是心宿，又称火星、商星。这颗星何时东出，何时南中，何时西落，每年出现的时间都比较准确。据传，阏伯就是用简易的方法，通过肉眼定季节来指导人们的农业生产。阏伯台的这个具有天文性质的遗址于1996年已被天文界认定为一处远古时的天文遗存，并被列入省级重点文物保护单位。

在山西襄汾陶寺遗址的考古中，也发现有测日影的天文观测的遗址。陶寺遗址距今3900～4300年，大致相当于传说中五帝的尧时代。在陶寺遗址中除出土了大量的生产工具和武器外，还发现了一处古代天文活动的遗址。这个天文观测台由13根夯土柱组成，呈半圆形，半径10.5米，弧长19.5米。通过这些土柱夹缝，古人可以观测到当地塔尔山日出的方向，从而确定季节、时节。陶寺的天文遗址虽然尚有许多需要探讨之处，但作为早期的测日影天文活动遗址，是可以肯定的。这个遗址的发现不仅证明了上古时期人们对天文的重视，也表示这个时期应当已有圭表测影活动，因而陶寺遗址也是天文学发展的重要见证。

中国古代文献记载的天文活动时间非常久远。中国最早的一部历史文献汇编《尚书》中，对尧时代的天文有记载，说尧时任命羲氏、和氏按照日月星辰的运转来认识天象，把观测总结出来的节令告诉人们，以安排农事。当然，《尚书》所载的并不一定是4000年前尧时代天文活动的真实情况，但《尚书》所载的天文观测活动证实中国的天文活动历史应当是非常悠久的。

西水坡遗址、阏伯台、陶寺遗址作为三代之前天文活动的遗存，是当时天文活动的写照。而当历史进入有文字的信史时代，黄河中下游地区开始有明确的天文活动的文字记述，最早出自殷商时期的甲骨文中。在商朝之前，中华先民即对气候的变化有了很深的认知，考古已证实史前时期已确立了春夏秋冬的概念，并与农业生产相关联。关于殷商时期农业生产与天文活动的结合，这从中国现存最早的殷商时期的文字可证。在安阳出土的甲骨文，对四季的阐释是比较清晰明白的。“春”字的甲骨文虽然有多种写法，但“春”字基本都是右边一个“屯”字，左上为“木”，下为“日”。“屯”为种子的意思，其寓意是草木的种子在太阳照射下萌芽生长，即“春阳抚照，万物滋荣”之意，这就是春季。《说文解字》中的“春”字也由“草、屯、日”组成，表示草木在春天发芽茁壮成长。从金文“夏”字看，即如草木茂盛之状，寓意夏长。甲骨文

国家图书馆藏殷商甲骨文四方风

“秋”字虽然也有几种写法，但基本的字形似长脚蟋蟀状，表示秋天蟋蟀鸣叫，寓意秋凉动物鸣叫之意。亦有甲骨文“秋”字似果实累累谷物成熟的时节，寓意秋收。甲骨文“冬”字像绳结的两端末尾，表示终结之意，也就是最后一个季节结束之意。甲骨文的“冬”字还有形态如谷物藏于仓廪之中，寓意冬藏。

甲骨文还有四方风的文字，即：“东方曰析，风曰协；南方曰夹，风曰微；西方曰夷，风曰彝；北方曰宛，风曰役。”甲骨文四方风全文 28 字的解释虽然也有多种，但总体意思大致相同，即代表了 4 个方向的风，反映一年有春、夏、秋、冬四季变化。亦有认为四方风反映的是人们对春分、秋分、冬至和夏至的初步认识。

甲骨文春、夏、秋、冬 4 字内涵及四方风的出现，说明在殷商时黄河中下游地区从天文学的角度对四季都有了比较清晰的认知，并与气候和农业有机结合起来，孕育出了春生、夏长、秋收、冬藏的结论。商代天文学的发展与农业的有机结合，为二十四节气的孕育开启了极为有益的探索。

周公测影台

西周时期，黄河中下游“地中”的嵩洛地区成为中国天文观测的中心。据《周礼》记载，周公在营建东都洛阳时，曾在阳城测日影定“地中”。阳城即今嵩山下的告成。今告成镇尚存有周公测影台。这是周朝在此测影的实物见证。周公测影台通高 3.91 米，分上、下两部分，下部为台体石圭，高 1.95 米，上部的表为长方形柱体，上有屋顶状石帽，表高 196.5 厘米，约合古制八尺。表下与表同高的台体石圭，其北部边沿距石表 37 厘米，合古制一尺五寸，而这段距离恰是夏至八尺表的投影长度。当夏至之日，八尺表的影长为一尺五寸，这样高表的影子就留在石圭北部上表面，而地下无影，故俗称此台为“无影台”。在石圭的北侧，还有古人刻的一副对联“道通天地有形外，德蕴阴阳无影中”，形象地说明了测影台的作用。从《周礼》的记载及周公测影台可证，西周时期黄河中下游天地之中嵩洛地区的“地中”是当时天文观测活动的中心。

西汉时，著名的天文学家、制定《太初历》的核心人物落下闳“于地中转浑天”。可见，到西汉初的天文观测中心仍然是河洛地区的“地中”。在洛阳，还有我国现存最早的一座古代天文台遗址——东汉灵台，这是黄河中下游河洛地区作为古代天文观测中心的又一见证者。东汉灵台建于东汉建武中元元年(56 年)，汉以后的曹魏、西晋也使用的是这座天文台，前后历时 250 多年。在东汉灵台的观测历史上，最杰出的人物无疑是我国古代著名的天文学家南阳人张衡。张衡在任太史令期间，灵台作为当时的国家天文和气象的观测站，面积达 4.4 万平方米。此间张衡绘制的《灵宪图》记录的星体数与现代观测的星体数基本相同，《灵宪图》是中国最早的星相图。张衡根据观测结果还改进了著名的浑天仪。浑天仪上绘有二十八星宿和其他恒星以及黄道、赤道圈，分列有二十四节气，还能够按照时刻自己转动。张衡还发明了世界上第一个测定风向的仪器，叫候风仪，安放在五丈高的木杆顶端，风来则转向，便知风向。张衡这一发明比欧洲的候风鸟早 1000 多年。

在河南登封告成周公测影台北还有一座中国现存最古老的天文台，即元代观星台。这座观星台位于黄河中下游的“地中”，是中国古代天文活动中心的又一见证者。观星台由元朝著名天文学家郭守敬于至元十六年(1279 年)创建。观星台外观为台体，台高 9.46 米，台下边长 16 米余，台上边长 8 米余，有明显的上下收分，反映了宋元时期的建筑特征。台北壁下设有对称的东西踏道，人可同时由两踏道盘旋登至顶部。踏道由红岩石条砌成，梯栏及

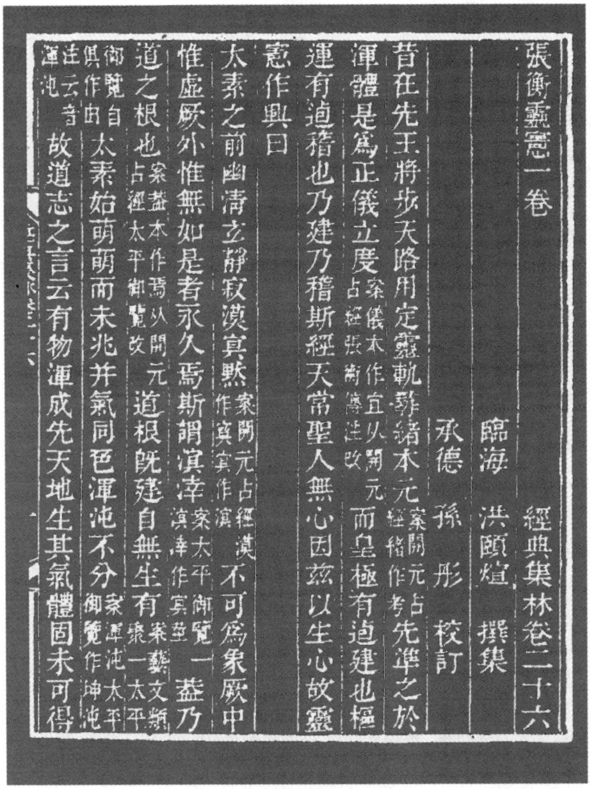

張衡靈憲一卷　經典集林卷二十六
臨海　洪頤煊　撰集
承德　孫　彤　校訂
昔在先王將步天路用定靈軌尋緒本元（案開元占經緒作考）先準之於渾體是爲正儀立度（案儀本作宜从開元占經張衡傳注改）而皇極有逌建也樞運有逌稽也乃建乃稽斯經天常聖人無心因茲以生心故靈憲作興曰
太素之前幽清玄靜寂漠冥默（案開元占經漠作冥冥作寞）不可爲象厥中惟虛厥外惟無如是者永久焉斯謂溟涬（案太平御覽一溟涬作冥莖）蓋乃道之根也（案蓋本作焉从開元占經太平御覽改）道根既建自無生有（案藝文類聚一太平御覽自俱作由）太素始萌萌而未兆并氣同色渾沌不分（案渾沌太平御覽作坤沌注云音渾沌）故道志之言云有物渾成先天地生其氣體固未可得

张衡《灵宪》

台顶四周女儿墙用砖砌成，上部用红石雕封护，台上是观星和测影的工作场所。台北面中部砌一凹槽，槽的南壁上下垂直，东、西两壁有明显的收分。这是此台非常重要的一个部位，其直壁下是一组测量日影长度的元代石圭装置。石圭在台体以北，南端伸入北壁的凹槽内，与直壁相距 36 厘米。石圭全长 31.196 米，因它的主要用途是测量天体太阳影长的，故俗称“量天尺”。它的上面是连续平铺的 36 块青石板，上刻有流水的双行水渠，渠南端有方形注水池，北端有长条形泄水池，池两头有泄水孔。这种水渠的功能是用来取平的，使测影更精准。由于观星台的表高是前代八尺表高的 5 倍，故观星台的表称为高表。元代观星台的功能就是：“昼参诸日中之影，夜考之星极，以正朝夕。”元代观星台是中国古代天文科学的杰出代表和范例。2010 年，周公测影台和观星台被列入世界文化遗产名录。

观星台

黄河中下游地区作为中国天文活动的中心，除上述天文遗址、天文台外，代表着中国先秦时期天文发展水平的历法也大多诞生于此。据《汉书》载，相传先秦时期共制定了6部历法，皆出自黄河中下游地区。6部历法分别是《黄帝历》《夏历》《殷历》《周历》《鲁历》《颛顼历》。《黄帝历》相传为黄帝打败蚩尤之后制定的一部历法，该历据传为阴阳合历，以农历十一月为一年开始，这是中国最早的历法。《黄帝历》对后世影响非常深远，后来的农历、道历均以黄帝纪年为元年，为中国历法之始，故称开元。《夏历》相传是夏代创制的一部历法，又称阴历、农历、旧历等，该历相传也是阴阳合历，采用农历正月为岁首。《殷历》相传是殷商时期制定的历法，采用农历十二月为岁首。《周历》相传为周朝制定的历法，以农历十一月为岁首。《鲁历》相传是春秋时期鲁国制定的一部历法，先后以农历十二月和十一月为岁首。《颛顼历》据载制定于周朝末期，秦始皇统一六国后开始使用。此历以农历十月为岁首，使用至汉武帝太初元年(前104年)，共使用了117年。

上述的6部历法皆已失传，唯《颛顼历》考古发现有部分内容。若从农耕的角度而言，从传说时代的黄帝到春秋时期应该是有历法的。如果没有历法，就无法安排农耕时间。由此，从黄帝时期到春秋时期有指导农业生产的历法是必然的。从黄帝时期到殷商中期没有文字，其指导农业生产的历法，应是口口相传的农耕时间表。而晚商到春秋时应当有文字性的历法。至于名称是否是《殷历》《周历》《鲁历》已很难考辨。这 3 个历法的名字或许是由后人命名的，也可能就是此名。另外，相传春秋末期，孔子在杞国（今河南杞县）夏人故地得到一部历法《夏小正》，这是中国现存最早的一部历法。这部历法把一年分为 12 个月，每个月列有物候、天象、气象、农事等内容。《夏小正》作为中原地区使用的一部历法，大致成书于春秋战国时期。从《夏小正》这部历法也可证实黄河中下游地区是中国先秦时期天文的观测中心、制定历法的中心。而秦朝之后，中国的历法也大多以中原的“地中”为观测点而制定。如《太初历》《三统历》《四分历》《乾象历》《景初历》《正光历》《大业历》《麟德历》《大衍历》《纪元历》《授时历》等。这些也佐证了黄河中下游地区的“地中”，不仅是区域性的天文活动中心，也是整个中国古代天文活动的中心。故位于天地之中的河南登封告成观星台于 1990 年 6 月 21 日夏至日，经国家文物局批准被定为中国天文博物院。

中国天文博物院

第四章

黄河中下游发达的农耕文明是节气诞生的农业基础

第一节　平原沃土和纵横水系

黄河中下游地区不仅是华夏民族的诞生地，也是华夏文明的中心。中国古代文明的标志是农耕文明，黄河中下游地区作为中国农耕文明的核心发源地，其农耕活动的中心主要集中在这一区域的平原和盆地上。平原和盆地之所以成为农业文明的中心，在于这些地区平坦肥沃且易于耕种的黄土地，在于这一地区发达的水系。这些不仅是农业文明的基石，也是二十四节气诞生于此极为重要的农业条件。

一、平原和盆地沃土的形成

黄河中下游发达的农耕文明区，也是二十四节气诞生的气候区，主要包括几个平原和盆地：一是华北平原的中部；二是洛阳盆地；三是关中平原；四是长治和晋城盆地；五是运城和临汾盆地；六是南阳盆地。这几个区域不仅是农耕文明的核心和先导，在二十四节气的形成过程中，其发达的农业也起着至关重要的作用。

黄河中下游华北平原是由黄河、淮河、海河、滦河冲积而形成的，其中二十四节气形成区的华北平原中部主要由黄河、淮河和海河 3 条河流冲积形成，黄河在其形成过程中发挥了巨大作用，是这一区域形成的主要因素。黄

黄河山西段

黄河冲积形成的堆积

河从青海发源，在甘肃进入黄土高原区，之后开始裹带着泥沙向东流动，流至内蒙古托克托县河口镇后进入黄河中游，然后一直沿着黄土高原的山西和陕西交界处南下。黄河在这个地区经过黄土高原时裹带着更多的泥沙，沿着吕梁山西侧南下至潼关，然后大转弯向东穿过中条山与崤山之间的峡谷在河南孟津以下形成了一个巨大的冲积扇，由此形成华北平原中部的基干。黄河南侧形成的邙山，成为分水岭，将水系分为北边的黄河流域和南边的淮河流域。在北边由于黄河的冲积和海河水南下的堆积则分别形成黄河流域和海河流域。此外，历史上由于黄河多次改道，今华北平原东部属于淮河流域和海河流域的平原，其形成也与黄河多次改道冲积有关。

华北平原的北部主要是由海河冲积而形成，太行山是黄河和海河的分水岭。海河流域的面积比较大，其支流也多发源于黄土高原地区。海河含泥沙量在全国的大河中仅次于黄河，在海河的大量泥沙冲积下，形成了华北平原北部的基干，海河冲积成的华北平原南部是形成二十四节气的气候区。

华北平原

黄河以南地区的平原主要是由淮河冲积而形成的。淮河发源于河南南阳桐柏县的桐柏山，干流经湖北、河南、安徽、江苏 4 省入长江。淮河也含有泥沙，自上而下逐渐减小。支流中沙颍河距黄土高原近，含泥沙量最大。从流域来说，黄河中下游巩义以东至郑州、开封一线南部的华北平原，基本上都由淮河的支流汝河、沙河、颍河、沙颍河、西淝河、涡河等冲积而成。由淮河冲积而形成的平原，在淮河以北的地区是中国古代农业的核心区之一，也是形成二十四节气的气候区，在二十四节气形成过程中发挥了重要作用。

洛阳盆地位于黄河中游进入华北平原的核心地段，洛阳盆地由四周的山拱围形成。洛阳盆地不仅是河洛文化的发祥地，也是中国农耕文明的重要策源地之一，更是二十四节气的核心形成区。洛阳盆地主要由黄河的支流洛河与伊河携带的沉积物在其下游盆地沉积而形成。洛阳盆地有时亦称洛阳平原。

山西东南部的长治和晋城盆地，也是中国古代重要的农业区。长治盆地的形成除了地壳运动的因素外，与河流的冲积作用也密切相关，尤其是浊漳河等河流长期侵蚀和沉积，对长治盆地的形成起到了至关重要的作用。晋城盆地的形成除了构造运动外，沁水及其支流的冲积也是其形成的主要原因。

位于黄河中下游地区的临汾盆地和运城盆地也是中国古代重要的农耕区，也是形成二十四节气的气候区。临汾盆地是由黄河第二大支流汾河流经临汾盆地时冲积而形成的。汾河带来的泥沙在盆地沉积，逐渐填充了地堑，形成了今天的临汾盆地。运城盆地的形成是多种地质作用共同造成的，包括断层活动、地质构造、河流冲积、气候变化等，其中黄河支流汾河的冲积在其形成过程中发挥了重要作用。

关中平原是黄河中下游地区西部古代极为重要的农业区，也是形成二十四节气的气候区。关中平原位于陕西省中部，西起宝鸡，东至潼关，东西长300千米，古称八百里秦川。关中平原是关中盆地的核心区。关中平原是由黄河第一大支流渭河及其支流冲积而形成的平原，地势平坦，土地肥沃，物产丰富。

关中平原

南阳盆地从大的范围来讲，也属于华北平原的一部分。若从其独特的地理位置而言，则是由伏牛山、桐柏山、武当山、大别山等拱围而成的一个盆地，应当是一个独立于华北平原的盆地。南阳盆地是由流经于此的丹江、唐河、白河、淮河等冲积而成的一个地势较为平坦的区域。从气候角度而言，南阳盆地也属于形成二十四节气气候区的南部边沿。古代南阳盆地是非常重要的农耕区，农业极为发达。

纵观中国古代几个重要农业区，其形成有一个共同点，就是基本上都是由大的河流携带沉积物冲积而形成的，特别是黄河在其流经黄土高原时所携带的泥沙，不仅沉积形成平原，而且形成了大规模肥沃的黄土地。黄土是第四纪以来形成的黄色堆积物，主要由黄灰色或黄色的尘土和粉砂组成，其结构疏松、质地均一，含有大量钙质或者黄土结核，多孔隙，有显著的垂直节理，

黄土地

无明显层理，干燥时较为坚硬，但易受到水的侵蚀。黄土是在长期的风力作用下由西北向南输送而来的。由于吕梁山、太行山、中条山、伏牛山等的阻挡，黄土粉在吕梁山、太行山、中条山等外围和秦岭及伏牛山的北侧沉积，形成巨厚的黄土堆积。黄河中下游的平原、盆地，基本都由河流携带着黄土泥沙冲积而形成，其地表都覆盖着黄土。

就黄土而言，有两个比较大的特征：其一，黄土深厚及富含的有机成分，是农作物生长必需的土壤条件。黄河所带的泥沙中腐殖质、有机质含量较高。其富含的菌丝体和黏性粒胶膜，使其颜色整体呈深色调。元素分析显示，褐红色古土壤中钙、镁、铁、锰、钾、硅等元素含量普遍较高，其中许多元素有增强土壤肥力、促进农作物生长的作用。其二，黄土的土壤较为疏松。由于经历了漫长的生物作用，褐色土壤形成了明显的团粒结构，而团粒之间存在孔隙，因此，土质一般比较疏松便于开垦。同时，这些孔隙还可以保存水分和空气，使土壤更具有肥力，也更有利于农作物的扎根和生长。

黄河中下游华北平原的中部、洛阳盆地、关中平原、长治和晋城盆地、临汾和运城盆地、南阳盆地皆主要是由河流冲积而形成的，河流中的有机质及黄土使这几大平原和盆地成为中国古代农业的中心，成为农耕文明的核心区和发源地，从而为二十四节气在此诞生提供了无与伦比的农业条件。

二、纵横交错的水系

黄河中下游地区之所以成为中国农业文明的先导，成为中国古代最发达的农业区，除了肥沃的平原土壤、适宜的气候因素外，还有一个非常重要的原因，就是古代时这一地区的水系也十分发达，这是农业发展最为重要的因素之一。因为水不仅是人赖以生存和发展的不可缺少的物质条件，也是农业起源和发展的必要和先决条件。黄河中下游地区的降水古时比较稳定，更重要的是河流众多，水网密布，水量充足。从大的水系来讲，古时黄河中下游地区主要有黄河水系、淮河水系、济河水系这三大水系，同时还有海河水系和汉江水系，几乎涵盖了中国的几大重要水系。

黄河中下游地区，黄河水系之中有众多的支流分布其中。自西向东，陕西的渭河是黄河第一大支流，而渭河则有清姜河、伐鱼河、石头河、涝峪河、沣河、零河、遇仙河、罗汶河、通关河、小水河、金陵河、清水河、千河、漆水河、泾河、石川河、北洛河等支流密布其中。这众多的河流，如同一张大网铺设于关中平原，使之成为农业的重要命脉。

渭河(局部)

黄河中下游洛阳地区及以东与节气形成有关的黄河和海河的支流有伊河、洛河、瀍河、涧河、沁河、大汶河、海河、滏阳河、汜水河、米河、漳河、卫河、赵定河、金堤河、东西孟姜女河、大沙河、蟒河、万福河、洙赵新河、太行堤河等，这些河流构筑了黄河中下游华北平原中北部、洛阳盆地的河网，是这一地区农业的命脉。

黄河中下游节气形成区淮河流域的支流也非常多，颍河、汝河、沙颍河、涡河、洪汝河、惠济河、西肥河、双淄河、北汝河、贾鲁河、汾泉河、茨河、皇姑河、孙城河、南铁底河、北铁底河、文殊河等，这些密布的河网又成为黄河中下游地区淮河流域农业的命脉。

黄河北侧的济水，又称济河，是中国古代与黄河、淮河和长江一起独立入海的4条大河，古代称为“四渎”。济水发源于河南济源，是一条历史悠久的

洛河(局部)

河流。济水在魏晋之后逐渐被黄河侵占,已不存在。今黄河下游的河道就是古代济水的河道。

黄河中下游发达的水系,是这一地区成为早期华夏民族在此生活的依托,更是中国农耕文明发展的重要基石,进而为中华农耕文明重要标志二十四节气的形成提供了必要的水利条件。

第二节　华夏农耕文明的先导

黄河中下游地区作为中国新石器时代文明的重要标志地,也是随着新石器时代的到来而最早进入农耕时代的地区,且一直是农耕文明的先导,也是农耕文明的孵化器和发动机。

一、早期的农耕文明

黄河中下游地区在距今 1 万年前后进入农耕时代。在中国农耕文明的早期，由于社会生产力低下，人们为了生存的需要，逐渐由渔猎向农耕时代过渡。这个时期人们主要生活在山地与河谷的结合部，这个地区既可以在山区开展狩猎，也可以进行农业生产。

位于黄河中下游核心地带的嵩洛地区，就是这样的地形和地貌，成为华夏先民最早进行农业生产的区域之一。河南嵩山下新密市岳村镇的李家沟遗址，是一处典型的从山地向河谷过渡地带的一处遗址。这里丰富的黄土为农业生产提供了可耕种的土壤，同时这里紧邻嵩山又为狩猎提供了条件。李家沟遗址距今 8600～10500 年，遗址里发现了大量生产和生活工具，且与农业生产密切相关。李家沟遗址南、北两区主剖面均包括从旧石器时代到新石器时代早期的底层堆积。从这些堆积中发现了许多打制的石器，这是旧石器的遗物，还发现了更多的磨制石器，如砍砸器、刮削器、石磨盘等。从这些生产工具可知，李家沟人的农耕生产能力已达到一定的水平。其遗址中所发现的大量粗糙陶器，不仅反映了当时的人类已有相对稳固的定居生活，并且这些陶器可作为生活工具使用，如盛水、储存粮食等。此外，从李家沟遗址中发现的牛、马、羊、猪及鸟类等动物骨骼可以说明原始的畜牧业已经产生，同时，从李家沟发现的农耕器物看，当时很可能已经培育出了粟、黍等农作物。

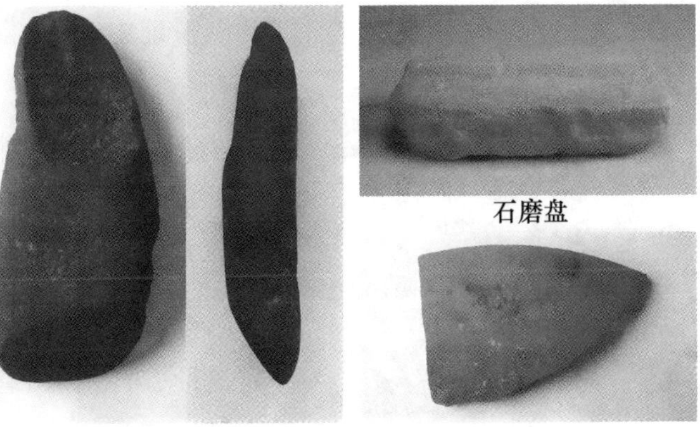

石锛　石磨盘　陶片

新密李家沟遗址新石器

在黄河中下游距今 7000～9000 年的河南新郑裴李岗遗址中不仅发现有

当时最先进的房基、墓穴、墓地等村落遗址，还发现了比李家沟更为先进的农业生产工具。如带足的石磨盘、带齿的石镰和双刃的石铲等相对更精制的农业生产和生活用具，代表着当时黄河中下游地区先进的农业生产水平。从裴李岗遗址中发现众多的家畜骨骼来看，这个时期的畜牧业已经有了较大的发展，并已具备一定的规模。裴李岗遗址中发现众多先进的农业生产和生活工具，说明在新石器时代早期，黄河中下游地区不仅已进入农耕时代，而且是当时农业文明的先导和标志。

裴李岗石磨

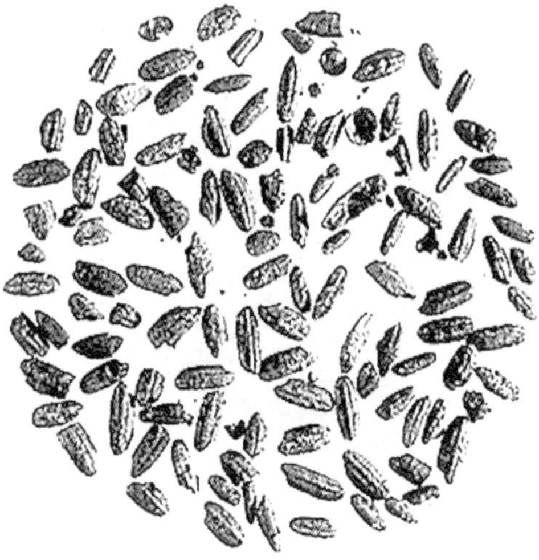

贾湖遗址中的水稻

在距今7500～9000年的舞阳贾湖遗址中，不仅发现了最早的乐器骨笛，还发现了碳化水稻和稻壳，呈现出栽培的特征，明显有别于野生稻。这一重要发现有力证明了在新石器时代早期，该地区已开始种稻。此外，在河南双槐树仰韶遗址、河南林山砦仰韶和龙山遗址、河南登封石道龙山文化遗址、河南汝州李楼龙山文化遗址、河南偃师二里头遗址中不仅发现有粟、黍，而且有稻，并且稻的数量从仰韶到龙山时期逐渐增多。

从以上的考古发现可以证实，黄河中下游的中原地区，在 3000～10000 年的全新世大暖期的气温比现今高 2 ℃左右，相当于今日江淮地区，适宜种稻作物，是粟和稻的混作区，即种植粟黍，也种稻子。由此可知，中原地区也是稻的发源地之一，而且到夏商周及秦汉时期，黄河中下游地区一直种水稻。

距今 7600～8000 年的河北武安磁山遗址，是黄河中下游地区二十四节气形成的气候区北部的一个重要遗址。在这个遗址里出土了大量石斧、石铲、石锛、石凿、石镰、石磨盘、石磨棒等与农业生产有关的农具，证明了这个时期，华北平原已有了比较先进的农耕技术。而遗址出土的犬、猪、羊、鸡等家畜和家禽骨骼，说明当时的畜牧业已相当发达。众多饲养的家畜和家禽是当年人们以农业生产为主要生活来源的佐证。更为重要的是，在磁山遗址中还发现了 88 个窖穴(灰坑)，其内堆积的粟黍灰，堆积厚度为 0.2～2.0 米，有 10 个窖的粟黍灰堆积达 2 米以上。从磁山遗址出土的粟灰和黍灰可知，在黄河中下游地区，7000 年前已开始较大规模种植粟和黍。

磁山窖灰(局部)

从磁山遗址等的发现中还可以看出，黄河中下游地区最早种植的粮食作物是粟和黍。粟，亦作稷，统称谷子，脱了皮称为小米。粟，是禾本科狗尾草本植物。粟这种植物体细矮小，圆锥花序呈圆柱形，小穗卵形或卵状披针形，颜色为黄色，小枝不延伸，花果期6—10月。中国是粟的原产地，是远古先民从狗尾草培育而成，大概有上万年的历史。从磁山出土的粟灰也可证明较大规模种植至迟在7000年之前。粟这种植物古代主要分布于黄河流域的山东、山西、河南、河北等地。粟为喜温、耐旱、短日照作物，对土壤要求不高，适应性强。粟富含蛋白质、维生素等，适合身体虚弱的人食用。粟在原始农业时代居粮食的首位。

粟

黍，即黍子，是一年生草本植物，原产地也是中国，黄河流域是主要产区之一。黍和粟一样是中国最早种植的两种农作物。从磁山遗址中可知，这种植物在黄河流域较大规模种植的历史至少在7000年以上。黍这种植物耐干旱，淡黄色籽，去壳后籽粒称为黍米。黍米煮熟之后带有黏性，可酿酒、制作糕点等。粟和黍作为中国传统的五谷中的两种，不仅是黄河中下游地区农耕时代最早种植的两种粮食作物，也是中国农耕文明发端最有力的见证者，在中华民族赖以生存的粮食生产史上具有不可替代的作用。

黍子

当历史进入距今5000～7000年的仰韶文化时期，黄河中下游地区的农业又有了新的发展，原始农业已走向成熟。在农耕时代早期的裴李岗时段，农业生产用的石器工具主要是斧、铲、镰等，种类比较单一。到了仰韶文化时期，从黄河流域渑池遗址、西安半坡遗址、陕州庙底沟遗址、汝州大张村遗址、郑州大河村遗址等仰韶遗址的发掘中，发现的农业生产工具有石刀、石铲、石斧、石凿、石磨棒、石磨盘、石耜、石锛、石网坠等，而且石器磨制得更加精细。特别是仰韶文化中晚期的生产工具更是不断改进，数量也大幅增加。仰韶时期农业进入“器灌”阶段，就是用器物从江河、水井中直接取水，用于农业生产灌溉，这是黄河中下游地区农业灌溉的一次大的技术提升，进一步巩固了农耕定居生活。从巩义双槐树遗址、荥阳汪沟遗址、郑州林山砦遗址的发现中可知，仰韶文化时期种植的农作物除了粟、黍外还包括豆和稻，这表明种植的粮食作物种类已经增加，为人们生存提供了更广泛的粮食来源。同时，仰韶时期的家畜饲养业已相当发达。从这个时期的遗址中可找到牛、猪、狗、羊、鸡等家畜和家禽的骨骼，并且这个时期基本上是家家户户都圈养牲畜。其圈养牲畜还可以积累大量肥料，并通过牲畜肥料的使用来提高农业生产，这是仰韶文化时期农业的又一大特色。

石耜

仰韶时期黄河中下游地区除了种植粟、黍外，还发现另外两种农作物稻和大豆，其中在裴李岗时期的河南舞阳贾湖遗址中已发现黄河中下游开始种植水稻，但那个时期尚属初期培育阶段，可能是点状种植的，但到了仰韶时期，从多个遗址点发现种稻子可知，种植已有一定的规模。仰韶时所种的大豆，古称菽，是豆科大豆属一年生草本植物。大豆茎粗壮，直立。种子椭圆形，种皮光滑，有淡、黄、褐、黑等多样。花期6—7月，果期7—9月。大豆原产于中国，黄河中下游地区的大豆种植从双槐树遗址、汪沟遗址可知，至迟在5000年前的仰韶时期已开始种植。《周礼》郑玄注说中国古代的五谷为“麻、黍、稷、麦、豆”。《孟子·滕文公上》以为五谷是“稻、黍、稷、麦、菽”，可知豆为中国五谷之一。五谷出现差异的原因是南北方对五谷的认知不同，北方五谷有麻无稻，南方五谷有稻无麻，但都有大豆，即菽。由此可知，大豆也是中国古代先民的重要食物来源。事实上，古代中原的主要粮食作物为稻、黍、稷、麦、菽，这是最早的五种粮食作物。

大豆

在距今 4000～5000 年的龙山文化时期，黄河中下游的农业比仰韶时期又有新的发展。从龙山文化时期的王城岗遗址、煤山遗址、白营遗址、三里桥遗址、客省庄遗址等的考古发掘看，龙山文化时期的生产工具又有所改进，人们已用上双木耜翻土耕地，这种工具掘土和翻土的效率比石铲高许多。此外，弧刃石镰、石刀、蚌刀、蚌镰等已经广泛使用。同时，从这个时期的遗址中还发现铜渣及残片，表明龙山文化时期已经具备了一定的生产铜的能力，虽然这个时期铜没有用来制作生产工具，但为其后更先进的金属农具的生产奠定了基础。

龙山文化时期黄河中下游地区农业灌溉技术有了新的发展。仰韶时期用的是“器灌”，而龙山文化时期农业已经开始引水灌溉。龙山文化时期黄河中下游中原地区的洛阳、汤阴等地都发现了引井水通过渠道灌溉的遗址，这是促进农作物丰收的重要措施。龙山文化时期粮食的产量也大大增加，粮食多、存粮的窖穴多是龙山文化时期的一大特点。

龙山文化时期黄河中下游地区的畜牧业较前期有了较大的发展，人们主要饲养猪、狗、牛、羊、鸡、马等家畜和禽类，养殖规模进一步扩大。大约在龙山文化后期，即中国史册所载的五帝时期，开垦农田发展经济，并开始制定较多的口口相传的历法指导农业生产，已成为当时农业发展的又一显著特征。

裴李岗、仰韶和龙山文化时期是中国原始农业的奠基和成熟阶段。裴李岗时期的农业，表现为从原始的采集渔猎向以种植业为主的农业经济过渡时期，仰韶时期原始农业已基本成熟，到龙山时期已经完全成熟。这 3 个时期农业的发展不仅为后来的农业文明奠定了基础，也对后世社会经济的发展和文明进步产生了深远影响。

二、夏商周秦汉时期农耕文明的引领者

夏、商、周三代是中国农业文明发展史上一个非常重要的时期，也是非常关键的时期，一直引领着中国农耕文明的走向。龙山文化的晚期相当于中国夏代的早期。在这个时期，黄河中下游的农业经济又有了较大的发展。在龙山文化晚期，即夏代早期时，生产工具已经呈现多样性与专业化，包括用于翻地的犁、平地的耙、松土的耙钩子、平整土地的辘轴、装盛肥料的粪箕等。这些农具涵盖了农业生产的各个环节，反映了农业向专业化和复杂化方向发展，这对于提高农业生产效率和促进社会分工具有重要意义。

到了夏代中晚期，在二里头遗址发现碳化的农作物包括粟、黍、麦、稻、豆，表明这个时期五谷已开始全面种植，真正实现了中国粮食作物五谷并种的格局。中国农业先导黄河中下游地区粮食种类的多样化，不仅为人们提供了更为充足的粮食来源，也极大地促进了社会发展和文明进步。

再从二里头遗址发掘出的生产工具看，不仅有石、蚌、骨制成的铲、镰、

斧、锛、凿等工具，还出现了青铜工具和兵器。其中青铜器工具有刀、锛、凿、锥、鱼钩等。这些青铜工具不仅可以用于日常生活，在某些方面也可用于生产活动之中。二里头遗址出土的比较先进的农具反映了当时农业活动的频繁和对土地的深度开发。而遗址中发现的猪、狗、牛、羊等骨骼表明当时的畜牧业在经济生活中也占有重要地位，为人们提供了必要的肉食来源。同时，从二里头遗址中得知，随着农业的发展推动了社会分工的出现，出现了社会管理、艺术品创造、手工业生产等，这些证明当时农业生产已具备了相当高的水平，不仅是当时社会经济发展的标志，也是夏代农耕文明的体现。

二里头农具

从二里头等黄河中下游遗址中发现种麦子可知，小麦已经成为当时的一种粮食作物。小麦原产于西亚两河流域，在距今4000～4500年传入中国并已经开始在黄河流域种植，之后成为中国传统五谷之一。但是夏、商、周三代时种植的小麦数量还是有限的，其很重要的原因是因为当时还没有发明石

麦子

磨，不能将麦子磨成面粉来食用，麦子只能以颗粒状或用石臼捣碎的方法煮着吃，所以种植面积较小。因此，夏代时谷子仍然是当时最重要的农作物。

商朝建立之后的400年间，随着青铜冶铸业的繁盛，黄河中下游地区青铜工具的制造和在农业上的使用在商代已经开始了，这是中国农业生产工具从石器逐渐向青铜器过渡的非常关键的时期。青铜工具的出现改变了用石、木、蚌、骨制作农具的历史，对后来大量使用金属制造农具新时代的到来起到至关重要的作用。

从甲骨文的记载来看，黄河中下游在殷商时期种植的农作物有粟、黍、麦、菽、稻，五谷俱全，尤其是小麦，虽不是主粮，但也是当时种植的主要粮食作物之一。此外，殷商卜辞中还有关于农业害虫、求雨和驱虫的记载，这些都表明商朝时期的农业已有较大的发展。

西周时期是中国农业发展史上一个承上启下的重要时期，也是节气形成的奠基阶段。西周时，黄河中下游的农业生产又有所发展，这从《诗经》的记载及考古发现中都可以证明。西周时期的农业，《诗经》叙述得比较多，也较详尽。《周颂·臣工》记述了周朝即将收获农作物小麦的情况。《诗经·七月》则记述了西周时期每个月气候、物候、农耕时间、采集等，是对农业生产和生活更具体的描绘。西周时期使用的青铜农具比商朝大为增加，这表明青铜工具在西周的农业生产中已经比较普遍。而在西周末年还有一个对未来农耕有重要贡献的事项，就是出现了铁器。虽然西周时期铁器还没有用于农耕，但铁器的出现，为后来铁器运用于农业生产奠定了基础。西周时期的农业生产及田间管理技术有了很大的发展，如用金属铜器翻土、锄草以及施肥等都有较大进步，极大地促进了农业的发展。

春秋战国时期是中国农业生产发生重大变革时期，也是二十四节气初步

战国铁质农具

形成时期。春秋战国时期，随着井田制的消失、土地逐渐私有化、铁质农具和牛耕在黄河中下游中原地区的推行，农业生产方式和生产技术都有了质的飞跃。中原地区铁制农具种类在战国时已有犁、铧、镬、铲、锄、臿、镰、刀等。铁制工具的使用极大地提高了耕作效率。因为在青铜时代，由于青铜农具比较柔软，所以青铜农具在开荒耕种等方面受到很大限制。当铁器出现后，在开荒、深翻土地、挖沟开渠引水等方面速度大大提高。到了战国时期，随着牛耕的普遍使用，极大地提高了耕作效率，这是中国农耕文化发展史上具有标志性和划时代性的一件大事。牛耕这种耕作方式从春秋战国时期开始，2000多年来一直是中国农耕的基本方式，至今一些比较偏远的农村仍在使用牛耕。

战国时期还是中国农学的发端时期。战国时的阳翟（今河南禹州）商人吕不韦在秦国任丞相时，召集门人学士集体编写了一部具有百科性质的《吕氏春秋》。此书博采众家学说，以道家学说为主干，以法家、农家、墨家、儒家、名家、兵家、阴阳家等思想为素材，融诸子百家于一体，是战国末期杂家的代表作。在这部书里，吕不韦等认为，农业对强兵具有重要意义，于是吸纳战国时农家的学术成就，在《吕氏春秋》中撰写了《上农》《任地》《辩土》《审时》四篇专门阐述农业生产的文章，这是我国现存最早关于农学的论文，是中国传统农学体系的发端。四篇农学文章的内容包含农业管理思想相当丰富，是对先秦时期黄河中下游地区农业政策、农业技术的全面总结和阐释。

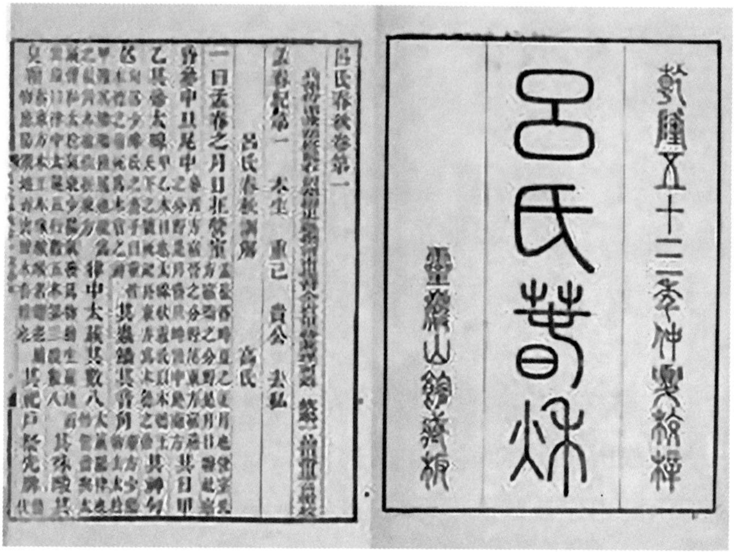
乾隆五十三年仲冬校梓
呂氏春秋
靈巖山館藏板

呂氏春秋卷第一
孟春紀第一　本生　重己　貴公　去私
呂氏春秋訓解　高氏
一曰孟春之月日在營室

《吕氏春秋》

《上农》以务农作为治理天下的根本要务，主张“务耕织者，以为本教”。所以“上农”的意思就是崇尚农业，重视农业。故此篇文章着重论述了农业生产的重要性及农业政策，认为“古先圣王之所以导其民者，先务于农。民农非徒为地利也，贵其志也”。这句话是说古代圣王用来引导百姓的方略，首先是致力于农业，不仅是为了土地生产之利，也是为了陶冶他们的心志。这充分说明了农业、农业政策的重要性。

《任地》讲的是农业生产技术，即耕作的基本原则：刚硬的土地要使其松软，柔稀的土地要使其变硬；休耕的土地要适时耕种，种乏的土地要休耕；贫瘠的土地要使它变得肥沃，过于肥沃的土地要使它减肥；过湿的土地要使其干燥，干燥的土地要使其变得湿润等。这些都是对耕作技术极为重要的总结，也是促进农业生产发展的重要环节。

《辩土》讲的是从耕作技术上论述耕作的基本原则，即根据土质不同采取不同措施，也就是要因地制宜。如要先耕种墒情差的，再种墒情好的，缓种含水高的等。这也是农业生产经验的总结。

《审时》讲的是农事要审察天时，适应天时，就是强调农业生产中，无论播种、耕耨、收获等都要掌握气候条件，因时制宜。禾、粟、黍、麻、麦、菽6种主要农作物适时种植就可获得丰收。

《吕氏春秋》四篇农学论文，不仅是战国时期黄河中下游地区农业生产经验的总结，也为指导农业生产的补充历法二十四节气在战国时形成雏形起到至关重要的理论指导作用。

秦汉时期的农业更是得到了巨大的发展。其一，农业生产技术有了较大的进步，特别是牛耕和铁制农具的推广使用，极大地提高了农业的生产效率。同时铁制农具设计也有进步，减轻了农民的体力劳动。其二，兴修水利形成了农田水利地区；同时治理黄河，变害为利。其三，农业种植面积扩大，平原与丘陵山坡地得到合理的种植。加上麦子和稻子轮作复种制的发展等，都极大地丰富了农业种植方式。其四，秦汉时，畜牧业也得到了发展，尤其是马、牛、羊、猪、鸡、鸭等家畜和家禽饲养不仅规模增加，而且技术有所提高，锄刀的出现和斩刍饲养喂法的实施，都促进了畜牧业的繁荣。秦汉之时，随着石磨技术的发明和广泛使用，小麦被磨成面粉，极大地提高了小麦的食用方法，从而极大地促进了产量更高、适应性更强小麦的大量种植，并逐渐取代谷子成为黄河中下游最为重要的农作物。秦汉农业的飞速发展，为二十四节气在此时确立起到了不可替代的重要作用。

第五章

黄河中下游发达的科技和人口优势是节气诞生的动力

第一节 发达的科学技术

黄河中下游地区作为中国农业的发端之地，不仅农业科技方面一直走在前列，并且在诸多领域也是中国科学技术的引领者，这是二十四节气诞生于此的科技因素。

一、水利科技方面

在黄河中下游地区，从新石器时代农耕开始到秦汉时期，与人们生活密切相关的水利、冶金、陶器、纺织、建筑等领域的科技水平一直处于全国领先地位。水利方面，由于黄河中下游地区民众日常生活和发展农业生产的需要，自新石器时代农耕开始就非常关注兴修水利，并在水利科技方面取得了诸多杰出的成就。在新石器时代仰韶文化时期的半坡遗址里，其居住区的四周发现了宽、深各五六米的大围沟，它的功能除了防御猛兽的侵袭外，更大的作用是用来排放雨水，以免大雨对房屋造成危害。这说明至迟在仰韶文化时期的人们就已经注意防范水患了。又据《尚书·尧典》《史记·夏本纪》记载，相传在尧、舜时，黄河洪水泛滥，重灾区就是黄河中下游地区。大禹受命治水之后，一改其父亲鲧用堵的方法治水，采用了疏通河道，使洪水东流入海的方法，历时十三载把黄河的洪水治理好。西汉陆贾在《新语·道基》上称治水之后："百川顺流，各归其所，然后人民得去高险，处平土。"大禹所创的疏通治水的方法，也翻开了中国治水技术新的一页，为后世治水提供了典范。相传，在治水成功后，大禹还大力发展农业，使黄河中下游的洪灾区成为丰产的农耕区。

大禹治水

先秦时的黄河中下游地区已普遍使用堤坝的方法来防洪，这种方法在当时河道防洪方面是比较有效的。春秋战国时期，黄河中下游河道堤防已经具备较大的规模。《汉书·沟洫志》说："赵、魏濒山，齐地卑下，作堤去河二十五里。"又据《史记·滑稽列传》记载，战国时魏国政治家、水利家西门豹在任邺（今河北临漳）令时，为了治理经常发生水灾的漳河，经常亲自勘测，组织民众在当时还是黄河支流的漳河开挖了 12 条沟渠，用来灌溉农田，发展农业生产，这是历史上采用引水灌溉相当成功的一个范例。

又据《史记·河渠志》记载，战国末期，地处中原核心区的韩国，为了消耗秦国的国力，让著名水利专家郑国说服秦国兴修水利工程郑国渠。这是一项巨大的水利项目，工程位于黄河最大支流渭河流域的泾河和北洛水之间，就是引泾河水东注北洛水，水渠全长达150多千米。郑国渠建成后灌溉田地110万亩*，不仅没有起到疲秦的作用，而且使关中地区成为战国时期极为发达的粮食产区，为后来秦国统一中国奠定了坚实的经济基础。不仅如此，郑国渠的开通也为后来的隋唐大运河、京杭大运河的开凿敞开了思路。

黄河水系的发达及科技的进步，为黄河中下游地区利用河流水系进行航运提供了条件。仰韶文化时期的宝鸡北首岭遗址中出土的船型陶壶，说明这一区域很早就开始造船。《史记》亦有大禹时“水行载船”的记述。《史记》又载，武王伐纣时在平皋津渡河，“车辆三百、甲士四万五千”，并成功渡河，可证当时已掌握大型船渡河技术。此外，先秦时的黄河、渭河、汾河、洛河等大河都是当时航运的重要河流。黄河中下游水利科技的发展和进步为二十四节气诞生于此注入了动力。

二、冶金技术方面

黄河中下游地区不仅是农业中心，也是中国冶金制造业的中心之一。中国的青铜器冶炼和制作始于龙山文化中晚期，这个时期从黄河中下游的山东大汶口发现的红铜屑可知，龙山文化中晚期时已开始冶炼红铜。在河南王城岗龙山文化中晚期，相当于夏代早期的遗址中也发现了青铜残片，在郑州牛砦龙山文化晚期遗址中发现了熔化青铜的残炉壁，说明当时青铜冶炼技术已达到一定的水平。

河南偃师二里头遗址属于夏代中晚期都城性质的遗址，在这个遗址里发现的青铜器有爵、鼎、锥、戚、镞、戈、斝、盉等。尤其是1975年出土的乳钉纹

---

* 1亩≈666.67平方米。

二里头乳钉纹青铜爵

青铜爵，通高 26.5 厘米，前有长流，后有尖尾，三足细长，造型优美，制作精良，标志着中国青铜器的铸造技艺进入了新时代。在二里头遗址里还发现了铸铜的坩埚、陶范、铜渣以及与铜矿冶炼相关的遗物，这表明夏朝中晚期时，人们已掌握了较为先进的青铜冶炼技术。

殷商时期以中原为中心的黄河中下游地区是中国青铜器发展史上的第一个高峰，不仅青铜器制作技术有极高的水准和成就，而且开采、冶炼、铸造工艺等都有了显著的进步。从郑州商城遗址、偃师商城遗址、安阳殷墟等考古发掘中可知，商代青铜器冶炼地点更广、出土青铜器数量更多、器物种类更为复杂而多样，器物制作之精美更是空前的。商代的青铜器用高超的范铸法铸造而成。商代的青铜器从考古发掘的器物看，有礼器、乐器、兵器、生产工具、交通工具、杂器等。礼器有鼎、尊，乐器有铙、鉦，兵器有戈、矛，农具有犁、镰，生产工具有斧、钻，马车器有辖、衔，杂器有铜镜、杖首等，可谓琳琅满目。在商代的青铜器中，安阳殷墟出土的后母戊大方鼎，高达 1.33 米、重达 832.84 千克，居中国古代青铜器之冠。侯家庄大墓出土的牛鼎、鹿鼎以及

现存国家博物馆的殷商后母戊大方鼎

妇好墓出土的三联甗等，工艺精湛，为商朝青铜器的杰作。商代青铜器不仅造型独特，而且纹饰复杂多样。殷商青铜器的铸造技术是当时中国先进铸造技术的标志。

西周时期的黄河中下游地区，青铜器铸造技艺又有所发展，尤其是关中地区出土的西周时期青铜器最多。从固原遗址、丰镐遗址、周公庙遗址等的考古发掘可知，西周时期不仅继承了殷商青铜器制造的诸多风格和特点，并且青铜器的种类更加繁多，如工具类的斧、铲，兵器类的刀、镞，容器类的鼎、簋等，品种类型浩繁。西周时期的青铜器与殷商时期的青铜器相比，还有一个比较明显的变化，就是器物中大多铸有铭文，如何尊、天王簋、毛公鼎等的铭文不仅清晰精美，也成为记述那个时代历史最为珍贵的实物资料。

西周时期在中国冶金史上还有一个重要的进步，就是冶炼出了铁，并制造出了铁器。在黄河中游西周晚期三门峡虢国墓地出土了一把玉柄铁剑。这是至今发现最早的铁剑，被称为“中华第一剑”。此时铁制品的问世，不仅把中国人工冶铁的历史向前推进到了西周晚期，也证明了西周晚期是中国铁器的发端时期。

春秋时期，在青铜器铸造方面，不仅继承了商周时期的青铜器冶炼技术，并且青铜器的铸造方式更加广泛，更加先进。当时青铜器的铸造技术不仅有广泛流行的分铸法、焊接法，还创造出了一种崭新的失蜡法铸造青铜器新工艺。河南淅川楚墓出土的春秋时期的云纹铜禁，是迄今所知最早的失蜡法铸造的青铜器，是春秋时失蜡法铸造技艺的重要代表。

春秋时期也是铁器发展史上的一个重要时期，从考古发掘出的铁器看，当时制作的铁器包括农具、工具、兵器及杂器等。农具有锌、锄、铲等，工具有斧、锛、凿等，兵器有剑、戟、矛等，这些都是当时铁器的代表作。从河南陕县（今三门峡陕州区）后川出土的春秋时期的铁剑，其剑镡及剑首为金质，表明铁器的制作技艺比西周时不仅有所发展，而且更加精致。

战国时期黄河中下游地区青铜器制作仍很繁盛，在当时的社会生活中占有很大比重，而且技艺更加高超，这从当前的考古中可以看出。如在战国早

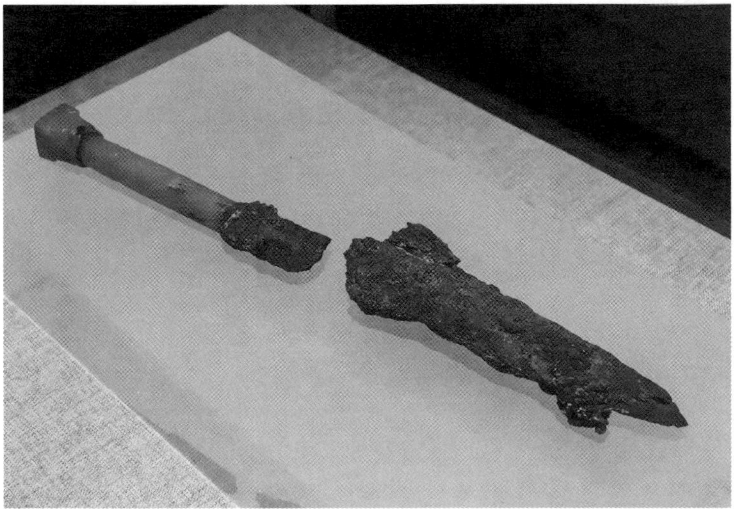

现藏河南博物院的玉柄铁剑

期曾侯乙墓中出土的曾侯乙尊盘，是用混铸、分铸焊接和失蜡法等多种工艺制作的一个尊盘，是春秋战国时期最复杂、最精美的青铜器，也是失蜡法铸造艺术的巅峰之作。此器出土于湖北，而与之相邻的黄河中下游的青铜制造也应当掌握了此技艺。

在战国时期，黄河中下游地区已进入铁器时代，铁器的制作技艺显著提高，使用量比春秋时期明显增加，并逐渐普及。战国时随着冶铁、铸造和锻造技术的发展，特别是生铁柔化技术、椭圆形特大冶铁竖炉等的发明，使战国时冶铁技术上了一个崭新的台阶，制造出了众多精致的铁质制品，并运用于不同领域。其中铁制农具有犁铧、镬、镰、锄、耙等，铁制工具有斧、锛、凿、刀、削、锉、锤、钻、针等，铁制武器有剑、戟、矛、镞、匕、盾等，铁制生活用具有盘、杯、环、杖等。战国时期冶铁及铸造技术的发展，极大地促进了当时社会生产力的发展，使中国农业文明进入了一个崭新阶段。

秦汉时期，随着秦始皇统一中国，黄河中下游地区作为国家的中心，冶金技术又有了新的发展，最重要的是冶铁、铸铁及锻造技艺有了极大的提高。这个时期已经掌握了先进的高炉炼铁炒钢、铸铁脱碳成钢等技术，其中高炉炼铁技术达到了相当高的水平，而且炉型设计合理，不仅能够提高生产效率，还能降低成本。炒钢技术的应用使生铁能够在高温下脱碳，大大提高了钢铁的产量和质量。秦汉时期冶金技艺的发展，不仅推动了社会的发展、促进了农业的进步，也为二十四节气的确立提供了强大的动力。

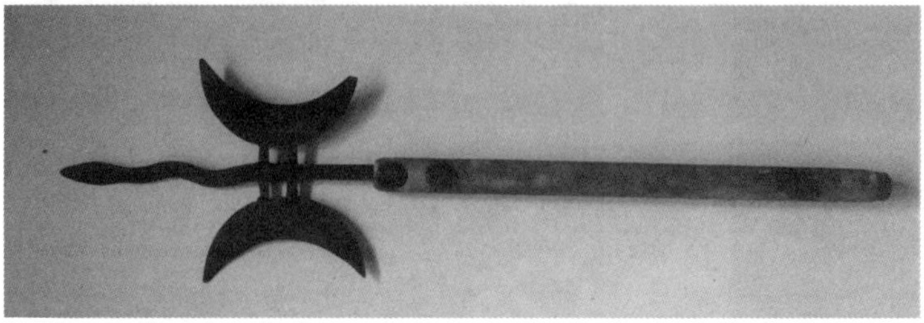

秦汉铁制兵器

三、制陶技术方面

黄河中下游地区还是古代与人们生活密切相关的陶器制作中心之一。中国制陶业的起源可追溯到大约 1 万年前的新石器时代早期。从黄河中下游地区的河南新密李家沟遗址发现的原始陶器看，中原制陶业应有 9000 年以上的历史。河南新郑裴李岗遗址出土的陶器已有 8000 多年的历史。李家沟遗址出土的陶片为粗夹砂陶，大部分表面有纹饰，是早期陶器。裴李岗遗址出土的陶器以红陶为主，有泥质、夹砂两种，都是手工制作而成，烧造温度为 900～960 ℃。裴李岗时期的陶器包括两耳罐、平底钵、圆底钵、三足鼎、三足钵、三足罐等，这些器型反映了当时人们的审美观和生活的需要。裴李岗时期的陶器采用泥条盘筑法，器壁较厚，烧制不易变形，但对烧制技术要求较高。裴李岗

裴李岗陶器

文化时期的陶器不仅是当时物质文化的载体，也是当时科技发展水平的重要标志和见证。

磁山遗址里出土的陶器则以夹砂红褐陶器居多，有少量泥质红陶，制作方法和烧制方法与裴李岗遗址的陶器相似。磁山陶器烧制的火候较低，质地较粗糙，造型比较简洁，器壁也较厚。磁山遗址中比较有代表性的陶器有陶盂、陶支架、椭圆陶壶、钵型鼎等，这些也反映了早期陶器制作的工艺和当时人们的审美需求。

贾湖遗址的陶器制作工艺已比较成熟，器型丰富，以红陶为主，还有泥质、夹砂、夹炭、夹蚌、夹云母陶等。贾湖遗址中的陶器种类包括炊器、食器、盛器、渔猎工具等。这些陶器不仅反映了当时社会经济、宗教信仰、日常生活状况，且具有较高的艺术价值，为研究古代早期中国科学技术发展提供了重要的信息，同时这些陶器还具有极大的历史、文化和艺术价值。

黄河中下游地区第二代陶器出现在仰韶文化时期。渑池仰韶陶器文化是当时社会发展的一个极为重要的标志，是继裴李岗文化之后在黄河中下游地区兴起的最具代表性的新型陶器彩陶。仰韶彩陶的制作距今5000～7000年。仰韶彩陶以细泥红陶和夹砂红陶为主，也有极少的灰陶、黑陶、白陶。仰韶文化彩陶以数量多、种类繁、制作精美、质地细腻、造型生动、纹饰丰富、内涵深刻而著称。其彩陶以黑色或红色陶衣用白色或其他颜色绘出各式花纹图案的彩陶最具代表性。彩陶的题材内容非常广泛，有日月星辰、飞禽走兽、人物、鱼虫等，尤以人物和动物形象

仰韶彩陶

为佳。仰韶彩陶是当时的生活用具，也是精妙绝伦的工艺品，对中国美术和装饰史产生了深远影响，是中国陶器发展史上的一个里程碑。

黄河中下游陕西的半坡遗址出土的陶器也是仰韶文化时期的典型代表。半坡遗址出土的彩陶，器型很丰富，包括汲水尖底瓶、葫芦、长颈瓶、盆和罐类等。半坡彩陶纹饰以红底黑彩为主。半坡彩陶中的人面鱼纹彩陶盆和彩绘船型壶等，不仅展现了半坡人丰富的艺术想象力，也反映了他们对自然和生活的认知和阐释。半坡彩陶不仅反映了仰韶时期制陶工艺水平和成就，也为我们了解当时社会状况打开了一个窗口。

距今4000～4600年前的龙山文化时期，黄河中下游的制陶技艺又有了新的发展，从山东城子崖龙山文化遗址、河南瓦店龙山文化遗址、白营龙山文化遗址等考古发掘可知，龙山文化时期的陶器以黑陶为主，灰陶次之，还有少量的红陶、黄陶和白陶。龙山时期陶器制作普遍采用轮制技术，这使其器型更加规整，器壁厚薄均匀。同时烧制采用封窑烟熏的渗炭方法，使器物光亮而呈现深色光泽，其烧成温度达1000 ℃。龙山文化时期的陶器不仅具有极高的实用价值、艺术价值，也对后世制陶产生了巨大影响。

山东龙山黑陶

到了夏、商、周三代时，不仅继承了以前制陶的主要技艺，且陶器品种更加丰富多彩。夏代的陶器以泥质灰陶和夹砂陶为主，黑陶和棕陶次之，红陶已极少见。其烧制工艺也有所进步，出现了能产生更高温度的馒头窑，提高了陶器的烧成温度和质量。商朝的陶器以泥质灰陶为主，夹砂灰陶数量增多，还有少量夹砂红陶和泥质红陶。其白陶工艺代表了历史上最高水平。西周陶器以泥质灰陶和夹砂灰陶为主,黑陶和白陶西周后已经不再出现。西周时的烧窑技术也有所改进,窑炉顶部出现烟囱,这对后世烧陶影响很大,尤其是对其后出现的瓷器烧制产生了重大影响。

中国陶器的历史是中华民族早期文明的写照,不仅是社会发展的标志,也是科技进步的实物见证者,同时也为后来二十四节气的产生提供了很好的借鉴。

四、纺织技术方面

黄河中下游地区是中国纺织技术的重要发祥地,也是古代纺织业的制作中心地区之一。中国的纺织技术是随着人类的发展而创立的。中国古代的纺织原料最主要的有两种:一是麻;二是蚕丝。另外还有葛藤。黄河流域有着十分悠久的栽种大麻的历史。麻作为中国传统五谷之一,据考古证实,早在7000年前的新石器时代,中华先民即在黄河流域开始栽种大麻。《史记·天官书》记载的五谷中即有麻。麻用途非常广泛,古代主要是用来制造绳子和衣服,并且是一种食物,后来还延伸到药物上。

麻最早是用来结绳记事的,后来将麻纤维纺织成线,制成衣服。《易·系辞》上说:“上古结绳而治,后世圣人易之以书契,百官以治,万民以察。”意思是三皇时代中华先民最早是将麻制成绳以记事,后来改为用文字记事,官员用来处理政务,百姓用来辨别日常生活。而将制成的绳联结起来就制成衣服了,这是中华先民一大发明。早在裴李岗、磁山文化时期的遗址中就发现有用陶片制成的纺轮,到仰韶、龙山文化时期发现更多的纺轮,这是中原悠久纺织史的见证。其纺轮搓捻技术,可分为吊锭与转锭两种方法,结构简单,但可利用麻、丝等各种原料,纺成粗细程度不等的线,然后将纺好的线织成布。《诗经·东门之池》中“东门之池,可以沤麻”,即是用麻制衣的过程。《吕氏春秋》云:“神农身亲耕,妻亲织。”反映的也是先秦时织衣之事。商周时，随着人工育葛麻技术的推广，麻的纺织向前大大推进了一步，从陕西宝鸡等地发现的苎麻织品看，亦相当精致。至秦汉时，随着葛麻生产规模的扩大，用麻纺织也达到了一个高峰。

黄河中下游地区是中国重要的桑蚕养殖发源地之一，也是丝绸业的制作中心之一。在仰韶文化晚期的双槐树遗址中，发现距今5300年的骨质蚕雕，这是我国已知最早的骨质蚕雕艺术品。这个骨质蚕雕是一条正在吐丝的家蚕形象，是中原地区养蚕抽丝的见证。在河南荥阳的青台遗址中，也发现了距今5000多年前的丝绸实物。此外，相传黄帝之妻嫘祖也是在5000年前发明了养蚕缫丝技术，这与考古发现的时间基本相吻合。另外，洛阳和西安作为汉代丝绸之路的起点，也可佐证黄河中下游地区是古代种桑制丝之地的中心之一。《诗经》中大量的关于种桑制丝的诗句，是当时丝绸业兴盛的又一佐证。

双槐树骨质蚕雕

由上可知，黄河中下游地区在远古时就是中国纺织技术的中心，是种麻、养蚕的基地，将麻和蚕丝等纺成布、织成衣供人们使用，也是黄河中下游地区的一大贡献，对后世纺织技术及二十四节气的起源和发展都起到了重要的推动作用。

五、建筑技术方面

黄河中下游地区是中国古代建筑技术的先导，也是最发达的地区，其高超的建筑技术具有广泛的代表性。从裴李岗时期的贾湖遗址、莪沟遗址、唐户遗址等所发现的60多处房址看，7000多年前的房址多属半地穴式建筑，形状有圆形、椭圆形和不规则形等，面积较小，一般在10平方米以下。在唐户遗址中还发现了排水沟和房址内的排水设施，反映了当时的建筑已充分考虑了防范大雨的功能。裴李岗时期的建筑是中华先民早期建筑的杰出代表。

到了仰韶文化时期，黄河中下游地区房屋建筑技术又有了新的发展。位于陕西西安的半坡遗址是这一时期的重要代表。半坡聚落的房屋围绕一个中心广场而建，形成了一个环形布局，大房位于中心，小房围绕大房而建。半坡人的房屋采取的也是半地穴式建筑，具有冬暖夏凉的优点。半坡村聚落周围有深5～6米、宽6～8米的大防卫沟，说明当时的建筑已具备了防御外部侵袭的功能，这是半坡的一大特色。另外，从临汾桃园等遗址中所发掘的呈多边形的房址看，这是新石器时代仰韶文化时期的又一种富有特色的建筑。

陕西半坡房屋基址（局部）

龙山文化时期，黄河中下游地区房屋的建筑技术有了新的发展，房屋平面布局多样化，有圆形、方形和"吕"字形，其中"吕"字形房屋最为典型，这种房屋通常包括内室和外室。龙山文化时期房屋结构主要采用土坯和夯土墙建造而成，土坯砖的使用使得房屋更加坚固耐用。到了二里头时期，建筑技术进一步提高，仅宫殿区就达 12 万平方米。整个宫殿布局严谨，主次分明，开创了我国宫殿建筑形态的先河。其宫殿建筑技术也达到了极高水准，一号宫殿殿堂是座面阔 8 间、进深 4 间的四坡木构、草泥皮出檐式建筑，气势雄伟。其城池则出现了防御性的设施，如环壕、围墙等都是其建筑技术发展的体现。

黄河中下游商朝至秦汉时期建筑技术有了极大的提高，殷商时期建造的宫殿和周朝时期建造的宫殿都是当时建筑的顶峰之作。从西周开始的"秦砖汉瓦"式建筑，到秦汉时期，这种以砖瓦而建的房屋达到了中国砖瓦建筑技术的一个高峰，故有了"秦砖汉瓦"之称。秦代的阿房宫，汉初的未央宫、长乐宫及汉武帝时的建章宫等都是中华古代建筑艺术的丰碑。这些高超的建筑不仅对中国建筑产生了深远影响，对中国文化也产生了重大影响，是推动二十四节气产生的重要动力之一。

第二节　人口资源的优势

黄河中下游以中原为核心的地区，不仅是中国古代政治、经济、文化、科技的中心，且其发达的农业经济也使其成为中国古代人口集中聚居之地。二十四节气诞生于人口稠密的黄河中下游地区与当地人口有着极其密切的关系，这是因为在此制定的历法能服务更多的农耕人群。由此，黄河中下游地区人口众多的优势是二十四节气诞生于此极为重要的动力。

黄河中下游地区历史悠久、文化灿烂，是中华文明的重要发祥地。在旧石器时代和新石器时代，从其密布的旧石器时代遗址和新石器时代遗址看，黄河中下游地区当时就是中国人口最为密集的地方，也是人口最多的地方。随着农耕文明的产生和发展，黄河中下游以中原为中心地区发达的农业，为众多的人口在此聚集创造了良好的生存条件。

当历史进入夏、商、周三代之后，黄河中下游地区成为华夏文明的核心，是当时人口最为密集的地方。因为夏、商、周的都城都在此，发达的农耕区在此，故黄河中下游的人口自然就是最多，也最集中。虽然夏、商、周三代各地的人口，史册没有明确的记载，一些学者推测三代到秦朝全国的人口，夏代人口 250 万～300 万人；商代人口 700 万～800 万人；西周人口大致 1000 万人，春秋人口大致 1500 万人，战国人口大致 3000 万人，秦朝人口大致也是 3000 万人。就夏、商、周三代的人口数字而言，无论学者的推测是否准确，有一点是可以肯定的，就是黄河中下游人口最多，尤其是中原地区人口最密集当是事实。

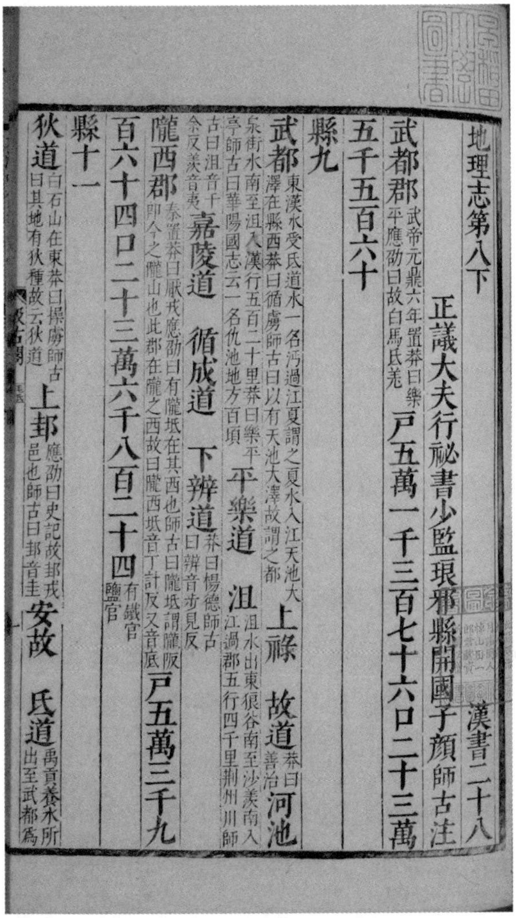
地理志第八下　漢書二十八
正議大夫行祕書少監琅邪縣開國子顏師古注
武都郡武帝元鼎六年置莽曰樂平應劭曰故白馬氐羌 戶五萬一千三百七十六口二十三萬五千五百六十 縣九
武都東漢水受氐道水一名沔過江夏謂之夏水入江天池大澤在縣西莽曰循虜師古曰以有天池大澤故謂之都 上祿 故道莽曰善治 河池泉街水南至沮入漢行五百二十里莽曰樂平亭師古曰華陽國志云一名仇池地方百頃 平樂道 沮沮水出東狼谷南至沙羨南入江過郡五行四千里荆州川師古曰沮音千余反羨音夷 嘉陵道 循成道 下辨道莽曰楊德師古曰辨音步見反
隴西郡秦置莽曰厭戎應劭曰有隴坻在其西也師古曰隴坻謂隴阪即今之隴山也此郡在隴之西故曰隴西坻音丁計反又音底 戶五萬三千九百六十四口二十三萬六千八百二十四有鐵官鹽官 縣十一
狄道白石山在東莽曰操虜師古曰其地有狄種故云狄道 上邽應劭曰史記故邽戎邑也師古曰邽音圭 安故 氐道禹貢養水所出至武都為

《汉书·地理志》

黄河中下游地区人口最多，从《汉书·地理志》所载汉代的人口也完全可以推定。在秦始皇攻灭六国之后，华夏实现了大一统。秦朝之后，中国又迎来了一个空前的盛世汉朝。特别是汉武帝击败匈奴之后，不仅疆域面积大大增加，经济也得到了较大的发展。于是在西汉后期，汉王朝于元始二年（公元 2 年）对中国的人口进行了一次比较系统也比较准确的普查。这次普查，《汉书》对全国各地郡县的户数和人口都有详细的记载，从此中国有了一个比较确切的人口数据。

据《汉书·地理志》记载，中国的人口比较集中分布于北方的河南、河北、山东、陕西、山西和安徽。现根据《汉书·地理志》所载的今陕西、山西、山东、安徽、河北、河南6省的人口，可证黄河中下游地区人口稠密的情况。

查《汉书·地理志》，大致相当于今陕西地域的京兆尹、左冯翊、右扶风、上郡、弘农郡及汉中郡，总共有970551户，人口总数为3825112人。这基本上就是当时陕西的总人口。而从人口分布来看，陕西的人口主要分布于关中地区的左冯翊（治所今陕西高陵县）和右扶风（治所今陕西西安）。

再查《汉书·地理志》，大致相当于今山西地域的河东郡、太原郡、上党郡、定襄郡和雁门郡，总共有592254户，人口总数为2437764人。这基本上是当时山西的总人口，从人口的分布看，主要集中在河东郡（治所今山西夏县）和太原郡（治所今山西太原）。

再查《汉书·地理志》，大致相当于今山东地域的平原郡、千乘郡、济南郡、泰山郡、齐郡、北海郡、东莱郡、东郡和甾川国、胶东国、高密国、城阳国、东平国、鲁国6个诸侯国，总共有1839638户，人口总数为7998114人。这基本上就是当时山东的总人口，其人口比较集中的地区是齐郡（治所今山东淄博临淄区）和泰山郡（治所今山东泰安）。

再查《汉书·地理志》，大致相当于今安徽地域的庐江郡、九江郡、丹阳郡、沛郡及六安国，总共有829400户，人口总数为3852124人。这基本上是安徽当时的总人口，其人口分布比较集中的区域是庐江郡（治所今安徽庐江县）和丹阳郡（治所今安徽宣城）。

再查《汉书·地理志》，大致相当于今河北地域的常山郡、信都郡、上谷郡、代郡、涿郡、渔阳郡、魏郡、钜鹿郡、清河郡、右北平郡（《汉书·地理志》缺渤海郡人口）和中山国、真定国、赵国、广平国、河间国5个诸侯国，总共有1556976户，人口总数为6941633人。这基本上是河北当时的总人口，其人口比较密集的是南部的魏郡(治所今河北临漳)。

再查《汉书·地理志》,大致相当于今河南地域的河内郡、河南郡、陈留郡、颍川郡、汝南郡、南阳郡及淮阳国、梁国两个诸侯国,总共有2241621户,人口总数为12153773人。这基本上是河南当时的人口总数,其人口最集中的是在河洛三角地颍川郡(治所今河南禹州)、河内郡(治所今河南沁阳)和河南郡(治所今河南洛阳)。

又据《汉书·地理志》载,西汉元始二年(2年)全国总人口为5959.4978万人。其中河南、河北、山东、山西、安徽的总人口为37208520人。由此可见,黄河中下游地区的总人口占全国总人口的60%以上,而居于中原的河南人口1200多万人,一省就占全国总人口的近1/5,可知中原人口最为密集。

汉代的这个人口数与当时黄河中下游地区的农业占全国农业的比重是一致的。自古以来,在很长时间内,中国人口最多的一直是中原的河南,其次是山东。就目前全国各省(区、市)而言,近几年广东的人口超过了河南、山东,但超越的原因是河南、山东等省的人口大量迁入广东所致。就粮食产量而言,居中原的河南自古就是粮仓,很长时间都是中国粮食产量第一大省。而今唯黑龙江粮食产量超越了河南,而超越的原因:一是中华人民共和国成立后国家开发北大荒,使北大荒变为大粮仓;二是黑龙江的面积是河南的3倍,随着其种植面积的扩大,黑龙江粮食产量才超越河南。再者,从移民的角度而言,夏、商、周三代到汉代基本没有大的移民活动,较大的一次也就是周朝初年把安阳殷人迁移到洛阳,但这仍在中原范围内,所以从三代到汉朝人口相对是比较稳定的。

由此,从以上汉代人口统计的数据看,完全可以认定黄河中下游地区夏、商、周到秦汉时的人口最多,尤其是以中原为中心的地区是全国人口最多、最集中的地区,这是二十四节气诞生于此能服务更多人群的先决条件,也是二十四节气诞生于此极其重要的人口因素。

下表为汉代部分省份人口基本情况。

汉代陕西、山西、山东、安徽、河北、河南人口基本情况

	郡国名	户数/户	人口数/人
陕西	京兆尹	195720	682468
	左冯翊	235110	917822
	右扶风	216377	836070
	弘农郡	118091	475954
	上郡	103683	606658
	汉中郡	101570	306140
	合计	970551	3825112
山西	河东郡	236896	962912
	太原郡	169863	680488
	上党郡	73798	337766
	定襄郡	38559	163144
	雁门郡	73138	293454
	合计	592254	2437764
山东	平原郡	154387	664543
	千乘郡	116727	490720
	济南郡	140761	642884
	泰山郡	172086	726604
	齐郡	154826	554444
	北海郡	127000	593159
	东莱郡	103292	502693
	东郡	401297	1659028
	甾川国	50289	227031
	胶东国	72002	323331
	高密国	40531	192536
	城阳国	56642	205784
	东平国	131753	607976
	鲁国	118045	607381
	合计	1839638	7998114

续表

	郡国名	户数/户	人口数/人
安徽	庐江郡	150052	780525
	九江郡	38345	178616
	丹阳(扬)郡	124383	457333
	沛郡	107541	405170
	六安国	409079	2030480
	合计	829400	3852124
河北	常山郡	141741	677956
	信都郡	65556	304384
	上谷郡	36008	117762
	代郡	56771	278754
	涿郡	195607	782764
	渔阳郡	68802	264116
	魏郡	212849	909650
	钜鹿郡	155951	827177
	清河郡	201774	875422
	右北平郡	66689	320780
	中山国	160873	668080
	真定国	37126	178616
	赵国	84202	349952
	广平国	27984	198558
	河涧国	45043	187662
	合计	1556976	6941633

续表

	郡国名	户数/户	人口数/人
河南	河内郡	241246	1067097
	河南郡	276444	1740279
	陈留郡	296284	1509050
	颍川郡	432491	2210973
	汝南郡	461587	2596148
	南阳郡	359316	1942051
	淮阳国	135544	981423
	梁国	38709	106752
	合计	2241621	12153773
6省	总计	8030440	37208520

注：此表据《汉书·地理志》所载6省人口整理而成。

第六章

西周的社会形态使之成为节气的奠基时期

第一节 西周的社会形态及影响

二十四节气的形成，经历了一个漫长的发展过程，从新石器时代进入农耕文明开始到商朝，这一时期属于二十四节气的探索阶段。这一时期中华先民开展的一系列天文观测活动制定了原始的历法，并与农业生产逐渐结合起来，成为农耕的基本依据。到了西周时期，随着社会的发展及农耕生产的需要，开展了较大规模的天文观测活动及制定历法的实践，使二十四节气在这个时期开始萌芽，成为二十四节气形成史上的奠基时期。这一时期对二十四节气的初步形成及后来的确立具有开创性的引领作用。

西周在二十四节气形成史上的开启作用，与周朝的社会形态密切相关。西周独特的分封政治制度是周王朝在汲取夏、商灭亡教训的基础上，为了巩固统治、扩大领地范围、稳定社会、发展经济而实施的。周朝的分封有两个阶段，第一个阶段是在周武王灭商后，在听取了周公的“以殷治殷”的策略之后，武王决定封纣王之子武庚于殷(今河南安阳)，利用他来统治殷民。同时，武王封其三位兄弟于殷的周围，以监视武庚。其中，封其弟霍叔于邶(今河南汤阴东南)、蔡叔于蔡(今河南上蔡县)、管叔于管(今河南郑州)，史称“三监”。与此同时还分封了几位参加灭商立下大功者，其弟周公旦被封于鲁(今山东曲阜)，姜太公吕尚被封于齐(今山东淄博)。

在此后不久，周武王病逝，因继位的成王年幼，由周公摄政，从而引起管叔、蔡叔、霍叔的疑忌，武庚乘机拉拢三监叛乱。后周公率军东征，在平定了“三监之乱”后，于次年击败武庚，攻克殷旧都奄。为了瓦解殷商，确立周王朝的统治地位，周公决定对周王室及灭商有功者大规模分封。

周公像

据《荀子·儒效篇》记载，周公这次分封共“立七十一国，姬姓独居五十三人”。之后，周公所分封的七十余国诸侯，又在其封国内继续分封，通过这种逐级分封，下级对上级有承担缴纳贡物、军事保卫、服从命令的义务。周朝的这次分封加强了对地方的控制、稳定了社会、巩固了新生的周王朝、扩大了周朝的统治范围，同时对发展地方经济也起到了重要作用。西周的分封制虽然加强了周对地方的控制，但造成后来地方诸侯割据、军事冲突等问题。然而，对于诸侯来说，为了争霸的需要，诸侯也不断采取措施发展经济，以增强自己的势力，这在一定程度上也促进了地方经济的发展。

在西周致力于巩固统治和发展经济的过程中，周召分陕而治和营建成周洛邑都是当时重要的举措。就是这些措施的实施，西周开始重视农业和人口核心地带的中原，为后来制定历法、创立节气起到了重要的作用。周武王在克殷 3 年后驾崩，摄政的武王弟周公旦及召公奭，认为当时天下很不稳定，周、召二人决定分陕而治。就是以今河南三门峡陕州区的陕塬为界，陕塬以东归周公治理，陕塬以西归召公治理。周公的任务主要是用于防备殷商遗民的反叛，稳定东部新开拓的领地。召公的主要任务是负责治理关中地区原有的领地，发展农业生产，建立稳固的后方，为周王朝进一步开疆拓土解除后顾之忧。

周公在平定了“三监之乱”之后，深刻认识到了统治中原的重要性。因为当时全国的经济中心在中原。这一点从汉元始二年（公元2年）的人口数量可以断定，西汉时关中地区包括汉中人口只有380多万人，而中原的河南就有1200多万人，中原有这么多人口表明中原的农业经济发达，经济体量应远超关中地区，周朝时亦当如此。所以，周公认为只有迁都于天地之中的中原，把诸侯国拱围于天地之中的都城周围，周朝才能统治全天下，才能使国家长治久安。事实上，这个建都中原的战略是由周武王提出的，他曾将九鼎迁于洛阳，只是武王还未实施即离世，而周公在平定“三监之乱”后，更加感到定都中原的重要性，于是，在周公的策划下，周成王四年（前1039年）实施了大规模的分封，周成王五年（前1038年）决定营建都城成周洛邑，至周成王七年（前1036年）建成后迁都于此。西周初年出土的“何尊”铭文还记录了周成王亲临成周洛邑视察之事。在成王七年举行成周落成大典之后，成王命周公居于洛，辅佐成王。而据《史记·鲁周公世家》记载，直至周公临去世时还要求把他葬在成周洛邑陪伴周成王。虽然成王最后违背周公意愿，将其葬于咸阳周文王墓地，但这也反映了成王对周公的敬重。

周、召分陕而治使周公认识到了治理中原的重要性。周公营建成周洛邑，不仅表示都城的东移，也表示西周政治中心的东移，更重要的是成周洛邑的建立使洛阳从原先的经济中心变成西周的政治、经济和文化中心，进而为西周把洛阳地区作为天文观测的中心奠定了坚实的基础，同时也为二十四节气在以河洛为中心地区的发端起到了奠基作用。

西周作为二十四节气的发端，与周王朝重视农业密不可分。建立周王朝的民族，地处关中平原，是一个比较典型的农业民族，依靠当时比较先进的农业而兴盛起来，最终联合中原诸侯打败了殷商。西周王朝建立之后，大力倡导发展农业生产，并以此作为周王朝的基本国策。周朝作为十分重视农业的王朝，按西周时的制度，周王本人就拥有大片土地，由农奴耕种，称为“籍田”。每年春季，周王会率群臣百官亲耕籍田，举行“籍田礼”，表示以身作则。同时，周王每个季节都要派官员到各地督促指导农业生产。《诗经·周颂》及

《吕氏春秋·十二纪》中都有关于周王视察农业生产及派官员督导各地的农业生产的记述。西周王朝重视农业发展,是产生指导农业生产历法的土壤,也是周公测日影定历法的重要原因。

清代御耕图

西周时期实行的井田制,本是殷商创立的一种农业制度,西周时仍然推行。井田制是将土地平均分给农户,避免土地集中于少数人手中。随着社会生产力的提高和私有制的发展,井田制在西周晚期逐渐承认了土地私有的合法化,这为土地由国有向私有的转化提供了条件。而井田制在西周的推行在一定程度上也促进了农业生产的发展,特别是在商周实施时,由于农业生产力低下,井田制的实施有助于提高农业的生产效率。当然,在井田制下,农民必须先耕种领主的公田,之后才能耕种自己的私田,这会打击农民耕种的积极性。因为农民把大部分时间都消耗在不属于自己的土地上,这对于有节气要求的农耕来说,会错过最佳的播种时间。同时井田制还存在着分配不均的问题。随着人口的增加和耕作技术的进步,对土地的需求会不断增加,而井田制是无法满足的。同时,井田制也存在着管理和组织问题。井田制存在先耕种公田而后耕种自己田的问题,这将导致农奴的反抗,而不易管理和组织。另外,井田制由于公田和私田的收获存在比较大的差异,其经济效益相对低下。

虽然井田制有众多的弊端,但其在西周初期的推行过程中,均田对促进农业生产还是起到了一定的促进作用，同时加上西周重视农业生产，这也为二十四节气在西周时初步形成奠定了农业基础。

西周时期的礼乐制度是当时社会制度非常典型的代表。《左传》曰："国之大事，在祀与戎。"周朝把祭祀和军事作为国家的头等大事。西周初年，周武王去世之后，在周公旦摄政时，为了巩固统治，制定了一套维护奴隶制的文化和社会制度。该制度以"礼乐"为核心，强调尊卑有序、等级分明，这一制度在当时的社会生活中起着非常重要的作用。礼乐不仅是一种文化传统，更是维护社会秩序的手段。西周时形成的礼乐制度，作为一种文化和社会制度，通过规范社会的行为和强化等级，维护了当时社会秩序和政治秩序的稳定，对发展农业生产提供了一个良好的环境。

西周礼乐图

总之，西周时期实行的分封制、井田制、礼乐制及重视农耕，加上社会的稳定，使社会上下各界人士有了更充足的时间和精力来思考如何发展人们赖以生存的农业问题，这为二十四节气在西周时期的萌芽奠定了坚实的社会基础。

第二节　圭表测影与节气的萌芽

在经历了从农耕时代开始到商朝数千年的探索之后，到了西周时期，为了促进黄河中下游地区农业的发展，周王朝在"地中"通过圭表测日影的方法来制定历法，使二十四节气开始萌芽。西周时期出现最早的节气端倪是“两至两分”，即冬至、夏至、春分和秋分。“两至两分”不仅是二十四节气中用圭表测影的方法确立的，而且是二十四节气的核心，是节气发端的中枢。

关于西周时用圭表测日影定节气的记述，文献最早见于《周礼》。时间上大致应是在周公营建东都洛阳寻找“地中”之时。在夏商之时，中华先民已经积累了许多观测天象、制定历法的知识和方法。到了西周时期，为了统治中原，周武王制定了将都城建于中原的决策，而周公在实施周武王的营建东都成周洛邑计划之时，特别是周成王七年(前1036年)成周洛邑落成后，中原不仅是经济中心，也是文化和政治中心。居于中原的周公深知，要统治好人口众多的中原，最有效的方法是发展农业生产，增加粮食产量，这样才能养活中原众多的人口，才能保持中原的稳定，使百姓安居乐业。这应当就是周公在东征后营建成周洛邑时测日影制定促进农业生产历法的主要原因。

圭表测影

周公测影定“地中”《周礼·地宫·司徒》有载：“以土圭之法，测土深，正日影，以求地中。日至之影，尺有五寸，谓之地中。”东汉郑玄注：“土圭之长，尺有五寸，以夏至之日，立八尺之表，其景适与土圭等，谓之地中。今颍川阳城为然。”“地中”的阳城即河洛地区中岳嵩山下被称为天地之中的告成。从《周礼》的记载可知，周公在用土圭之法测日影时，认为夏至之日，影长一尺五寸时就是“地中”。由此可知，最早的“地中”是用测日影的方法确定的，而“夏至”“冬至”也是用圭表测影的方法确定的。至今唐代依周公旧制而刻立的石质“周公测影台”仍矗立于告成观星台。

又据《周礼·春官宗伯》载：“以冬日至，致天神人鬼；以夏日至，致地方物魅。”即冬至日祭天神和人鬼；夏至日祭祀地祇诸神。由此可知，周朝时冬至和夏至是重大的祭祀日子。《周礼》对夏至和冬至的祭祀礼制也有比较详细的记载，而且与音律结合起来。《周礼·春官宗伯》云：“冬日至，于地上之圜丘奏之，若乐六变，则天神皆降，可得而礼矣。夏日至，于泽中之方丘奏之，若乐八变，则地示皆出，可得而礼矣。”意思是，冬至日在地上的圆丘进行演奏，若舞乐演六变，天神就会降临，就可以向神进贡了。夏至日，在泽中方丘上演奏，若舞乐演八变，地神就会出来，就可以向神进贡了。

西周时，在黄河中下游的中原地区，用圭表测日影定“地中”制定历法应当是与当时的社会生产力发展水平相适应的。因为周朝时，农业已有了较大的发展，特别是黄河中下游的中原地区已成为中国农耕文明的核心区。周公在营建成周洛邑时亲自或者遣天文学家测日影、观星象制定历法来促进农业生产是完全可能的。《周礼·考工记》也有关于测日影、制定历法的记述：“置槷以县，眡以景，为规，识日出之景与日入之景，昼参诸日中之景，夜考之极星，以正朝夕。”这句话是说，用悬挂准绳观察它的影子的方式保证柱子的垂直，做日晷观察它的影子，确定日出时和日落时影长，参考白天中午的日影、夜间的星象，来校正一天的时间。以上是《周礼》记载的夏至和冬至。

根据《周礼》的记载，结合古代嵩洛地区天文活动中心观星台存留的“周公测影台”，从选址上来说，周公选定河洛地区的“地中”阳城作为观测点来制定历法，应该有以下几方面的原因：一是在此制定的历法适用性广；二是中原地区气候四季分明；三是中原是中国农业的中心；四是中原农耕人口最多；五是“地中”乃天子的都城所在地。由此，周公选择在“地中”的阳城测日影定历法。而就“地中”所具备的5个基本要素而言，在“地中”制定历法也是完全合情合理的。

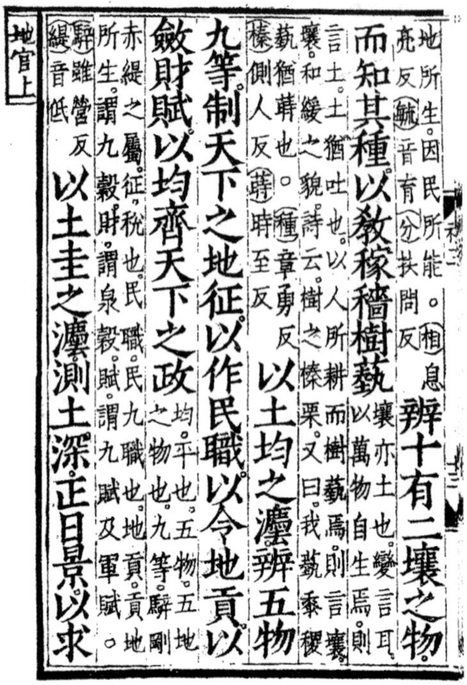

地所生因民所能。亮反（毓）音育（分）扶問反（相）息辨十有二壤之物而知其種以教稼穡樹藝壤亦土也變言耳以萬物自生焉則言土土猶吐也以人所耕而樹藝焉則言壤壤和緩之貌詩云樹之榛栗又曰我藝黍稷藝猶蒔也。（種）章勇反（榛）側人反（蒔）時至反以土均之灋辨五物九等制天下之地征以作民職以令地貢以斂財賦以均齊天下之政均平也五物五地之物也九等騂剛赤緹之屬征稅也民職民九職也地貢貢地所生謂九穀財謂泉穀賦謂九賦及軍賦。（騂）雖營反（緹）音低以土圭之灋測土深正日景以求

地官上

《周礼·地官》

那么，周公是如何测出“两至两分”的呢？世传，周公在“地中”阳城测日影、制定历法时，发现了许多有固定规律的天文现象，就是在一年之中，不仅有日影最短的一天，还有日影最长的一天。周公通过观察发现，日影最短的那一天刚好是进入最炎热夏季的开始，这一天白昼最长，黑夜最短，于是定名为“夏至”。何谓夏至？《恪遵宪度抄本》解释说：“日北至，日长之至，日影短至，故曰夏至。至者，极也。”而周公在观察日影最长之日时，发现此日是进入最寒冷冬季的开始，而时长上这天是白昼最短，黑夜最长，于是命名为“冬至”。由此，就有了二十四节气最早的两个节气夏至和冬至。

又传，周公在确立夏至、冬至之后，发现春、秋两季有日影相等的两天。周公在观察春天和秋天日影相等的两天时，发现春季的那日白昼和黑夜相等，而秋季的那日也是白昼和黑夜相等。同时，还发现春秋日影相等的那两日，刚好是春天过了一半，秋天过了一半。于是周公便把春季昼夜相等的这一天定为“春分”，把秋季昼夜相等的这一天定为“秋分”。由此，二十四节气便有了最早的“两至两分”，即冬至、夏至、春分和秋分。

关于周公测日影确立的“两至两分”，虽然《周礼》上记载有通过圭表测日影确定的夏至、冬至，世间也传有周公测日影定“两至两分”的经过，但《周礼》一般认为成书于春秋战国时期，《周礼》的记载及世传的周公测日影得出“两至两分”，是否符合西周时的社会和天文学的发展状况呢？这个可以从一些历史文献的记载中来寻找答案和佐证。

西周时周公测日影定“两至两分”，从中国现存最古老的古典文献《尚书》之中也可以得到一些佐证。据《尚书·尧典》记载，中国在很早的时候就产生了历法：“乃命羲和，钦若昊天，历象日月星辰，敬授于民时。”这句话是说，尧帝时任命羲氏、和氏按照日月星辰的运动来认识天象，把观测和总结出的节令告诉人们，以便安排农时，方便耕种。现代学者认为，《尚书》虽然成书于春秋战国时期，但书中所载的历法应是商周时期的事情，因为商周时有历法是肯定的，这是农耕生产所必需的。故西周时期观天象、测日影和定历法也是完全可能的。

《尚书·尧典》对仲春时节的春分节令也有记述：“分命羲仲宅嵎夷曰旸谷。寅宾出日，平秩东作。日中、星鸟，以殷仲春。厥民析，鸟兽孳尾。”这句话是说，分别任命羲仲在遥远的东方叫旸的地方，主持日出祭礼并引导春天的农事活动按程序进行。白昼和黑夜一样长的日子，傍晚在南方天空正中看到鸟星，可据此确定是春分节令了。这时气候温和，人们在田野劳作，鸟兽在繁殖。《尚书》这段话不仅反映了春季的春分节气，也说明了春分时人们在田野的耕作情况，还有鸟兽等活动的现象。

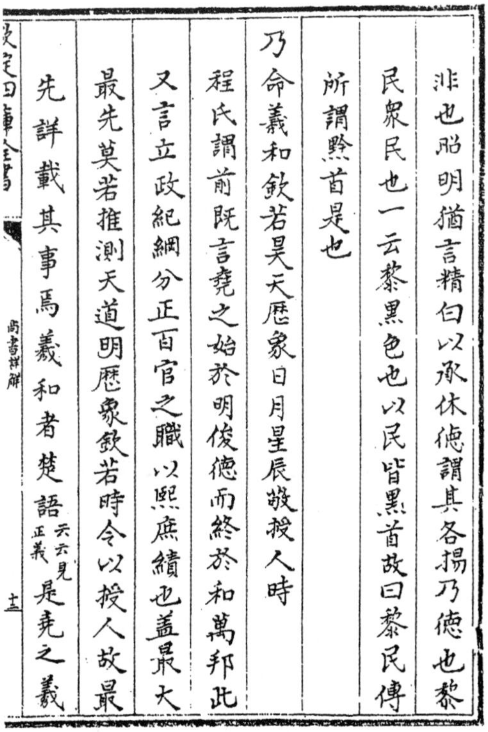
非也昭明猶言精白以承休德謂其各揚乃德也黎
民衆民也一云黎黑色也以民皆黒首故曰黎民傳
所謂黔首是也
乃命羲和欽若昊天歷象日月星辰敬授人時
程氏謂前既言堯之始於明俊德而終於和萬邦此
又言立政紀綱分正百官之職以熙庶績也蓋最大
最先莫若推測天道明歷象欽若時令以授人故最
先詳載其事焉羲和者楚語云云見正義是堯之羲

《尚书·尧典》

《尚书·尧典》对仲夏时节的夏至节令也有记述：“申命羲叔宅南交，平秩南为，敬致。日永、星火，以正仲夏。厥民因，鸟兽希革。”这句话是说，又任命羲叔在遥远的南方，主持对日的祭礼，然后引导夏天农事按程序进行。白昼最长的日子，傍晚在南方天空正中看到大火星，可以确定是夏至节令了。此时气候炎热，农事繁忙，人们不分老幼都出来帮助干活，鸟兽羽毛渐稀，以避炎热。《尚书》这段对夏至的描述，不仅说明了夏至已进入最炎热的季节，也进入了最农忙的时节。

《尚书·尧典》对仲秋时节的秋分节令也有记述："分命和仲宅西曰昧谷，寅饯纳日，平秩西成。宵中、星虚，以殷仲秋。厥民夷，鸟兽毛毨。"此话是说，又分别任命和仲在遥远的西方，主持落日的祭礼，然后引导秋收农事活动按程序进行。黑夜和白昼一样长的日子，傍晚在南方天空正中看到虚星，可据此确定是秋分了。这时气候变凉，农事完成，人们渐渐平静下来，鸟兽开始长出整齐的羽毛。《尚书》这段话不仅阐明了仲秋时秋分的节令，也说明了此时的农事情况及物候现象。

《尚书·尧典》对仲冬时节的冬至节令也有记述："申命和叔宅朔方曰幽都。平在朔易。日短，星昴，以正仲冬。厥民隩，鸟兽氄毛。"这句话是说，又任命和叔居极远的北方幽都，引导冬天的农事活动按程序进行。白昼最短的日子，傍晚在南方的天空正中看到昴星团，可以据此确定是冬至了。这时气候寒冷，人们都回到屋里，鸟兽也生长出细软密集的毛用来保暖。《尚书》这段话不仅阐明了冬至时节已进入最寒冷的时节，也说明了冬至时节人及动物的活动情况。

《尚书》所载的尧时即有"两至两分"，虽不能肯定是尧时代的，但古代观察鸟星、大火星、虚星、昴星团的时间一般认为可能是在商末周初时期。再者，《尚书》所记的内容许多为春秋之前的事，这是人们基本的共识。由此，从《尚书·尧典》的记载也说明，在春秋之前的西周，已有夏至、冬至、春分和秋分的基本概念是完全可能的。

西周时期产生"两至两分"，还有一个比较可靠的佐证就是当时已有了指导农业生产的历法。《诗经·周颂·臣工》诗作于西周初年，多以为是成王时的诗。诗文如下：

嗟嗟臣工，敬尔在公。王厘尔成，来咨来茹。

嗟嗟保介，维莫之春，亦又何求？如何新畲？

於皇来牟，将受厥明。明昭上帝，迄用康年。

命我众人：庤乃钱镈，奄观铚艾。

这首诗的大意是，周王对百官说，应当谨慎做公务。赐给你们的“成法”，需要研究再调度。农官你听着，正是暮春时节，有什么要说的就说，新田旧田如何种？今年麦子长势好，看来将要有好收成。光明的上天，赐给我丰收年。命令农夫，收藏好你们的农具，我要去视察开镰收割。

该诗中所言周王赐给的“成法”，指的就是周王朝制定的关于农业生产的法律和制度，这实际上就相当于周朝指导农业生产的历法，或者就是当时的历法。由此，《汉书》所载周朝时有《周历》当属实，只是名称可能为后来定的。因而，周公在西周初年测日影制定适用范围更广的历法来指导农业生产是完全可能的。

西周时期周公测日影确定“两至两分”也是符合当时天文历法和农业生产发展的进程。《诗经·豳风·七月》是描述西周早期黄河中游泾河地区农业生产、日常生活、气候物候的一首长篇叙事诗。诗文如下：

七月流火，九月授衣。一之日觱发，二之日栗烈。无衣无褐，何以卒岁？三之日于耜，四之日举趾。同我妇子，馌彼南亩，田畯至喜。

七月流火，九月授衣，春日载阳，有鸣仓庚，女执懿筐，遵彼微行，爰求柔桑。春日迟迟，采蘩祁祁。女心伤悲，殆及公子同归。

七月流火，八月萑苇。蚕月条桑，取彼斧斨。以伐远扬，猗彼女桑。七月鸣鵙，八月载绩。载玄载黄，我朱孔阳，为公子裳。

四月秀葽，五月鸣蜩。八月其获，十月陨箨。一之日于貉，取彼狐狸，为公子裘。二之日其同，载缵武功，言私其豵，献豜于公。

五月斯螽动股，六月莎鸡振羽。七月在野，八月在宇，九月在户，十月蟋蟀入我床下。穹室熏鼠，塞向墐户。嗟我妇子，曰为改岁，入此室处。

六月食郁及薁，七月亨葵及菽，八月剥枣，十月获稻，为此春酒，以介眉寿。七月食瓜，八月断壶，九月叔苴，采荼薪樗，食我农夫。

九月筑场圃，十月纳禾稼。黍稷重穋，禾麻菽麦。嗟我农夫，我稼既同，上入执宫功。昼尔于茅，宵尔索綯。亟其乘屋，其始播百谷。

二之日凿冰冲冲，三之日纳于凌阴。四之日其蚤，献羔祭韭。九月肃霜，十月涤场。朋酒斯飨，曰杀羔羊。跻彼公堂，称彼兕觥，万寿无疆。

从诗中反映的西周时期的农事及气候和物候中可以看出西周早期农耕及历法的一些端倪。该诗共八章，其反映的内容主要有3个方面：一是农耕生产安排；二是生活情况；三是不同季节的气候与物候现象。

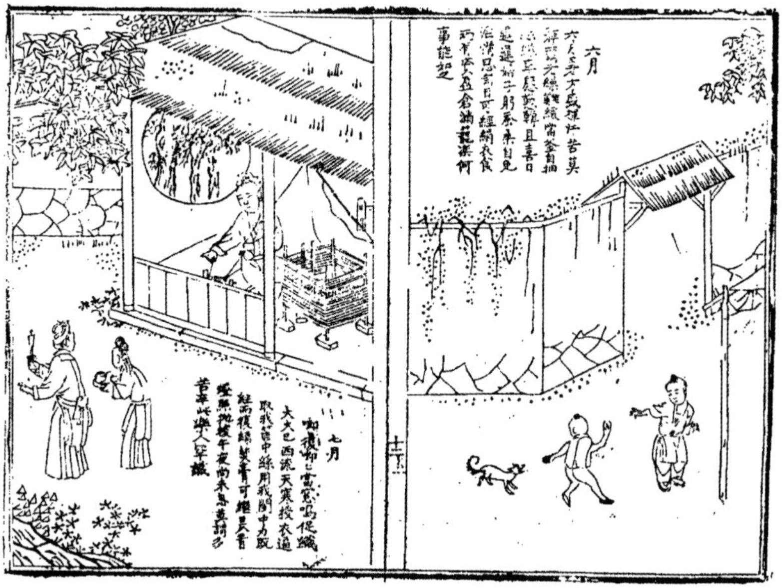

《诗经·豳风·七月》

《诗经·豳风·七月》中的时间有以为是《夏历》，有以为是《周历》，也有以为是《夏历》和《周历》混用，今以诗所述的主要农事时间为序：三之日于耜、四之日举趾、蚕月条桑、四月秀葽、七月亨葵及菽、八月其获、八月萑苇、八月载绩、九月筑场圃、九月叔苴、十月获稻、十月涤场、十月纳禾稼。以上所述农事说的是：正月开始修锄犁、二月去犁田耕种、三月修桑树、四月远志结籽、七月煮葵及豆、八月田间收获忙、八月割苇、八月织麻、九月修筑打谷场、九月拾秋麻子、十月下田收稻谷、十月清扫打谷场、十月庄稼收进仓。纵观此农耕活动的内容，显然就是一部西周时期的四季农耕时间表。

《诗经·豳风·七月》也是比较详细记述季节气候和物候现象的一首诗。其所述主要气候与物候按时间顺序如下：春日载阳、有鸣仓庚、五月鸣蜩、五月斯螽动股、六月莎鸡振羽、七月鸣鵙、七月在野、八月在宇、九月在户、九月肃霜、十月蟋蟀入我床下、一之日觱发、二之日栗烈。其所述的意思依次为：春天太阳暖洋洋、黄鹂婉转鸣叫、五月知了阵阵叫、五月蚱蜢弹腿叫、六月纺织娘振翅、七月伯劳鸟鸣、七月蟋蟀在田野、八月蟋蟀到屋檐下、九月蟋蟀进门户、九月寒来始降霜、十月蟋蟀钻床下、十一月北风劲吹、十二月寒气袭人。不难看出，这的确是一个四季的气候、物候现象表。从以上所载农事及气候、物候看，西周时利用节气的气候、物候特征进行农业生产已经十分普遍。由此推断，周公在西周初年观测日影、定“两至两分”是符合当时农业和历法发展水平的。

此外，从《周礼》记载的冬至和夏至是当时祭祀天地的重大节日看，这个礼制或许就是西周时期周公制定的礼制，至春秋战国时期仍然沿用。由此，从周朝礼制的传承上看也是完全可能的。

总之，从实物“何尊”铭文、告成周公测影台和春秋战国时期的礼制以及文献《尚书·尧典》《周礼》《诗经》等的记载看，在西周时期，“两至两分”已形成了初步的概念，其雏形应当是产生于西周时期。当然，西周时用圭表测日影定“两至两分”，或许不是周公一人所为，也可能是多个天文学家参加，而周公有可能是测日影定历法的发起者或组织者。

对于世传的周公发现“两至两分”之事，很久以前，在登封告成观星台周公测日影的地方，还留下来一个为纪念周公测日影定“两至两分”而诞生的民俗，就是在“两至两分”时举行祭祀周公典礼，以此来表达对周公发现“两至两分”进而形成二十四节气对发展农业生产所做贡献的敬意，这个习俗一直流传至今。

综上所述，从历史文献的记载及现存的实物可以说明，二十四节气最早萌芽的是“两至两分”。而周公在“地中”的测日影当是夏至、冬至、春分和秋分产生的源头。由此，屹立于“地中”登封告成的周公测影台被称为是二十四节气的核心策源地，也是二十四节气通过圭表测日影而诞生的实物见证者。

第七章

春秋战国时期社会的变革使二十四节气初步形成

第一节　春秋战国时期社会变革及影响

春秋战国时期是中国一个社会大变革时期，这些变革深层次影响着中国政治、经济、文化和社会的走向，并对二十四节气的初步形成起到了至关重要的作用。

一、政治和经济方面的变革

在西周末期的周幽王时，王室内部矛盾加剧，由于周幽王废黜申后及太子宜臼，立褒姒为后，伯服为太子，引发了姒姓和姜姓间的激烈纷争。公元前771年，申侯联合已经强大的犬戎攻破宗周都城镐京，周幽王被杀，镐京也惨遭严重破坏。由于戎狄已逼近京都，西周都城危机四伏，迁都已迫在眉睫。太子宜臼在诸侯的拥立下继位任周王，史称周平王。西周时建立的成周洛阳，地处中原，交通便利，经济发达。公元前770年，在郑、秦、晋等诸侯的护卫下，周平王将国都迁至成周洛阳，从此进入东周时期，也就是春秋时期的开始。

周平王东迁洛阳不仅表示春秋时期的开始，也标志着政治中心完全东移至中原。从此，河洛地区成为东周时期的政治、经济和文化的中心，也成为二十四节气形成区黄河中下游的核心地带。随着春秋战国时期政治和经济的变革，以洛阳为中心的河洛地带成为这个时期大变革的中心。

政治方面，春秋战国时期，随着周王室的衰微，诸侯割据一方，逐渐形成众多的封建诸侯国。春秋时，以“春秋五霸”为核心，经过不断地兼并战争，到战国时形成了“战国七雄”争霸天下的局面。春秋战国时期大变革、大动荡、大发展的政治局势，使分封制、宗法制逐步走向瓦解，礼崩乐坏使周王室逐渐失去诸侯宗主的地位，为大一统社会的到来奠定了政治基础。

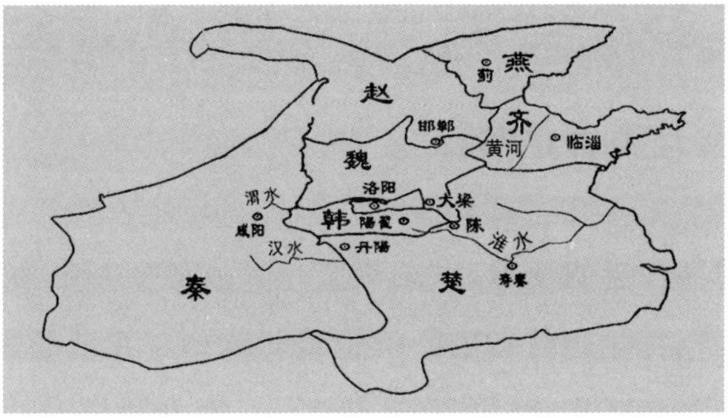

战国七雄示意图

春秋战国时期属于政治和思想领域的社会结构变革，也是当时极为重要的改革。春秋战国时期，新兴的封建士族逐渐取代了奴隶主的地位，成为社会的统治阶层。贵族的衰落和农奴的解放，不仅是社会进步的体现，同时也极大地提高了社会生产力，为中国农耕经济的发展注入了活力，为二十四节气初步形成增添了动力。

经济方面，在农耕时代，农业是经济的命脉。春秋战国时期农业经济得到快速发展，主要是铁制农具的使用和牛耕的推广，使社会生产力得到显著提高。春秋战国时期经济发展还有一个十分重要的原因，就是井田制的瓦解，这是春秋战国时期社会大变革的一项重要内容。随着井田制的解体，标志着封建时代的实物地租制度的破产，农田作为一种私有不动产正式进入日常生活。其土地所有制从国有向私有转变，这为封建农耕经济发展提供了条件。井田制的瓦解有利于君主专制的中央集权的形成，土地私有化也增加了中央政府对收入的控制，为建立大一统国家奠定了经济基础。井田制的瓦解还使人们开荒造田的积极性大增，极大地提高了土地利用率，使农业经济向前大大地迈进了一步。此外，春秋战国时期随着私有制的扩大和农业的发展，剩余商品开始增加，商业活动也兴盛起来，除都城洛阳商业经济相当发达外，黄河中下游的齐、韩、赵、魏、秦5个诸侯国的都城和较大的城市也成为商业活动的中心。商业的发展逐渐形成了统一的市场，从而极大地促进了春秋战国时期经济的发展，为春秋战国时期二十四节气在以中原为中心的黄河中下游地区的初步形成奠定了坚实的经济基础。

二、思想文化方面的变革

春秋战国时期社会的变革，以思想文化领域的变革最为引人注目，对中国后来政治、经济、文化和社会的影响也最为深刻。春秋战国时期出现思想文化领域的“百家争鸣”有着深厚的历史背景。在春秋战国时期，社会结构发生了重大变化，封建领主制向封建地主制过渡之时，新旧势力之间的斗争既复杂又激烈，这为各种思想和学说的产生提供了土壤。随着农业经济的发展、土地的私有化、商业贸易的日益繁荣，为文化的繁荣提供了物质条件。春秋战国时期诸侯林立，周王室衰微，又形成了多元化的政治格局。这种政治上相互竞争的局面为思想文化的繁盛提供了政治条件。春秋战国时期科技的发展，不仅促进了社会进步，对思想和文化领域的繁荣也提供了科学基石。春秋战国时期人才相互流动，为思想文化的交流和繁盛提供了人才条件，诸如老子、孔子、管子、墨子、商鞅、孙武、荀子、韩非子、苏秦、张仪、孙膑、郑国、李斯等名家周游各国的交流和传播，都对当时思想文化的繁荣发展起到了巨大的推动作用。

“百家争鸣”的出现是春秋战国时期的重要标志，不仅对中国的政治和经济产生了深远影响，在思想文化领域更是出现了众多的学术流派，各派不同主张的相互碰撞，出现了“百家争鸣”的局面。据《汉书·艺文志》记载，春秋战国时期产生的学派有近200家，影响较大的主要有12家，分别是道家、儒

三教九流图

家、法家、墨家、阴阳家、名家、杂家、农家、纵横家、小说家、兵家和医家，而前9个后来被称为春秋战国时期的“九流”，即九大学术流派。但到了唐宋时，由于道家和儒家已被列入三教之中而称道教和儒教，所以九流则为农、墨、名、法、纵横、小说、阳阳、医、杂9家。道家和儒家及9家的思想核心大致是：道家保命、儒家明伦、农流务本、墨流备世、名流责实、法流辅治、纵横应对、小说咨询、阴阳顺天、医流原人、杂流兼通。

在各家学派中，基本上都重视天文，重视顺应自然、发展农业和社会经济。春秋战国时期，在春秋这一阶段出现的思想家有管子、老子、孔子、墨子、孙子等。

管子为齐国的相国。管子的思想除了法制思想、平衡之道外，最为重要的是以民为本、强国富民的思想。管子认为，民众是国家强盛的基石，强调民心的重要。同时管子认为，农业是国家经济命脉，要通过合理的政策来大力发展农业和商业。

道家的创始人为老子，姓李，名耳。老子道家思想是在以洛阳为中心的地区形成的。道家主张“道法自然”“天人合一”，强调顺应自然规律，提倡“无为而治”。认为世界的本原是道，主张通过内心的平静来实现个人的和谐与平衡。尤其是道家主张的“人法地，地法天，天法道，道法自然”的“天人合一”思想，实质就是要求顺应自然规律，这实际也是二十四节气诞生的主要理论基础。

孔子像

儒家的创始人为春秋时期鲁国的孔子。儒家主张仁政、礼治，提倡通过教育和道德修养来治理国家。儒家还主张轻徭薄赋，以鼓励农民积极从事农业生产。孔子的教育思想中也包含了丰富的农业教育内容。孔子认为通过教育可以提高农民生产技能和道德水平，进而促进农业发展和社会进步。孔子的主张为农业经济发展提供了思想上的支持。

法家的代表人物是商鞅和韩非子。法家主张以法治国，商鞅变法的核心除了法制思想、奖励军功、加强中央集权、变革世卿世禄制为按功劳选拔官员制外，商鞅还有一个非常重要的思想就是重农抑商。商鞅认为农业是国家的根本，而商业是不利于国家稳定的因素，必须大力发展农业，以增强国家的经济实力。商鞅变法极大地推动了秦国社会的发展和国家的强大，为秦统一六国奠定了坚实的政治和经济基础。

墨家的代表人物是墨子。墨子为春秋末期、战国初期宋国人。墨家主张兼爱、非攻、节用、明鬼等，代表平民百姓的利益，所以在春秋战国时期影响是相当大的。墨子的主张实际上为农民发展农业提供了一个比较宽松的环境。

阴阳家以战国时期齐国邹衍为代表人物。阴阳家的基本主张是阴阳五行说，认为宇宙万物都包含相互对立又相互依存的阴阳两面，阴阳的相互作用是事物发展的根本原因。阴阳说将五行的金、木、水、火、土与阴阳理论相结合，提出了五行相生相克理论，来解释自然界和人类社会的各种现象。尤其是阴阳五行家对中国天文历法进行了深入的研究和探索，并通过解释天文现象、制定历法来促进农业生产。二十四节气初创时的理论体系中就包含了大量的阴阳五行学说思想，可以说阴阳五行是二十四节气形成极为重要的理论和思想来源之一。

战国时期农家的代表人物是许行。许行出生于楚国，生活在山东滕国，他提出以农业为基础来发展经济，主张农本商末，强调农业的重要性，鼓励发展农业生产。农家以农为重的思想，对服务于农业的二十四节气的产生起到了极大的促进作用。

春秋战国时期兵家的代表人物是春秋时期齐国的孙武和战国时期齐国的孙膑。兵家孙武认为经济是军事的基础，没有强大的经济实力作为后盾，军事力量就无从谈起。孙武在《孙子兵法·军形篇》中提出“度、量、数、称、胜”的概念，这是对土地、资源、兵力和军事实力的精准计量，是对国家经济实力的评估，是胜利之本。

杂家以战国末期秦国丞相吕不韦为代表。杂家主张博采众长，兼收并蓄，以实用主义为导向，强调知识应服务于实际生活，注重实践和经验，提倡通过实践来验证观点。杂家还认为，每个人都有自己的性格和才能，应尊重个性和差异性。杂家政治上主张改革完善国家政治制度，实行中央集权，选拔贤能人才；经济上重视农业和商业贸易，严格税收并鼓励民间经商。吕不韦组织编写的《吕氏春秋》不仅有对农学的论述，其《十二纪》中也有对节气的论述，是二十四节气形成史上的里程碑。

总之，春秋战国时期“百家争鸣”的思想主要出自黄河中下游的东周都城洛阳及各个诸侯国都。“百家争鸣”是春秋战国时期的一个辉煌篇章，是思想解放的先导，奠定了中国传统文化体系的基础，促进了社会的进步，对中国的政治制度、教育制度、文化思想、社会生活、科学技术等都产生了极为深刻的影响，是中国历史上一次大的思想解放运动，它所孕育的丰富思想和文化传统，为人们理解和探索人类社会发展提供了宝贵的智慧和启示。“百家争鸣”也是二十四节气在春秋战国时期初步形成最为重要的文化思想基石。

三、天文学的进步和发展

春秋战国时期，中国在天文学方面也取得了巨大的成就，尤其是战国时期诞生了闻名于世的《甘石星经》这部天文学方面的巨著。《甘石星经》分甘经和石经两部分，每部分八卷，共十六卷。该书的作者分别是齐国人甘德和魏国人石申。甘德著的是《天文星占》八卷，石申著的是《天文》八卷，两书合称《甘石星经》。《甘石星经》是战国时期天文学卓越成就的代表，是世界上最早的一部天文学著作。

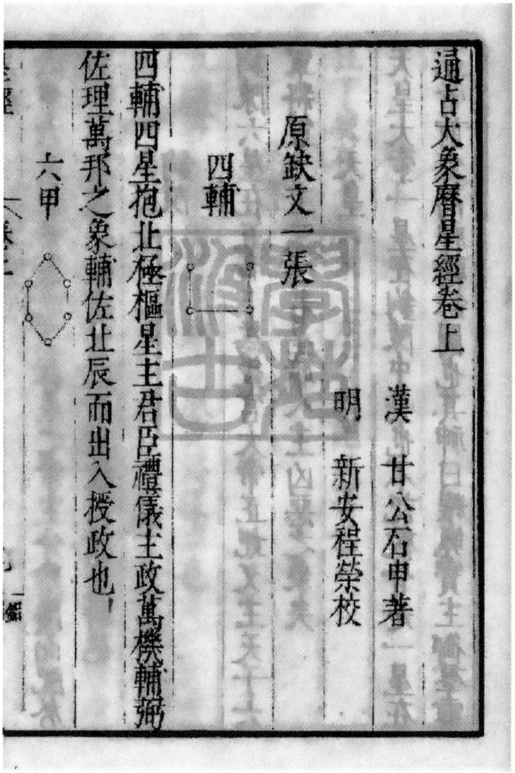
通占大象曆星經卷上
漢 甘公石申著
明 新安程榮校
原缺文一張
四輔
四輔四星抱北極樞星主君臣禮儀主政萬機輔弼佐理萬邦之象輔佐北辰而出入授政也
六甲

《甘石星经》

《汉书·律历志》最早著录的《甘石星经》中，甘德和石申的著述各为八卷，到《隋书·经籍志》记载只有各一卷，唐以后此书完全散佚。今《史记·天官书》《汉书·天文志》《后汉书·天文志》及唐代《开元占经》中有片段记载。《甘石星经》记载的金星、木星、水星、火星、土星五大行星的运行情况及出没规律，反映了当时人们对恒星的观测和认识水平，这一发现对后世天文学产生了巨大影响。《甘石星经》中的“甘石星表”是世界上最早的恒星表之一，它记录了800颗恒星的名字和位置，现今已观测到120颗恒星的方位是比较准确的。这个星表的编制代表着中国古代天文学方面对天体极高的认知水平。《甘石星经》所提出的天文学体系，对后世天文具有开创性的作用，特别是恒星的划分和命名上，为后世天文学家提供了重要参考。《甘石星经》不仅代表春秋战国时期天文学发展的水平，也为二十四节气的制定提供了必要的天文科学基石。

春秋战国时期，人们对天体的观察已经比较精确和系统。《春秋》《左传》中有多次日食、月食和彗星的观察记录，其中对观测到的哈雷彗星的记录，比欧洲早600多年。在战国时期兴起的阴阳五行说，极为重视观测天象，虽有局限，却是天文学向前发展的一个重要标志。此外，天文历法方面，已形成了固定的体系，春秋战国时期规定的19年7闰的方法，对调整阴阳历之间的不协调起到了重大作用，也为二十四节气的形成提供了强有力的支撑。

第二节　二十四节气的初步形成

在西周时期萌芽了夏至、冬至、春分、秋分4个节气之后，到了春秋时期，随着社会的变革及天文和农业的发展，给二十四节气雏形的产生带来了空前的动力，不仅进一步确立了“两至两分”，也产生了立春、立夏、立秋、立冬“四立”。

《左传·僖公五年》云：“凡分、至、启、闭，必书云物，为备故也。”西晋学者杜预注云：“分，春、秋分也；至，冬、夏至也；启，立春、立夏；闭，立秋、立冬；云物者，气色灾变也。”就是说“分”，指的是春、秋两季的春分和秋分；“至”，指的

首止間無異事復稱諸侯者王世子不盟故也王之世子尊與王同齊桓行霸翼戴
天子尊崇王室故殊貴世子鄭伯逃歸不盟逃其師而歸也逃例在文
三年楚人滅弦弦子奔黃弦國在弋陽軑縣東南九月戊
申朔日有食之無傳冬晉人執虞公虞公貪璧馬之寶距
絕忠諫稱人以執同於無道於其民之例例在成十五年所以罪虞且言易也晉侯脩虞
之祀而歸其職貢於王故不以滅同姓爲譏
傳五年春王正月辛亥朔日南至周正月今十一月冬
至之日日南極公既視朔遂登觀臺以望而書禮也
左傳　卷五　僖公十一　汲古閣
視朔親告朔也觀臺臺上構屋可以遠觀者也朔旦冬至歷數之所始治歷者因此則可
以明其術數審別陰陽敘事訓民魯君不能常脩此禮故善公之得禮。觀古亂反凡
分至啟閉必書雲物分春秋分也至冬夏至也啟立春立夏閉立秋
立冬雲物氣色災變也傳重申周典不言公者日官掌其職。重直用反爲備故
也素察妖祥逆爲之備晉侯使以殺大子申生之故來
告釋經必須告乃書初晉侯使士蔿爲二公子築蒲
與屈不慎寘薪焉不謹慎。蔿于僞反夷吾訴之公使
讓之譴讓之士蔿稽首而對曰臣聞之無喪而

《左传·僖公五年》

是冬、夏两季的冬至和夏至。而“启”则指的是春、夏两季的开始之日，即立春、立夏；而“闭”则指的是秋天和冬天两季的开始之日，即立秋、立冬。分、至比较容易理解。立春、立夏因何为“启”？立秋、立冬因何为“闭”？这是因为古代阴阳说认为，立春、立夏后是阳气升发之时，故称为“启”；立秋、立冬后是阳气闭合、阴气上升之时，故称为“闭”。而“必书云物，为备故也”的意思是立春、立夏、立秋、立冬、春分、秋分、冬至、夏至等时节，都要记录下来气候、云色、灾患及变化，为的是防范未来的变故及灾难。

又，《左传·昭公十七年》云：“凤鸟氏，历正也；玄鸟氏，司分者也；伯赵氏，司至者也；青鸟氏，司启者也；丹鸟氏，司闭者也。”即凤鸟氏是掌管天文历法的官；玄鸟氏是掌管春分、秋分的官；伯赵氏是掌管夏至、冬至的官；青鸟氏是掌管立春、立夏的官；丹鸟氏是掌管立秋、立冬的官。僖公五年是公元前655年，而昭公十七年是公元前525年，即至少在130多年后已设专管“四立”和“两至两分”的官员。这是因为在古代天文与国家社稷密切相关，观测天象非常重要，故设掌天象的官员。

由此，《左传》所说的“启”“闭”，虽然从字面上来说没有明确写立春、立夏、立秋、立冬，但其所表达的真实意思就是四季的“四立”。从《左传》的记载可以明显看出，二十四节气中的“四立”在春秋时期已经产生了，即春秋时已经有了立春、立夏、立秋、立冬的节气。

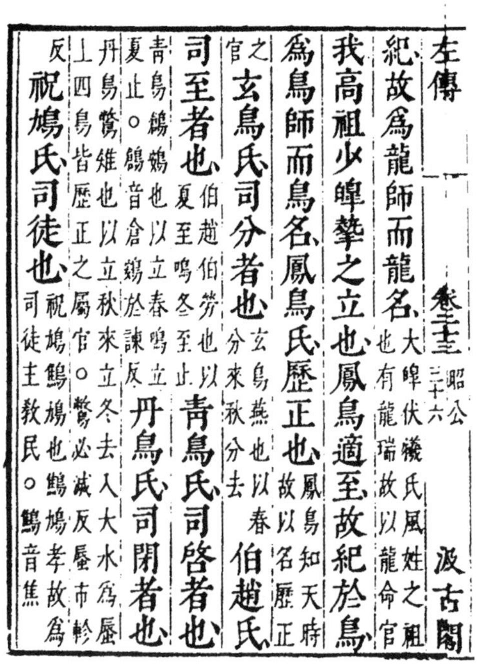
左傳　卷二十三　昭公　二十六　汲古閣
紀故爲龍師而龍名大皞伏羲氏風姓之祖也有龍瑞故以龍命官
我高祖少皞摯之立也鳳鳥適至故紀於鳥
爲鳥師而鳥名鳳鳥氏歷正也鳳鳥知天時故以名歷正之官
玄鳥氏司分者也玄鳥燕也以春分來秋分去伯趙氏
司至者也伯趙伯勞也以夏至鳴冬至止青鳥氏司啓者也青鳥鶬鴳也以立春鳴立夏止○鶬音倉鴳於諫反
丹鳥氏司閉者也丹鳥鷩雉也以立秋來立冬去入大水爲蜃上四鳥皆歷正之屬官○鷩必滅反蜃市軫反
祝鳩氏司徒也祝鳩鷦鳩也鷦鳩孝故爲司徒主教民○鷦音焦

《左传·昭公十七年》

战国时期和春秋时期一样，也是社会的一个大变革时期，思想领域活跃，天文和农业快速发展，中国已知最早的农事历书在黄河中下游的中原地区汇集而成，这就是《夏小正》。该书以一年中每月的物候、农事、气象、星象等为记述内容，对二十四节气的形成和发展起到了巨大的推动作用。《夏小正》很简捷，其文如下：

正月：启蛰，雁北乡，雉震呴，鱼陟负冰，农纬厥耒。初岁祭耒，始用畅。囿有见韭，时有俊风，寒日涤冻涂，田鼠出，农率均田。獭祭鱼，鹰则为鸠，农及雪泽，初服于公田，采芸。鞠则见，初昏参中，斗柄悬在下，柳稊、梅杏杝桃则华，缇缟，鸡桴粥。

鹰则为鸠

二月：往耰黍禅。初俊羔助厥母粥。绥多女士。丁亥万用入学。祭鲔。荣堇、采蘩由胡。昆小虫，抵蚳。来降燕，乃睇。剥鳝。有鸣仓庚。荣芸，时有见稊，始收。

三月：参则伏。摄桑。委杨。羵羊。毂则鸣。颁冰。采识。妾子始蚕。执养宫事。祈麦实。越有小旱。田鼠化为鴽。拂桐芭。鸣鸠。

四月：昴则见。初昏，杋南门正。鸣札。囿有见杏。鸣蜮。王萯莠。取茶。秀幽。越有大旱。执陟攻驹。

五月：参则见。浮游有殷。鴂则鸣。时有养日。乃瓜。良蜩鸣。匽之兴。五日翕，望乃伏。启灌蓝蓼。鸠为鹰。唐蜩鸣。初昏大火中。种黍、菽、糜。煮梅。蓄兰。菽糜。颁马。

六月：初昏，斗柄正在上。煮桃。鹰始挚。

七月：莠雚苇。狸子肇肆。湟潦生苹。爽死。苹秀。汉案户。寒蝉鸣。初昏，织女正东乡。时有霖雨。灌荼。斗柄悬在下则旦。

八月：剥瓜。玄校。剥枣。栗零。丹鸟羞白鸟。辰则伏。鹿人从。鴽为鼠。参中则旦。

九月：内火。遰鸿雁。主夫出火。陟玄鸟蛰。熊、罴、豹、貉、鼬、鼪则穴，若蛰而。荣鞠树麦。王始裘。辰系于日。雀入于海为蛤。

十月：豺祭兽。初昏，南门见。黑鸟浴。时有养夜。雉入于淮为蜃。织女正北乡则旦。

十有一月：王狩。陈筋革。啬人不从。陨麋角。

十有二月：鸣弋。元驹贲。纳卵蒜。虞人入梁。陨麋角。

《夏小正》作为指导农业生产的历法，文字虽简略，但包含的内容却非常丰富。其中春正月反映的事项最为齐全。启蛰，雁北乡，雉震呴，鱼陟负冰，囿有见韭，田鼠出，獭祭鱼，鹰则为鸠，梅杏杝桃则华，缇缟，鸡桴粥是反映物候现象的；时有俊风，寒日涤冻涂是反映气候现象的；鞠则见，初昏参中，斗柄悬在下是反映星象的；农纬厥耒，农率均田，农及雪泽，初服于公田是反映农耕生活的；初岁祭耒，始用畅，采芸是反映民俗的。

《夏小正》作为中国现存最早的一部记述农事历书，是与二十四节气关系极为密切的一部历书。该书原为《大戴礼记》中的第四十七篇，其撰写者无考。关于此书，学者多认为成书于战国中期，也有人认为乃春秋时期成书。因其反映的主要是中原夏人的农事，故又称《夏历》。事实上，《夏小正》记述的是从夏代到战国时期中原地区农业生产及物候、气候等情况的总结。《夏小正》是当前已知最早的以月令叙事的历书，其内容按一年 12 个月划分，每月的物候、气候、星象、有关重大政事及农耕生产方面的情况都记述其中。《夏小正》不仅是一部反映农事和物候的书，其中还记述有二十四节气中的几个节气：如五月的“时有养日”，即白昼最长的夏至；十月的“时有养夜”，即黑夜最长的冬至。《夏小正》关于气候、物候的记载对后来的《吕氏春秋》影响甚大。实际上，《吕氏春秋·十二纪》中的一些气候和物候现象也出自《夏小正》。

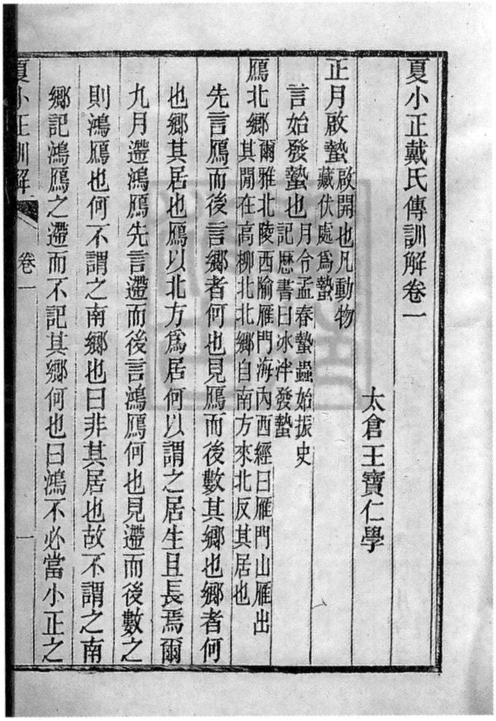
夏小正戴氏傳訓解卷一
太倉王寶仁學
正月啟蟄啟開也凡動物藏伏處爲蟄
言始發蟄也記月令孟春蟄蟲始振史記曆書曰冰泮發蟄
鴈北鄉爾雅北陵西隃鴈門海內西經曰鴈門山鴈出其間在高柳北北鄉自南方來北反其居也
先言鴈而後言鄉者何也見鴈而後數其鄉也鄉者何
也鄉其居也鴈以北方爲居何以謂之居生且長焉爾
九月遰鴻鴈先言遰而後言鴻鴈何也見遰而後數之
則鴻鴈也何不謂之南鄉也曰非其居也故不謂之南
鄉記鴻鴈之遰而不記其鄉何也曰鴻不必當小正之
夏小正訓解 卷一 一

《夏小正》

战国时期农业的发展及农事历书的进步促进了为之服务的二十四节气雏形的诞生。至迟在战国晚期，起于春秋时期的二十四节气中的立春、立夏、立秋、立冬已得到明确彰显，并被运用到农业生产和日常生活之中。战国晚期，撰写时间准确且被公认的《吕氏春秋·十二纪》中不仅完整记载了二十四节气中的立春、春分、立夏、夏至、立秋、秋分、立冬、冬至 8 个节气，还阐释了其余 16 个节气的雏形。

“四立”在战国时期不仅得到进一步确立，而且还进行了详细的阐述，这些都记载于吕不韦的《吕氏春秋·十二纪》中。

《吕氏春秋·十二纪》对“四立”4 个节气的阐述如下：

是月也，以立春。先立春三日，太史谒之天子，曰：“某日立春，盛德在木。”天子乃斋。立春之日，天子亲率三公九卿诸侯大夫，以迎春于东郊。还，乃赏公卿、诸侯、大夫于朝。

是月也，以立夏。先立夏三日，太史谒之天子曰：“某日立夏，盛德在火。”天子乃斋。立夏之日，天子亲率三公九卿大夫，以迎夏于南郊。还，乃行赏、封侯、庆赐，无不欣说。

是月也，以立秋。先立秋三日，太史谒之天子曰：“某日立秋，盛德在金。”天子乃斋。立秋之日，天子亲率三公九卿诸侯大夫，以迎秋于西郊。还，乃赏军率武人于朝。

是月也，以立冬。先立冬三日，太史谒之天子曰：“某日立冬，盛德在水。”天子乃斋。立冬之日，天子亲率三公九卿大夫，以迎冬于北郊。还，乃赏死事，恤孤寡。

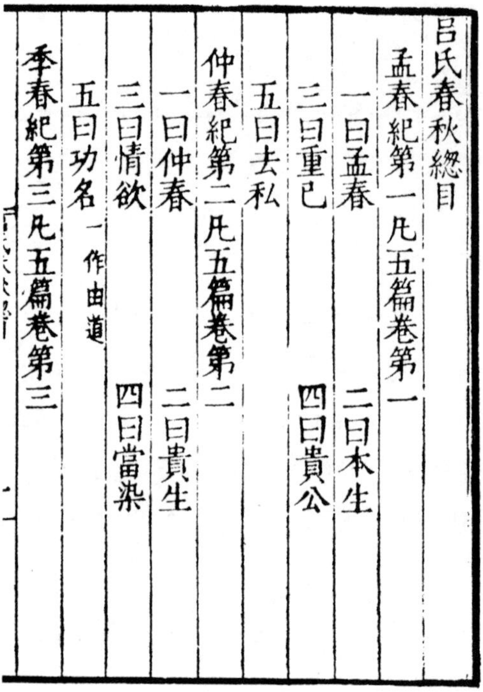
吕氏春秋總目
孟春紀第一凡五篇卷第一
一曰孟春　二曰本生
三曰重己　四曰貴公
五曰去私
仲春紀第二凡五篇卷第二
一曰仲春　二曰貴生
三曰情欲　四曰當染
五曰功名一作由道
季春紀第三凡五篇卷第三

《吕氏春秋》

从《吕氏春秋》记载看，战国时期不仅有“两至两分”和“四立”8个节气，而且对当时确定的“四立”从五行上予以阐释。所谓立春、立夏、立秋、立冬，即“盛德在木、盛德在火、盛德在金、盛德在水”，其“木、火、金、水”即五行的四方。“木”代表东方，象征万木争荣的春天；“火”代表南方，象征草木生长旺盛的夏季；“金”代表西方，象征收获的秋季；“水”代表北方，象征严寒冬藏的冬季。而“四立”以气候的变化特征反映出了春生、夏长、秋收、冬藏的四季开始了。

《吕氏春秋·十二纪》还对“四立”后的物候及自然现象有比较详细的记载。《吕氏春秋·十二纪》对一年12个月的归纳、总结和发展，使节气和物候更加紧密联系起来。

《吕氏春秋·十二纪》对物候的描述，对后来七十二候的确立起到了关键的作用。《吕氏春秋·十二纪》对“四立”之后各种民俗活动、行政事务、农事和禁令等也有比较多的记载，并进行了整理、加工和发展。例如，立春后教国子练习舞蹈，禁止砍伐树木，禁止翻鸟巢、杀幼禽、捉小兽和掏鸟卵等；立夏后要驱野兽、积聚草药、观礼乐表演等；立秋后要修堤坝、通水道、葺宫室、补城郭等；立冬后要看卦数、卜凶吉、祈丰年、加固城墙、修葺要塞等。此外，《吕氏春秋·十二纪》还对当时冬至、夏至、春分、秋分应做的一些特殊的事项也作了记述，如春分、秋分时节是校正度量衡的日子；夏至时要禁女色、取鹿角；冬至时要养身体、割竹子等。《吕氏春秋·十二纪》所阐述的 8 个节气，对二十四节气走向成熟起到了不可替代的作用。

战国时期是二十四节气形成的关键时期，这时不仅进一步确定了一年中的立春、立夏、立秋、立冬四节气，使一年四季有了“两至两分”和“四立”8 个节气，同时也是雨水、惊蛰、清明、谷雨、小满、芒种、小暑、大暑、处暑、白露、寒露、霜降、小雪、大雪、小寒、大寒这 16 个节气的初创时期。

关于四季的称谓，《周礼》即有四季每季 3 个月分别为孟、仲、季的说法，《左传》中也有类似的记载。这说明，至迟在春秋时期，人们已把春、夏、秋、冬四季的每个季节的 3 个月分别称为孟、仲、季，这样便有了四季的仲春、仲夏、仲秋、仲冬之说，也就是四季的中间月份，后来仲秋日还发展为秋季的一个节日。到战国时，当人们对四季中的孟、仲、季三个月的气候、物候等进行观察时，不仅再次确认了“两至两分”和“四立”，还形成了其余 16 个节气的初步概念。这从战国晚期最有代表性的著作《吕氏春秋·十二纪》中可以明显看出。

在《吕氏春秋·十二纪》中，春季的雨水、惊蛰、清明、谷雨 4 个节气已初现其形。

《吕氏春秋·孟春纪》云：“始雨水，桃李华，苍庚鸣，鹰化为鸠。”这句话是说，这个月开始下雨，桃李开始开花，黄鹂开始鸣叫。天空中的鹰逐渐被布谷鸟取代。显然，这里的“始雨水”，即二十四节气春季中的“雨水”。但《吕氏春秋·十二纪》把它列入春二月，而后来在秦汉确定雨水节气时，将其改为立春后的第一个节气。由此，雨水这个节气在战国末期已基本确定了。

《吕氏春秋·仲春纪》云："是月也，日夜分，雷乃发声，始电。蛰虫咸动，开户始出。"即春二月，昼夜平分，开始打雷、打闪，蛰伏的动物都苏醒了，开始从洞穴中钻出。显然，这里包含着两个自然现象：一是"昼夜分"的日子，这就是立春后的第四个节气"春分"，也就是说，春分这个节气也已产生，只是与后来节气的顺序不同而已；二是雷电后蛰伏的动物都苏醒了。这里所说的"雷乃发声、蛰虫咸动"，实际上就是春季"惊蛰"的意思，这说明在战国时期"惊蛰"这个节气不仅已露出了端倪，而且已基本确定。

《吕氏春秋·季春纪》云："是月也，生气方盛，阳气发泄，生者毕出，萌者尽达，不可以内。"即春三月，春天的生养之气正盛，阳气向外发散，植物的萌芽长出来了。此话所描述的现象恰似天气晴朗、草木现青、嫩芽初生、小草翠绿的清明时节。此当是二十四节气"清明"的雏形。

《吕氏春秋·季春纪》云："是月也，命司空曰：'时雨将降，下水上腾，循行国邑，周视原野，修利堤防，导达沟渎，开通道路，无有障塞。'"即春三月，天子命司空说，应时雨将要降落，地下水也将上涌，应巡视国都城邑，遍察原野，整修堤防，疏通河渠，开通道路使之无障碍。显然，此话是说，春三月降雨要明显增加了。此虽未言对谷物的作用，但隐含雨水大增必然会促使百谷生长，这实际隐含有"谷雨"之意。

在《吕氏春秋·十二纪》中，夏季的小满、芒种、小暑、大暑4个节气也已初现其形。

《吕氏春秋·孟夏纪》云："是月也，聚蓄百药，靡草死，麦秋至。"即夏四月，要积蓄各种草药，靡类的草药枯死了，麦子成熟的时候要来到了。这里所说的"麦秋至"，实际是说小麦将要成熟，隐含有"小满"时节的意思。

《吕氏春秋·仲夏纪》云："是月也……乃命百县雩祭祀百辟卿士有益于民者，以祈谷实。农乃登黍。"即夏五月，命天子领地内的各县大夫同时举行雩祭，祭祀前世有功于百姓的君主公卿，祈求五谷丰登。农民在这个月要进献黍子。此话所说的祈求五谷丰登，再加上进献黍子，表明这个时期当是收获的“芒种”时节。

《吕氏春秋·仲夏纪》云：“小暑至，螳螂生，鵙始鸣，反舌无声。”即仲夏时，小暑到来，螳螂出现了，伯劳鸟开始鸣叫，百舌鸟寂然无声了。显然，这就是夏季“小暑”到来的节令。当然，这里虽明确指出仲夏时小暑到来，但言“小暑”和“芒种”同在五月，而后来秦汉节气定型时“小暑”被定在农历六月，这当是二十四节气后来又重新按气候排序的结果。由此，“小暑”这个节气战国末期已定名了。

《吕氏春秋·季夏纪》云：“是月也，土润溽暑，大雨时行，烧薙行水，利以杀草，如以热汤，可以粪田畴，可以美土疆。”即这个月，土地温润，天气潮热，大雨时常降临，焚烧割下晒干的野草，灌上雨水，太阳一晒，就像用开水煮一样，这有利于杀死野草，而且可以用来肥田，改良土壤。从这个描述中可以看出，这是最热时节才能进行的事，实际上就是后来“大暑”确立的依据。当然，“大暑”这个概念，战国中期之前已有，《管子·四时》中有言：“九暑乃至，时雨乃降。”“九暑”是夏季最热的时节，即“大暑”之意。

在《吕氏春秋·十二纪》中，秋季的处暑、白露、寒露、霜降 4 个节气也已初现其形。

《吕氏春秋·孟秋纪》云：“凉风至，白露降，寒蝉鸣，鹰乃祭鸟，始用刑戮。”即这个月，凉风到来，白露降落，寒蝉鸣叫，鹰把捕杀的飞鸟四面摆开，如同祭祀时陈列的祭品。这句话里有两个自然现象：一是立秋之后，凉风来了，炎热的夏天即将过去，这是“处暑”的气候特征，故隐含“处暑”之意；二是在此之后由于气温下降，夜间的气温达到了成露的条件，因而会凝结出现“白露”，这个就是真切的“白露”节气。实际上这句话包含了秋天的“处暑”和“白露”两个节气，只是“处暑”是隐含的，而白露则是直接表明的。由此，“处暑”这个时节当时已现端倪，而“白露”这个节气已基本确定。

《吕氏春秋·仲秋纪》云：“是月也，日夜分，雷乃始收声，蛰虫俯户。杀气浸盛，阳气日衰，水始涸。”即这个月，白天和黑夜时间相等，雷声渐逝。蛰伏的动物都藏在洞穴里，寒冷之气渐渐旺盛，阳气日渐消退，水开始干涸。这句话的“日夜分”就是“秋分”节气。而“蛰虫俯户”“杀气浸盛”，与寒露气候基本相同，所以隐含“寒露”的意思。由此，“寒露”节气也有了端倪。

《吕氏春秋·季秋纪》云：“是月也，霜始降，则百工休，乃命有司曰：‘寒气总至，民力不堪，其皆入室。’”即秋九月，霜开始降落，各种工匠不再制作器物。同时命司徒说，寒气突然来到，百姓受不了，都让其进屋准备过冬。这里说得非常明确，这个月中有“霜降”节气。因而“霜降”这个节气在战国时已经基本确立。

在《吕氏春秋·十二纪》中，冬季的小雪、大雪、小寒、大寒4个节气也初现其形。

《吕氏春秋·孟冬纪》云：“水始冰，地始冻……天气上腾，地气下降，天地不通，闭而成冬。”即冬十月，水开始结冰，地开始封冻。天气上腾，地气下降，天地之间不再相通，封闭而形成冬天。这里所说的实际是严寒的冬季来临之后的气象。此虽未直言冬季降临之后会下雪，但这正是小雪时的气候特征，是确定这个时节为“小雪”的依据。

《吕氏春秋·仲冬纪》云：“冰益壮，地始坼，鹖鴠不鸣，虎始交。”即这月冰冻越发结实，地开始冻出裂缝，鹖鴠鸟不叫了，老虎开始交配。这些是对仲冬时节来临后天气状况的描述，虽然没有直说是大雪，但这正是大雪时气候和物候的基本特征。这段描述成为后来确定仲冬“大雪”的依据。

《吕氏春秋·季冬纪》云：“是月也……冰方盛，水泽复，命取冰。冰已入，令告民出五种。”即冬十二月，冰冻得正结实，积水的池泽层层冻结。于是命凿取冰块。藏入冰窖之后，命有司告诉百姓从谷仓中拿出五谷选种。从这段话来看，虽未直言小寒、大寒，但其意是这个月是最寒冷的时节，符合这个时节的气候特征，这是后来确定该月为“小寒”“大寒”的气候依据。事实上，关于最冷的时节为“大寒”，早在战国中期之前已有了基本的概念。《管子·四时》中“大寒乃至，甲兵乃强”，即是对“大寒”的最早陈述。

由上可知，从《左传》《吕氏春秋·十二纪》可以看出，二十四节气中的“两至两分”初创于西周，“四立”初创于春秋，彰显于战国。二十四节气中“两至两分”和“四立”以外的 16 个节气，战国时期雨水、惊蛰、小暑、白露已基本确定，而其他 12 个节气也形成了基本概念和雏形，这为二十四节气在秦汉时期完整确立起到了不可替代的作用。

这里还要说明的是，《礼记·月令》中也有与《吕氏春秋·十二纪》同样的内容，也有少数人认为《礼记·月令》为战国时期作品，但更多学者比较一致的观点是《礼记·月令》是两汉时人杂凑的一部著述，即其内容应是出自《吕氏春秋》。再者，《礼记·月令》并没有非常确切的撰写时间，而《吕氏春秋》有明确的撰写时间，故《吕氏春秋》所载应当是最为准确的。

第八章

黄河文明的融汇使二十四节气在秦汉时期得到确立

第一节　秦汉时期二十四节气的确立

一、二十四节气的确立

在二十四节气源远流长的形成史上，从农耕开始到商代的探索、西周时的奠基、春秋战国时期雏形的产生，使之在秦汉时期终于结出硕果，得到确立。二十四节气体系的建立与秦汉密不可分。秦朝的诞生是中国历史上具有划时代意义的一件大事。公元前221年，秦国通过一系列战争，先后灭掉了韩、赵、魏、楚、燕、齐六国，完成了全国的统一，结束了自春秋之后500多年诸侯割据的局面，建立了大一统的秦王朝。秦朝建立之后实施了众多政治、经济、文化和社会等方面的大一统措施，建立郡县制，统一度量衡、文字和货币，为后世提供了大一统国家的基本模式，其“车同轨，书同文”等的实施不仅极大地促进了各民族经济和文化的交流，为以后经济、文化的繁荣奠定了基础，也为统一的、全国性的农业生产历法的诞生铺平了道路。

秦朝灭亡后，汉高祖刘邦在楚汉战争中战胜项羽，结束了秦之后短时期的战乱，又迎来了大一统的汉王朝。汉朝建立之后采取了一系列加强中央集权的措施，并实行了休养生息的政策，主要包括减轻农民的徭役和赋税、鼓励农民回乡生产、避免进行大规模劳民伤财的工程等。同时，汉初之时也非常重视农业，鼓励农民开垦荒地发展生产。经过60多年的发展，到了汉武帝时，国力强盛，社会安定，中央集权得到加强，这些为社会发展和二十四节气的确立奠定了前所未有的政治、经济和文化基石。

秦汉之时，随着农业生产的发展，农业有了一个质的飞跃。由此，与之相适应的农耕时间表也被提上了议事日程。经过天文学家的观测、研究、归纳，终于推出了定型的二十四节气。

最早完整记载二十四节气的是西汉时期刘安召集门人共同编辑的一部具有百科性质的杂家著作《淮南子》，又称《淮南鸿烈》。该书《天文训》一章是介绍天文科学知识的文章，不仅全面论述了宇宙的起源、日月星辰、二十八宿等天体的运行及分布情况，同时还介绍了气象、音律、度量及数学等方面的知识。更重要的是，完整地从天文学的角度阐述了二十四节气体系。《天文训》中对二十四节气的阐述如下：

两维之间，九十一度十六分度之五而升，日行一度，十五日为一节，以生二十四时之变。斗指子，则冬至，音比黄钟。加十五日指癸，则小寒，音比应钟。加十五日指丑，则大寒，音比无射。加十五日指报德之维，则越阴在地，故曰距日冬至四十六日而立春，阳气冻解，音比南吕。加十五日指寅，则雨水，音比夷则。加十五日指甲，则雷惊蛰，音比林钟。加十五日指卯中绳，故曰春分则雷行，音比蕤宾。加十五日指乙，则清明风至，音比仲吕。加十日指辰，则谷雨，音比姑洗。加十五日指常羊之维，则春分尽，故曰有四十六日而立夏，大风济，音比夹钟。加十五日指巳，则小满，音比太蔟。加十五日指丙，则芒种，音比大吕。加十五日指午，则阳气极，故曰有四十六日而夏至，音比黄钟。加十五日指丁，则小暑，音比大吕。加十五日指未，则大暑，音比太蔟。加十五日指背阳之维，则夏分尽，故曰有四十六日而立秋，凉风至，音比夹钟。加十五日指申，则处暑，音比姑洗。加十五日指庚，则白露降，音比仲吕。加十五日指酉中绳，故曰秋分，雷戒，蛰虫北乡，音比蕤宾。加十五日指辛，则寒露，音比林钟。加十五日指戌，则霜降，音比夷则。加十五日指蹄通之维，则秋分尽，故曰有四十六日而立冬，草木毕死，音比南吕。加十五日指亥，则小

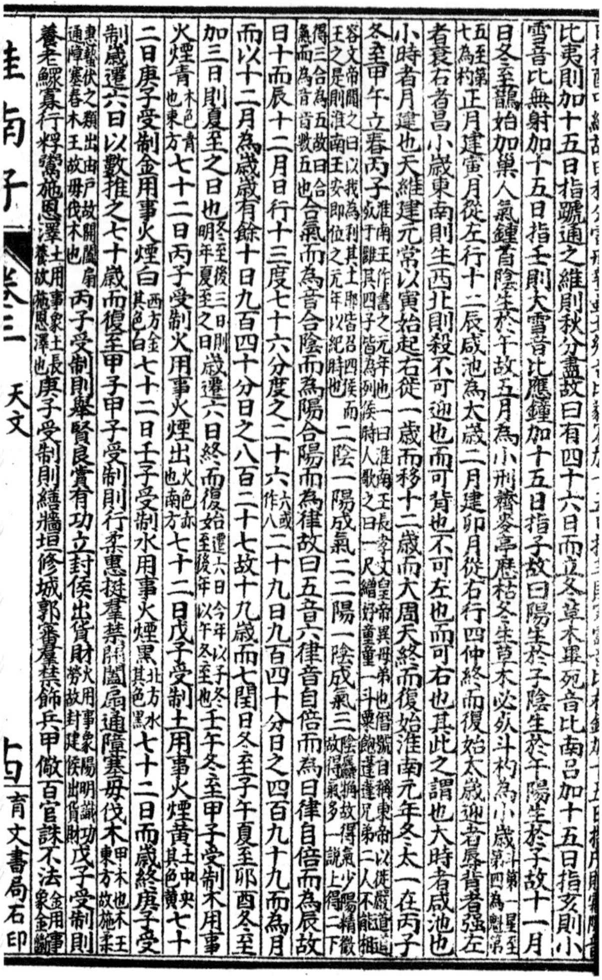
比夷則加十五日指蹏通之維則秋分盡故曰有四十六日而立冬草木畢死音比南吕加十五日指亥則小
雪音比無射加十五日指壬則大雪音比應鐘加十五日指子故曰陽生於子陰生於午陽生於子故十一月
日冬至鵲始加巢人氣鍾首陰生於午故五月為小刑薺麥亭歷枯冬生草木必死斗杓為小歲（斗第一星至第四為魁第
五至第七為杓）正月建寅月從左行十二辰咸池為太歲二月建卯月從右行四仲終而復始太歲迎者辱背者強左
者衰右者昌小歲東南則生西北則殺不可迎也而可背也不可左也而可右也其此之謂也大時者咸池也
小時者月建也天維建元常以寅始起右徙一歲而移十二歲而大周天終而復始淮南元年冬太一在丙子
冬至甲午立春丙子（淮南王作書之元年也一曰淮南王長孝文皇帝異母弟也僭號自稱東帝以徙嚴道道死于雎其四子皆為列侯時人歌之曰一尺繒好童童一斗粟飽蓬蓬兄弟二人不能相容文帝聞之曰以我為利其土耶皆召四侯而王之是則淮南王安即位之元年以紀時也）二陰一陽成氣二二陽一陰成氣三（陰處懈故得氣少陽精微故得氣多一說上得二下得三合為五故曰合氣而為音音數五也）合氣而為音合陰而為陽合陽而為律故曰五音六律音自倍而為日律自倍而為辰故
日十而辰十二月日行十三度七十六分度之二十六（六或作八）二十九日九百四十分日之四百九十九而為月
而以十二月為歲歲有餘十日九百四十分日之八百二十七故十九歲而七閏日冬至子午夏至卯酉冬至
加三日則夏至之日也（冬至後三日則明年夏至之日）歲遷六日終而復始（遷六日今年以子冬至明年以午冬至也）壬午冬至甲子受制木用事
火煙青（木色青也東方）七十二日丙子受制火用事火煙赤（火色赤也南方）七十二日戊子受制土用事火煙黃（土中央其色黃）七十
二日庚子受制金用事火煙白（西方金其色白）七十二日壬子受制水用事火煙黑（北方水其色黑）七十二日而歲終庚子受
制歲遷六日以數推之七十歲而復至甲子甲子受制則行柔惠挺羣禁開闔扇通障塞毋伐木（甲木也木王東方故施柔惠蟄伏之類出由戶故開闔扇通障塞春木王故毋伐木也）丙子受制則舉賢良賞有功立封侯出貨財（火用事象陽明識功勞故封建侯出貨財）戊子受制則
養老鰥寡行稃鬻施恩澤（土用事象土長養故施恩澤也）庚子受制則繕牆垣修城郭審羣禁飾兵甲儆百官誅不法（金用事象金斷割）
淮南子 卷三 天文 五 育文書局石印

《淮南子·天文训》

雪，音比无射。加十五日指壬，则大雪，音比应钟。加十五日指子。故曰阳生于子，阴生于午。阳生于子，故十一月日冬至，鹊始加巢，人气钟首。阴生于午，故五月为小刑，荠、麦、亭历枯，冬生草木必死。

《淮南子·天文训》开始是这样说的：东北和东南两角之间各是 91°，而北斗每天运行 1°，运行十五天为一个节气，运行一周产生出一年的二十四节气。斗柄指向子位时就是冬至，音律配黄钟。经过十五天斗柄指向癸位时就是小寒，音律配应钟。以下依此类推。

从《天文训》可知，在每个节气之后配有一个音律。因为古代认为音律是万事万物的根本，音律与天文历法紧密相连，关系密切，故每一个节气对应一个音律，这是古人在当时社会生产力发展水平下而产生的一种认识。由此，古代史书的《律历志》就是记载音律和历法关系的。就二十四节气确立方法来说，《淮南子·天文训》确定的二十四节气的方法就是以一个回归年的时间为基数，然后平分 24 份，大致 15 天一个节气，这种方法中国古代历法称为“平气法”，即利用平均分配一年时间的方法来确定二十四节气，这种确定节气的方法一直使用到清朝初年。

就节气的产生而言，二十四节气是由测日影的方法产生的，通过测日影确定的是冬至、夏至、春分和秋分。而其余的节气皆是以“两至两分”为基点，然后等分 24 份之后确定的。

《淮南子·天文训》是以北斗七星斗柄的指向来定位节气，但北斗七星斗柄指向并不能测定二十四节气。换句话说，二十四节气的产生与北斗七星没有关系，只与太阳位置有关。而《淮南子》所言的斗柄指向，实际上是以北斗七星来定节气出现的时间，也就是以北斗七星的斗柄指向位置为参照物来定位的。那么，二十四节气因何以北斗七星来定位呢？这个主要是由北斗七星所具有的特性所决定的。

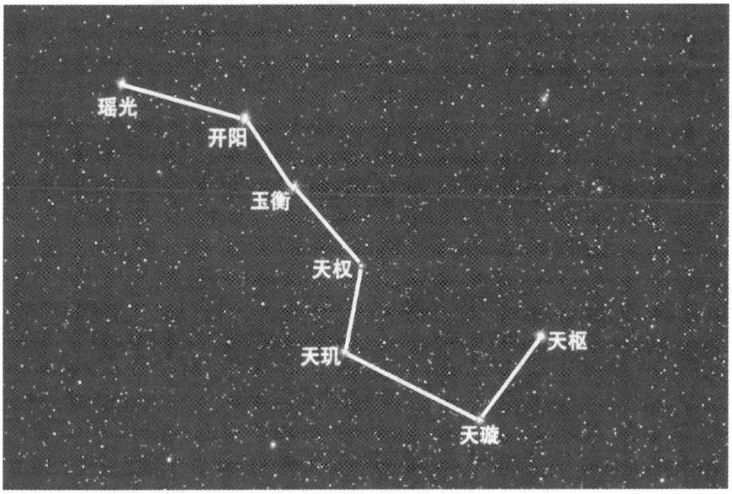

北斗七星

北斗七星作为中国古代天文上极为重视的一个星群，是位于北半球夜空中比较明亮的星群。又因七星曲折形如古代舀酒的斗，故名。北斗七星由天枢、天璇、天玑、天权、玉衡、开阳、瑶光七颗星组成，其形状看起来似勺子，故民间也称之为勺星或勺子星。北斗七星在古代主要用来作为指示方向的标志点和参照物，被用来定季节、定时辰。北斗七星之所以能够指示方向、定位节气，主要是它的形状、位置和亮度在夜空中非常显眼且极易识别辨认，而且其形态和位置相对稳定，不会因地球自转而发生显著变化，可作为指示方向的参照物。同时，受地球自转的影响，从地球上看北斗七星始终绕北极星旋转，且无论如何旋转，北斗七星勺头两颗星垂直连接一直指向北极星，就是天璇和天枢连线延长5倍距离处即是北极星。

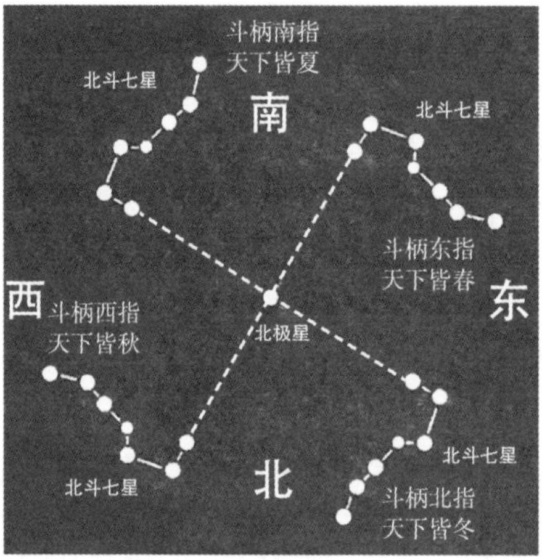

北斗七星指向

对于北斗七星的斗柄来说，因何斗柄指东是春天、斗柄指南是夏天、斗柄指西是秋天、斗柄指北是冬天呢？这是古人观察北斗七星运转的结果。先秦战国时期的《鹖冠子》一书中云："斗柄东指，天下皆春；斗柄南指，天下皆夏；斗柄西指，天下皆秋；斗柄北指，天下皆冬。"北斗七星在围绕北极星运转时，从地球上看北斗七星的斗柄，春天时斗柄指东，夏天时斗柄指南，秋天时斗柄指西，冬天时斗柄指北。后来在秦汉确立二十四节气之时，就以北斗七星这个特性来定位。二十四节气中北斗七星所指的建，指的是一年之中斗柄旋转而依次所指的十二时辰，称为十二月建。实际上这是古代所分周天的十二时辰，即十二甲子时辰。由于十二时辰还不能满足二十四节气的指向，故加入了8个干子时辰，又加入东北、东南、西南和西北四维，这样二十四节气中每个节气就可对应一个方位了。所以二十四节气斗柄指向的一个方位就代表一个节气。

《淮南子》以北斗七星斗柄指向来定位二十四节气的方法，被称为“斗转星移”法。二十四节气形成是从测日影的方法中得出的，那么《淮南子》因何以北斗七星来定位呢？综合起来，北斗七星作为参照物有四大优点：其一，北斗七星是古代最为知名的确定方向的星群，人人皆知；其二，以北斗七星斗柄的指向作为参照物来确定节气，普通百姓用肉眼即可观看到，简捷易行；其三，北斗七星与古代盛行的阴阳、音律、二十八宿、日月星辰等都紧密相连，普遍被认同；其四，北斗七星旋转一圈与二十四节气的一个周期相一致，大致15天为一个节气，简单易操作，容易被人们接受。

《淮南子》成书于汉景帝后期，汉武帝建安二年（前139年）刘安进献于朝廷。事实上，《淮南子·天文训》记述的二十四节气，就是秦汉之际把战国时期孕育的一年中4个季节的24个节气的雏形，经过总结、归纳、定名，最后确定的。《淮南子·天文训》中的二十四节气之名和节气顺序与今之二十四节气完全相同。由此，秦汉时期是二十四节气的确立之时。

纵观二十四节气的确立，正是中华先民在融汇了黄河中下游的政治、经济、文化、社会以及科技、天文、农业等基础上而形成的，是黄河文明的杰作。

二、以圭表测影确定节气

在秦汉时期，以“斗转星移”定位的方法确立二十四节气之后，在汉代时还制定了一种以“圭表测影”来确定二十四节气的方法。事实上，二十四节气本身就是通过测日影的方法而产生的。汉代时的“圭表测影”确定二十四节气，就是根据一个回归年中圭表所测得日影的长度来确定每个节气。这个出自汉代的《周髀算经》。《周髀算经》是这样记述二十四节气日影长度的：

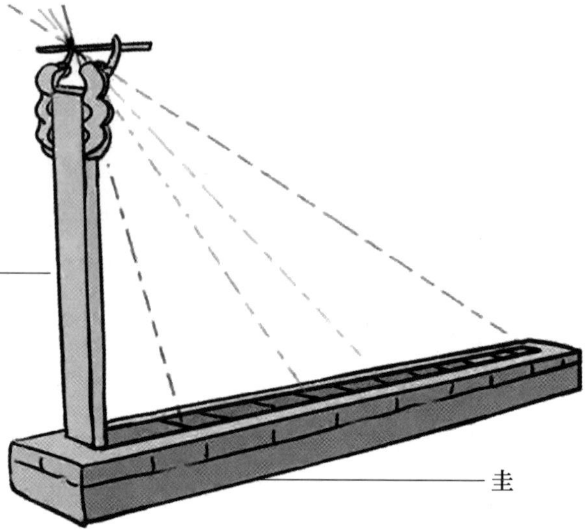

圭表测影

凡八节二十四气，气损益九寸九分六分分之一；冬至晷长一丈三尺五寸，夏至晷长一尺六寸，问次节损益寸数长短各几何？

冬至晷长丈三尺五寸；小寒丈二尺五寸；大寒丈一尺五寸一分；立春丈五寸二分；雨水九尺五寸三分；启蛰八尺五寸四分；春分七尺五寸五分；清明六尺五寸五分；谷雨五尺五寸六分；立夏四尺五寸七分；小满三尺五寸八分；芒种二尺五寸九分；夏至一尺六寸；小暑二尺五寸九分；大暑三尺五寸八分；立秋四尺五寸七分；处暑五尺五寸六分；白露六尺五寸五分；秋分七尺五寸五分；寒露八尺五寸四分；霜降九尺五寸三分；立冬丈五寸二分；小雪丈一尺五寸一分；大雪丈二尺五寸。凡为八节二十四气，气损益九寸九分六分之一。冬至、夏至为损益之始。

一些节气影长寸之后还有小分，从略。

《周髀算经》开始是这么说的："一年共八节二十四气，每气的晷影长度增减数是九寸九分又六分之一分；冬至日晷影长一丈三尺五寸，夏至日晷影长一尺六寸，问各节气晷影的长度增减后各有多少？冬至晷影的影长是一丈三尺五寸。"下面是每个节气日晷的影长数。

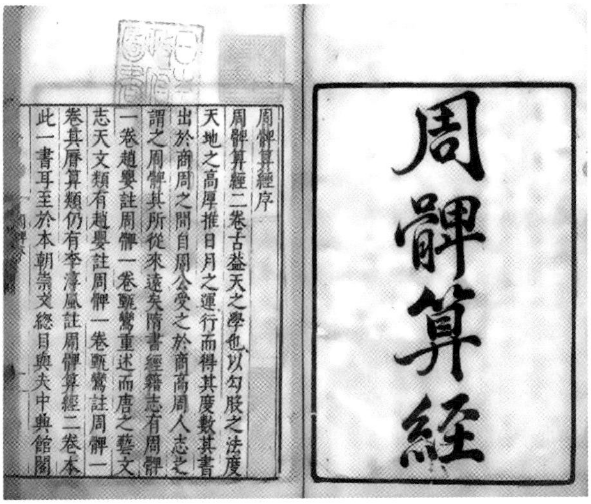

《周髀算经》

关于《周髀算经》，现在一般认为成书于公元前1世纪的西汉时期，但从该书记述的一些内容看，应该在汉代之前就有了。例如，从《周髀算经》称“启蛰”而言，很有可能是汉景帝刘启之前已有，西汉中晚期又修订。因为汉景帝刘启之后为避讳景帝，已将“启蛰”改为“惊蛰”。所以，至迟在汉代确立二十四节气之后应当有两套参照系统。一种是以《淮南子·天文训》为代表的以北斗七星的斗柄指向作为参照物而确定节气；另一种是以《周髀算经》所载的日影长度来确定节气。

这里还有一个问题，《周礼》及众多历志皆言测影地洛邑阳城的“地中”观星台夏至的日影长度为一尺五寸，唯《周髀算经》言夏至影长为一尺六寸。《后汉书·律历志》所载《四分历》夏至日影长为一尺五寸，与《周礼》相同。《晋书·律历志》所载《景初历》夏至影长为一尺五寸。《宋书·律历志》所载《元嘉历》《大明历》夏至日影长为一尺五寸。《旧唐书·历志》所载《麟德历》夏至影长是一尺四寸九分。而今实测阳城（今告成）观星台“地中”影长为一尺五寸四分。《隋书》卷十九志第十四说，史册皆言“地中”影长是一尺五寸，唯：“《周髀》云：成周土中，夏至景一尺六寸。”显然《隋书》所说的《周髀算经》所测得的夏至影长一尺六寸，也是“地中”洛阳阳城夏至的影长。那么，历书皆云“地中”夏至日的影长基本都是一尺五寸，唯《周髀算经》言为一尺六寸，出现这个问题的原因可能有两个：其一，测量的数据由于仪器和测量问题会出现偏差，因为古代以八尺高表测量日影时由光影产生的虚影会造成误差；地表测日影长度的圭不在水平面上也会产生误差。其二，或许是《周髀算经》以盖天说的数字模型，用勾股定理算出来的。当然，也许《周髀算经》测日影的地方不是通常测日影的“地中”，但这也不太合理，也不符合史载，因为历代更为精确测定节气影长的历法皆与阳城“地中”相同，而且也都是在“地中”测影的，所以《周髀算经》的数据是测量的误差或者笔误的可能性很大。但总的来说，从各种历法所载的影长来看，都是以黄河中下游的“地中”周公测影台处的影长为基准的。

三、节气确立的主导者和时间

二十四节气体系出自汉初淮南王刘安组织门客编写的《淮南子·天文训》。《淮南子·天文训》中记述和阐释的二十四节气，其根源大多是来自《吕氏春秋·十二纪》。事实上，《淮南子》中的二十四节气就是在《吕氏春秋》所载的基础上经综合、提高及归纳而成的。

《淮南子》的体例与《吕氏春秋》相同，都是杂家著述。吕不韦是杂家的开创者，而刘安也是其后的又一杂家名师。再就《淮南子》的具体内容而言，其体例决定了其内容与《吕氏春秋》是相似的，即都是百科性的杂家巨著，而且皆以道家思想为主干而融入名家、法家、儒家、农家、兵家、阴阳家等诸家思想而成。当然，二者也有不同之处，《吕氏春秋》是为秦统一后意识形态做准备的，《淮南子》是反映汉初统治者政治需求的，《淮南子》在许多方面更为深入和系统。

再就节气而言，《吕氏春秋·十二纪》主要是按每季的孟、仲、季顺序叙事的，并以气候现象、物候现象、农业生产、日常生活等来描述每个月的节气景象和活动。《淮南子》所记述的二十四节气，以天文为题，从阴阳、音律、北斗七星指向等来阐释二十四节气。从二十四节气的来源而言，《淮南子》中的

“两至两分”乃是沿袭《吕氏春秋·十二纪》的，而所余的16个节气则来自于《吕氏春秋》，也就是说，《淮南子·天文训》所述的二十四节气，是在《吕氏春秋》的基础上经综合、归纳而产生的。

从学术观点来说，各种学派都有一定的师承关系。既然《淮南子》是踵《吕氏春秋》体例而成，那么《淮南子》中就应当写有沿袭《吕氏春秋》而来之言，因为这是师承关系。然而，《淮南子》并没有任何承袭《吕氏春秋》之言。分析一下淮南王刘安组织门客撰写《淮南子》的时代背景，就不难看出此书因何不提及《吕氏春秋》。这是因为，汉王朝是在推翻秦王朝基础上建立起来的，汉朝取代秦朝的理由就是因秦朝是惨无人道的“暴秦”。吕不韦不仅是秦朝的丞相，而且在秦一统天下立下大功，故在反秦极为兴盛的汉代，编撰《淮南子》断然不可能说是沿袭吕不韦之《吕氏春秋》的。

从秦汉时期二十四节气形成来说，一定还有一个确定二十四节气的主导人物，这个人应与《吕氏春秋》和秦朝及汉朝有密切的关系，同时与律历及《淮南子·天文训》的撰写有密切的关系。淮南王刘安组织门客编辑了《淮南子》一书，作为该书的组织者，对此书的成书起着重大作用，这是不可否认的。但从秦汉时律历制定情况及史册的记述看，秦朝御史、汉朝丞相张苍在二十四节气制定过程中应是起主导作用者。

据《史记·张丞相列传》载，张苍，阳武(今河南原阳)人，精通天文历法和算术，他大致生于秦昭王五十一年(前256年)。后张苍出任秦朝的御史，掌管四方文书和档案，并精研律历。当然，这也为张苍接触和研习《吕氏春秋》提供了绝佳条件，可以说其天文历法等知识应当深受《吕氏春秋》的影响，或吸收了《吕氏春秋》众多的见解。

张苍后来因犯罪逃亡，开始追随刘邦参与灭秦战争，因有功被任命为常山太守。后又任代国相国、赵国相国。后又因功被封为北平侯，入朝后为管理财务的计相。汉高祖十一年(前196年)淮南王黥布谋反被杀，刘邦立其子刘长为淮南王，任命张苍为淮南王相国，辅佐淮南王，任期长达16年之久。吕太后去世，至朝廷，升为御史大夫。汉文帝四年(前176年)任丞相，汉景帝五年(前 152 年)去世,算起来在世大约 104 载。张苍作为汉代历法的制定者,还曾校订过《九章算术》。

《史记·张丞相列传》对其在天文历法和音律方面的成就及地位有详细记述:“自汉兴至孝文二十余年,会天下初定,将相公卿皆军吏。张苍为计相时,绪正律历。以高祖十月始至霸上,因故秦时本以十月为岁首,弗革。推五德之运,以为汉当水德之时,尚黑如故。吹律调乐,入之音声,及以比定律令。若百工,天下作程品。至于为丞相,卒就之,故汉家言律历者,本之张苍。苍本好书,无所不观,无所不通,而尤善律历。”司马迁距张苍并不远,从太史公这段记载看,张苍“无所不观,无所不通”,当是秦汉时名副其实的“杂家”大师,更是精通五行、律历的大家,这些是确定二十四节气所必须具备的条件和素质。

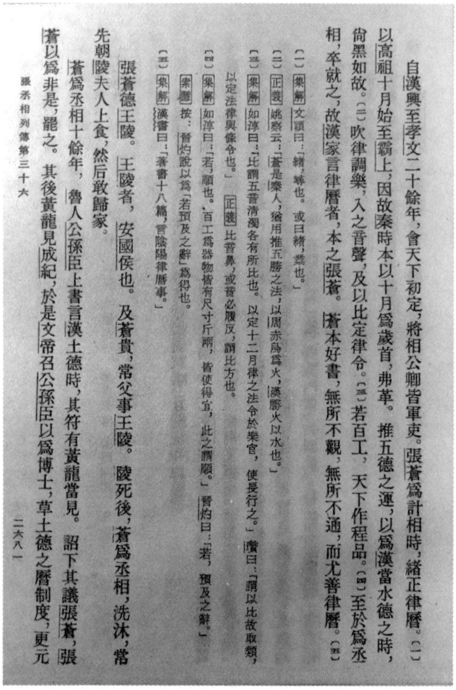
自漢興至孝文二十餘年，會天下初定，將相公卿皆軍吏。張蒼爲計相時，緒正律曆。〔一〕以高祖十月始至霸上，因故秦時本以十月爲歲首，弗革。推五德之運，以爲漢當水德之時，尚黑如故。〔二〕吹律調樂，入之音聲，及以比定律令。〔三〕若百工，天下作程品。〔四〕至於爲丞相，卒就之，故漢家言律曆者，本之張蒼。蒼本好書，無所不觀，無所不通，而尤善律曆。〔五〕

〔一〕集解文穎曰：「緒，尋也。或曰緒，業也。」
〔二〕正義姚察云：「蒼是秦人，猶用推五勝之法，以周赤烏爲火，漢勝火以水也。」
〔三〕集解如淳曰：「比謂五音清濁各有所比也。以定十二月律之法令於樂官，使長行之。」瓚曰：「謂以比故取類，以定法律與條令也。」正義比音鼻，或音必履反，謂比方也。
〔四〕集解如淳曰：「若，順也。百工爲器物皆有尺寸斤兩，皆使得宜，此之謂順。」晉灼曰：「若，預及之辭。」
索隱按：晉灼說以爲「若預及之辭」爲得也。
〔五〕集解漢書曰：「著書十八篇，言陰陽律曆事。」

張蒼德王陵。王陵者，安國侯也。及蒼貴，常父事王陵。陵死後，蒼爲丞相，洗沐，常先朝陵夫人上食，然后敢歸家。

蒼爲丞相十餘年，魯人公孫臣上書言漢土德時，其符有黃龍當見。詔下其議張蒼，張蒼以爲非是，罷之。其後黃龍見成紀，於是文帝召公孫臣以爲博士，草土德之曆制度，更元

張丞相列傳第三十六　二六八一

《史记·张丞相列传》

汉代使用《颛顼历》就是张苍的主意。之后精通天文历法的张苍,在淮南王府任相国长达 16 年。由此,《淮南子》记述的二十四节气,极有可能就是张苍确定的,或者在张苍主持下组织律历学者制定的。因为司马迁说得很明白:“汉家言律历者,本之张苍。”即汉代的律历制定者是张苍。再者,刘安虽然主持了《淮南子》一书的撰写,但从《史记》言刘安“好读书鼓琴”看,没有记述其精于律历,故二十四节气不可能由刘安制定。再就《淮南子》一书而言,该书和《吕氏春秋》一样都是杂家编的类书,内容主要是总结前人经验和成果的,非创新性的学术著作。另外,东汉高诱注《淮南子》时言刘安手下有苏飞、李尚、左吴、田由、雷被、晋昌、毛被、伍被八公名士,然司马迁只字未提此八人,而高诱也未言此八人精通天文历法,故可证二十四节气也不可能是这八人主持制定的。

那么这里有一个问题，如果说淮南王刘安召门人编撰的《淮南子·天文训》一书中的二十四节气，由张苍制定或主持制定，那么《淮南子》一书因何只字不提张苍呢？查《史记·淮南衡山列传》便知，当年首任淮南王刘长，就是刘安的父亲。后刘长谋反，在朝廷商议如何处理其谋反之事时，丞相张苍极力主张处死刘长。虽然汉文帝出于手足亲情赦免了刘长死罪，但迁谪之于蜀，最后导致刘长途中绝食而死。也就是说，张苍与淮南王刘安有不共戴天的“杀父之仇”。故刘安在主持编撰《淮南子》一书时断然不会提及张苍。

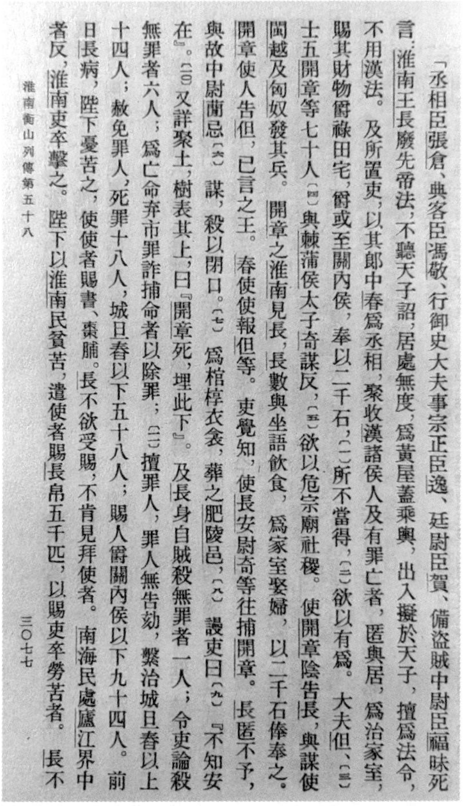
「丞相臣張倉、典客臣馮敬、行御史大夫事宗正臣逸、廷尉臣賀、備盜賊中尉臣福昧死言：淮南王長廢先帝法，不聽天子詔，居處無度，爲黃屋蓋乘輿，出入擬於天子，擅爲法令，不用漢法。及所置吏，以其郎中春爲丞相，聚收漢諸侯人及有罪亡者，匿與居，爲治家室，賜其財物爵祿田宅，爵或至關內侯，奉以二千石，〔一〕所不當得，〔二〕欲以有爲。大夫但、〔三〕士五開章等七十人〔四〕與棘蒲侯太子奇謀反，〔五〕欲以危宗廟社稷。使開章陰告長，與謀使閩越及匈奴發其兵。開章之淮南見長，長數與坐語飲食，爲家室娶婦，以二千石俸奉之。開章使人告但，已言之王。春使使報但等。吏覺知，使長安尉奇等往捕開章。長匿不予，與故中尉蕳忌〔六〕謀，殺以閉口。〔七〕爲棺槨衣衾，葬之肥陵邑，〔八〕謾吏曰〔九〕『不知安在』。〔一〇〕又詳聚土，樹表其上，曰『開章死，埋此下』。及長身自賊殺無罪者一人；令吏論殺無罪者六人；爲亡命弃市罪詐捕命者以除罪；〔一一〕擅罪人，罪人無告劾，繫治城旦舂以上十四人；赦免罪人，死罪十八人，城旦舂以下五十八人；賜人爵關內侯以下九十四人。前日長病，陛下憂苦之，使使者賜書、棗脯。長不欲受賜，不肯見拜使者。南海民處廬江界中者反，淮南吏卒擊之。陛下以淮南民貧苦，遣使者賜長帛五千匹，以賜吏卒勞苦者。長不

淮南衡山列傳第五十八　三〇七七

《史记·淮南衡山列传》

综合起来，言二十四节气是张苍在《吕氏春秋·十二纪》基础上主导制定的，有 4 个比较充分的理由：其一，张苍很可能精通《吕氏春秋·十二纪》；其二，从《史记》所载知，秦汉时精通律历者唯张苍，刘安并不精于律历；其三，据

《史记》所载汉初能制定律历者及有职权制定律历者唯丞相张苍，即“汉家言律历者，本之张苍”；其四，张苍曾担任首任淮南王刘长的相国（诸侯国丞相）十六载，而这期间正是二十四节气制定并确立之时。由此，二十四节气应当是张苍在任淮南相国时制定的，或者在其主持下制定的，后被纳入刘安召集门客编撰的《淮南子》一书中。由此，二十四节气制定和确立的时间准确说应当是张苍任淮南王相国时，即汉高祖十一年（前 196 年）至汉文帝元年（前 180 年）。

第二节　二十四节气在汉代的运用

一、二十四节气纳入历法

在秦汉二十四节气确立之后，西汉时二十四节气又得到进一步巩固和提高。汉武帝太初元年（前 104 年），由邓平主持，天文学家落下闳、唐都等在制定《太初历》时，把形成于秦汉时期的二十四节气正式列入历法之中，并明确了二十四节气的天文位置。严格地说，《淮南子》所确立的二十四节气，只是按时间和气候确定了一年的时间表，或者说只是确立了二十四节气的理论体系，而真正使其成为历法指导农业生产和人们的生活，是把节气列入《太初历》之后。由此，把二十四节气列入历法不仅是节气服务农业生产和日常生活走向实际运用及制度化的一个标志，也是二十四节气发展和普及史上具有里程碑意义的一件大事。

西汉初年，在张苍提议下沿用的是秦朝的《颛顼历》，但《颛顼历》误差较大。元封七年（前 104 年），太中大夫公孙卿和壶遂、太史令司马迁等人提议，制定新的、更加精准的历法取代《颛顼历》。于是汉武帝下令编订新的历法，并由天文学家邓平、唐都、落下闳并司马迁、公孙卿、司马可、侯宜君凡二十余人共同制定《汉历》。在制定《汉历》时落下闳起到了至关重要的作用，他曾“于地中转浑天”，即在“地中”用浑天仪观测天象制定新历法。此说明这次制定历法还是以河洛地区的“地中”阳城（今告成）为基点。汉武帝元封七年（前104年）历法制定完成，并颁布实施。因颁布时年号改为太初，故称此历为《太初历》。该历法规定一年等于365.2502日，一月等于29.53086天。《太初历》以夏历（即农历）正月为岁首，与春种、夏长、秋收、冬藏的农耕节奏相吻合，为指导农业及畜牧业生产带来极大的方便，是历法史上一次空前的大变革，也是大发展。

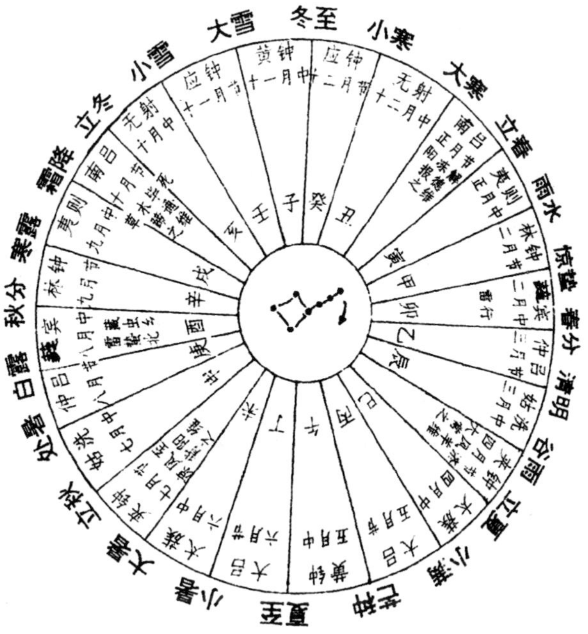

《太初历》

《太初历》还以无中气之月为闰月。在秦汉时，因“两至两分”的春分、秋分、夏至、冬至时，北斗七星的斗柄分别指向正东、正西、正南、正北，而季节此时正值仲春、仲秋、仲夏、仲冬，故“两至两分”称为“中”。而“四立”的立春、立夏、立秋、立冬，北斗七星斗柄分别指向东北、东南、西南、西北四维这4个节点，故“四立”称为“节”。因此，《汉书》有：“启闭者，节也；分至者，中也。”由此，将二十四节气分为十二中气、十二节气，合称二十四节气。在二十四节气中，以立春开始，单数为节气，偶数为中气。如果把节气分到农历月份中，应该是节气出现在上半月，中气出现在下半月。然而，由于阴历和阳历的不一致，会导致中气不一定出现在农历某月下半月的现象。这是因为中国的历法是阴阳合历，一年以地球绕太阳一周时间来计算，大致 365 天；而月则是以月球绕地球一周时间计算，月球绕地球一周大致 29.5 天，一年 12 个月合计大致 354 天。这样年和月每年相差大致 11 天。这就导致了阳历和阴历的不一致，会出现每年月份后移的现象。为了弥补这一差异，于是通过“置闰”来调整，即在一年中增加一个月。由于闰月会导致中气出现的时间本应该在某月的下半月，却出现在某月的下一个月。例如，本应出现在农历二月下旬的中气，却出现在农历三月，这就使二月出现无中气的现象。为了调整阴历和阳历不一致的矛盾，《太初历》制定了以无中气之月为闰月。这是中国天文历法史上具有重大意义的一件大事，一直沿用至今。而《太初历》则一直使用了 188 年。《太初历》把二十四节气列入历法之中，不仅是服务于农业生产和人们生活的开端，也是二十四节气走向全国的一个重要标志。

在两汉时期，人们不仅使用二十四节气，还有二十四节气的推演方法以及与星次、星宿和节气关系的论述。东汉班固《汉书·律历志》对此有明确的记载：

推冬至，以策馀乘入统岁数，盈统法得一，名曰大馀，不盈者名曰小馀。除数如法，则所求冬至日也。求八节，加大馀四十五，小馀千一十。求二十四气，三其小馀，加大馀十五，小馀千一十。推中部二十四气，皆以元为法……

星纪，初斗十二度，大雪。中牵牛初，冬至。于夏为十一月，商为十二月，周为正月。终于婺女七度。玄枵，初婺女八度，小寒。中危初，大寒。于夏为十二月，商为正月，周为二月。终于危十五度。诹訾，初危十六度，立春。中营室十四度，惊蛰。今曰雨水，于夏为正月，商为二月，周为三月。终于奎四度。降娄，初奎五度，雨水。今曰惊蛰。中娄四度，春分。于夏为二月，商为三月，周为四月。终于胃六度。大梁，初胃七度，谷雨，今曰清明。中昴八度，清明。今曰谷雨，于夏为三月，商为四月，周为五月。终于毕十一度。

实沈，初毕十二度，立夏。中井初，小满，于夏为四月，商为五月，周为六

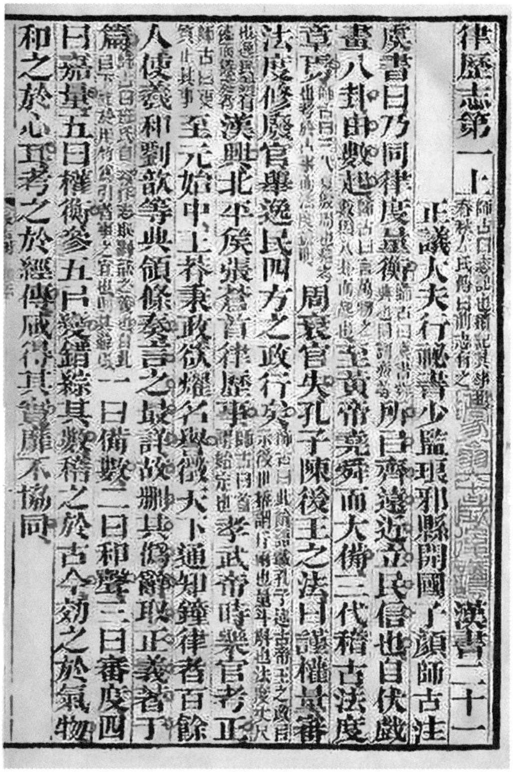

《汉书·律历志》

月。终于井十五度。鹑首，初井十六度，芒种。中井三十一度，夏至。于夏为五月，商为六月，周为七月。终于柳八度。鹑火，初柳九度，小暑。中张三度，大暑。于夏为六月，商为七月，周为八月。终于张十七度。鹑尾，初张十八度，立秋。中翼十五度，处暑。于夏为七月，商为八月，周为九月。终于轸十一度。寿星，初轸十二度，白露。中角十度，秋分。于夏为八月，商为九月，周为十月，终于氐四度。大火，初氐五度，寒露。中房五度，霜降。于夏为九月，商为十月，周为十一月。终于尾九度。析木，初尾十度，立冬。中箕七度，小雪。于夏为十月，商为十一月，周为十二月。终于斗十一度。

《汉书·律历志》中所载的春季中的雨水和惊蛰、清明和谷雨的顺序与汉初《淮南子》所载的次序不同，故特在其后说明当时的顺序。如中营室十四度的惊蛰，现在叫雨水。

在《太初历》把二十四节气纳入历法之后，随着对二十四节气的推演以及与星次、星宿和节气关系的确定，从而极大地推动了二十四节气的规范化、制度化和科学化，使二十四节气走向成熟。

西汉时期对二十四节气的发展和传播起到重要作用的应首推《礼记·月令》。大致在西汉宣帝前后，戴圣在编《礼记》时，取《吕氏春秋·十二纪》之内容，而撰写成《礼记·月令》篇。其意是在教导君王在执政时，要按照每年

12 个月的节令、气候、物候行事，这样才能符合自然规律。《礼记》后来被奉为儒家经典。西汉之后《礼记·月令》被广传，对人们如何遵循节气自然变化的规律行事起到了巨大的推动作用。同时《礼记·月令》作为是二十四节气向全国迈进的一个重要媒介，也是二十四节气广泛运用于农业生产和日常生活的重要标识。

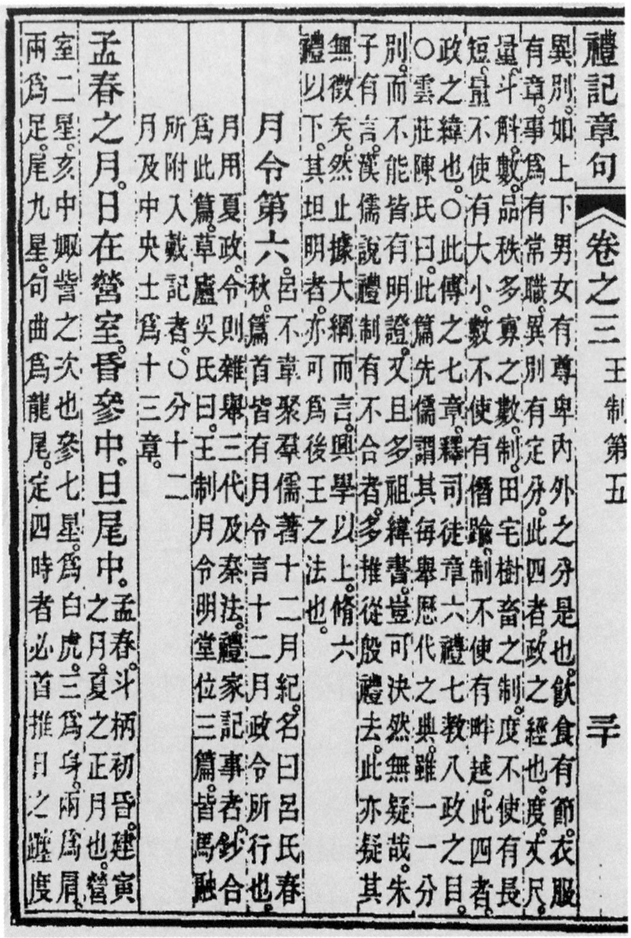
禮記章句 卷之三 王制第五

異別如上下男女有尊卑內外之分是也飲食有節衣服有章事為有常職異別有定分此四者政之經也度丈尺量斗斛數品秩多寡之數制田宅樹畜之制度不使有長短量不使有大小數不使有僭踰制不使有畔越此四者政之緯也○此傳之七章釋司徒章六禮七教八政之目○雲莊陳氏曰此篇先儒謂其每舉歷代之典雖一一分別而不能皆有明證又且多祖緯書豈可決然無疑哉朱子有言漢儒說禮制有不合者多推從殷禮去此亦疑其無徵矣然止據大綱而言興學以上脩六禮以下其坦明者亦可為後王之法也

月令第六

呂不韋聚羣儒著十二月紀名曰呂氏春秋篇首皆有月令言十二月政令所行也月用夏政令則雜舉三代及秦法禮家記事者鈔合為此篇草廬吳氏曰王制月令明堂位三篇皆馬融所附入戴記者○分十二月及中央土為十三章

孟春之月日在營室昏參中旦尾中

孟春斗柄初昏建寅之月夏之正月也營室二星亥中娵訾之次也參七星為白虎三為身兩為肩兩為足尾九星句曲為龍尾定四時者必首推日之躔度

《礼记·月令》

综上所述，秦汉时期随着农业发展和社会进步，二十四节气最终得到确立。西汉时，二十四节气成为有效指导农业生产和日常生活的一部补充历法。从此，诞生于黄河中下游以中原为中心的二十四节气开始向全国传播，并逐渐成为整个中国普遍使用的一种农耕补充历法。

二、二十四节气的次序

二十四节气在汉代确立之后，被列入《太初历》，这不仅表示二十四节气走进农耕生产，走进人们的生活，也标志着二十四节气在全国的全面推行。然而关于二十四节气的次序问题，因众多文献记载有异，故人们有两种观点：一种认为二十四节气是以冬至开始而非立春；另一种认为二十四节气是以立春开始而非冬至。事实上，这是二十四节气两种不同形式的排序法：一种是天文排序法；另一种是四季排序法，也可称农耕排序法或气候排序法。

二十四节气的天文排序首出《淮南子·天文训》，其顺序如下：冬至、小寒、大寒、立春、雨水、惊蛰、春分、清明、谷雨、立夏、小满、芒种、夏至、小暑、大暑、立秋、处暑、白露、秋分、寒露、霜降、立冬、小雪、大雪。其后的《后汉书·律历志》《宋书·律历志》《魏书·律历志》《旧唐书·历志》等皆与《淮南子·天文训》所载二十四节气顺序相同，都是以冬至作为二十四节气之首。然此排法，是从天文角度确定的，最早出自《淮南子》的《天文训》中，而《天文训》就是讲天文的。因为冬至、夏至、春分和秋分，是天文上的 4 个标志点，就是从天文观测上来说分别是太阳的最低点、最高点和太阳高低的中分点，即冬至时太阳与地平面夹角最小，从地球上看太阳处于最低位置；夏至时太阳与地平面夹角最大，从地球上看太阳处于最高点。而春分和秋分太阳与地平面夹角在冬至和夏至中间，从地球上看太阳处于冬至和夏至最高点与最低点的中间位置。

若从测日影的角度来说，冬至、夏至和春分、秋分也是天文的 4 个标志点。夏至日影最短，只有一尺五寸；冬至日影最长，为一丈三尺。而春分和秋分，日影长度是五尺三寸左右。由此可知，冬至、夏至、春分和秋分是天文上的 4 个节点，也是划分二十四节气的依据。《淮南子·天文训》《后汉书·律历志》《宋书·律历志》《魏书·律历志》《旧唐书·历志》等都是以天文学的方法为二十四节气排序的，故以冬至为节气之首。

以四季的顺序来排二十四节气，原因是：农业生产是按春、夏、秋、冬顺序进行的，四季的排法符合农作物春生、夏长、秋收、冬藏的生长规律，也符合四季春暖、夏热、秋凉、冬寒的气候特征。古时这种按春、夏、秋、冬顺序的排法，自农耕文明开始就是如此了。这不仅是一种约定俗成的制度，而且成为人们社会生活中普遍遵守的规则，故与农耕有关的历法或史册皆采用这个顺序。先秦的《夏小正》《吕氏春秋·十二纪》都是按春、夏、秋、冬的顺序排列的。《淮南子·时则训》作为安排农事和生活的篇章，其节气也是按春、夏、秋、冬的顺序排的：最先的节气是立春，其后有雨水、春分、立夏、小暑、夏至、白露、立秋、秋分、霜降、立冬、冬至。而西汉编修的《礼记·月令》也是以立春为节气之首。汉代增订的《逸周书·时训解》中的二十四节气的顺序是：立春、雨水、惊蛰、春分、清明、谷雨、立夏、小满、芒种、夏至、小暑、大暑、立秋、处暑、白露、秋分、寒露、霜降、立冬、小雪、大雪、冬至、小寒、大寒。其后的《元史·历志》所载的中国著名天文学家王恂、郭守敬制定的《授时历》中二十四节气也是按四季排序的，其二十四节气之首是立春，最后一个节气是大寒。在郭守敬制定的《授时历》中还认为这样排序符合五行："各以四立之节，为春木、夏火、秋金、冬水首用事日。"即四季的顺序符合五行春木、夏火、秋金、冬水的特性。

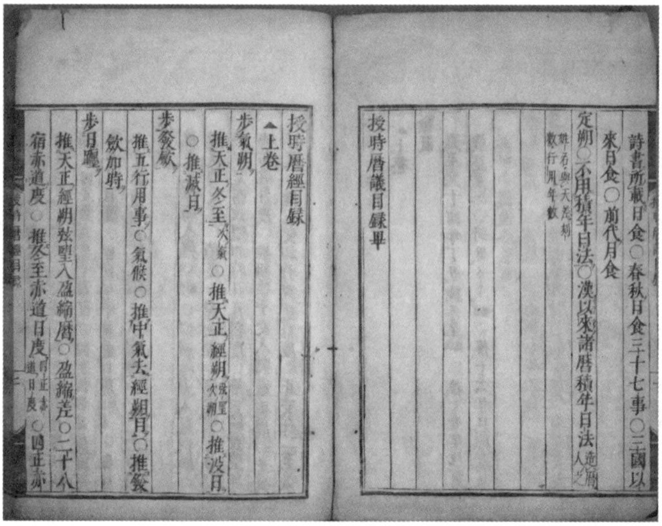

《授时历》

由此，二十四节气的天文排序是按天文学的原理和原则进行的，以冬至为首，但这种方法属于专业性的，是天文学的概念。在实际农业生产和生活中，人们皆是按春、夏、秋、冬四季的次序行事的。因此，以立春为节气之首的排序法，符合农耕生产的要求，也符合人们的生活习惯，是社会通行的二十四节气排序方法。

第九章

黄河文明推动二十四节气不断完善和发展

第一节　七十二候和二十四番花信风

二十四节气在秦汉确立之后，特别是二十四节气纳入《太初历》之后，开始运用到农耕生产和日常生活之中，之后不断得到补充和发展。在二十四节气的发展史上，作为二十四节气最详尽的补充，莫过于七十二候。可以说七十二候在二十四节气发展史上具有标志性意义。

七十二候是黄河文明的产物，起源的历史由来已久。从上古开始，人们便对黄河中下游地区自然界中的气候和物候现象进行了细致的观察并予以记述。先秦文献中就有众多关于自然界气候和物候现象的记述。《尚书·尧典》中所载仲春时的“鸟兽孳尾”、仲夏时的“鸟兽希革”、仲秋时的“鸟兽毛毨”、仲冬时的“鸟兽氄毛”就是人们观察四季鸟兽的毛发生长及活动情况而得出的物候现象。《诗经·豳风·七月》更是记载了“七月流火”“春日载阳”“五月鸣蜩”“六月莎鸡振羽”等众多气候、物候现象。战国时的《夏小正》记述了 12 个

候雁北

月的气候和物候现象。如正月的“雁北乡”“鱼陟负冰”等，二月的“荣堇”“有鸣仓庚”等，三月的“田鼠化为鴽”“鸣鸠”等，四月的“囿有见杏”“鸣札”等，五月的“良蜩鸣”“唐蜩鸣”等，六月的“斗柄正在上”“鹰始挚”等，七月的“寒蝉鸣”“织女正东乡”等，八月的“辰则伏”“鴽为鼠”等，九月的“陟玄鸟蛰”“荣鞠树麦”等，十月的“豺祭兽”“黑鸟浴”等，十一月的“陨麋角”，十二月的“元驹贲”等。

黄河中下游地区到了战国时期，七十二候的雏形已基本产生。《吕氏春秋·十二纪》在《夏小正》等的基础上又对一年 12 个月的气候、物候现象进行了补充，使其内容更加丰富，为汉代确立七十二候奠定了基础。《吕氏春秋·十二纪》中所述的气候和物候现象逻辑比较强，总结得也比较到位。如一月的气候和物候现象是“东风解冻”“蛰虫始振”“鱼上冰”“獭祭鱼”“候雁北”等；二月是“始雨水”“桃李华”“苍庚鸣”“鹰化为鸠”等；三月是“桐始花”“田鼠化为鴽”“虹始见”“萍始生”等；四月是“蝼蝈鸣”“蚯蚓出”“王菩生”“苦菜秀”等；五月是“螳螂生”“鵙始鸣”“反舌无声”等；六月是“蟋蟀居宇”“鹰乃学习”“腐草化为蚈”等；七月是“白露降”“寒蝉鸣”“鹰乃祭鸟”等；八月是“候雁来”“玄鸟归”“群鸟养羞”等；九月是“候雁来”“宾爵入大水为蛤”“菊有黄花”“豺则祭兽戮禽”等；十月是“水始冰”“地始冻”“雉入大水为蜃”“虹藏不见”等；十一月是“冰益壮”“地始坼”“鹖鴠不鸣”“虎始交”等；十二月是“雁北乡”“鹊始巢”“雉雊鸡乳”等。虽然《吕氏春秋·十二纪》是以每年的一个月来列举气候、物候现象的，不是以节气来列举的，但从《十二纪》所列的气候、物候现象的形式看，已具备了七十二候的基本特征，是七十二候的雏形，只是数量上少于后来正式确立的七十二候。

汉代作为二十四节气发展的关键时期，与二十四节气相配套的七十二候也随之诞生。七十二候更加细致形象地表述了二十四节气每候所对应的气候、物候现象与农耕、时事、政治、日常生活的关系，其文如下：

立春之日，东风解冻。又五日，蛰虫始振。又五日，鱼上冰。风不解冻，号令不行。蛰虫不振，阴奸阳。鱼不上冰，甲胄私藏。雨水之日，獭祭鱼。又五日，鸿雁来。又五日，草木萌动。獭不祭鱼，国多盗贼。鸿雁不来，远人不服。草木不萌动，果蔬不熟。惊蛰之日，桃始华。又五日，仓庚鸣。又五日，鹰化为鸠。桃始不华，是谓阳否。仓庚不鸣，臣不从主。鹰不化鸠，寇戎数起。春分之日，玄鸟至。又五日，雷乃发声。又五日，始电。玄鸟不至，妇人不娠。雷不发声，诸侯失民。不始电，君无威震。清明之日，桐始华，又五日，田鼠化为鴽。又五日，虹始见。桐不华，岁有大寒。田鼠不化鴽，国多贪残。虹不见，妇人苞乱。谷雨之日，萍始生。又五日，鸣鸠拂其羽。又五日，戴胜降于桑。萍不生，阴气愤盈。鸣鸠不拂其羽，国不治兵。戴胜不降于桑，政教不中。

戴胜降于桑

立夏之日，蝼蝈鸣。又五日，蚯蚓出。又五日，王瓜生。蝼蝈不鸣，水潦淫漫；蚯蚓不出，嬖夺后；王瓜不生，困于百姓。小满之日，苦菜秀。又五日，靡草死。又五日，小暑至。苦菜不秀，贤人潜伏。靡草不死，国纵盗贼。小暑不至，是谓阴慝。芒种之日，螳螂生。又五日，鵙始鸣。又五日，反舌无声。螳螂不生，是谓阳息。鵙不始鸣，令奸壅偪。反舌有声，佞人在侧。夏至之日，鹿角解。又五日，蜩始鸣。又五日，半夏生。鹿角不解，兵革不息。蜩不鸣，贵臣放逸。半夏不生，民多厉疾。小暑之日，温风至。又五日，蟋蟀居壁。又五日，鹰乃学习。温风不至，国无宽教。蟋蟀不居壁，急恒之暴。鹰不学习，不备戎盗。大暑之日，腐草化为萤。又五日，土润溽暑。又五日，大雨时行。腐草不化为萤，谷实鲜落。土润不溽暑，物不应罚。大雨不时行，国无恩泽。

立秋之日，凉风至。又五日，白露降。又五日，寒蝉鸣。凉风不至，国无严政。白露不降，民多邪病。寒蝉不鸣，人皆力争。处暑之日，鹰乃祭鸟。又五日，天地始肃。又五日，禾乃登。鹰不祭鸟，师旅无功。天地不肃，君臣乃□。农不登谷，暖气为灾。白露之日，鸿雁来。又五日，玄鸟归。又五日，群鸟养羞。鸿雁不来，远人背畔。玄鸟不归，室家离散。群鸟不养羞，下臣骄慢。秋分之日，雷始收声。又五日，蛰虫培户。又五日，水始涸。雷不始收声，诸侯淫佚。蛰虫不培户，民靡有赖。水不始涸，甲虫为害。寒露之日，鸿雁来宾。又五日，爵入大水，化为蛤。又五日，菊有黄华。鸿雁不来，小民不服。爵不入大水，失时之极。菊无黄华，土不稼穑。霜降之日，豺乃祭兽。又五日，草木黄落。又五日，蛰虫咸附。豺不祭兽，爪牙不良。草木不黄落，是为愆阳。蛰虫不咸附，民多流亡。

立冬之日，水始冰。又五日，地始冻。又五日，雉入大水化为蜃。水不冰，是谓阴负。地不冻，咎征之咎。雉不入大水，国多淫妇。小雪之日，虹藏不见。又五日，天气上腾。地气下降。又五日，闭塞而成冬。虹不藏，妇不专一。天气不上腾，地气不下降，君臣相嫉。不闭塞而成冬，母后淫佚。大雪之日，鹖鸟不鸣。又五日，虎始交。又五日，荔挺生。鹖鸟犹鸣，国有讹言。虎不始交，将帅不和。荔挺不生，卿士专权。冬至之日，蚯蚓结。又五日，麋角解。又五日，水泉动。蚯蚓不结，君政不行。麋角不解，兵甲不藏。水泉不动，阴不承阳。小寒之日，雁北向。又五日，鹊始巢。又五日，雉始雊。雁不北向，民不怀主。鹊不始巢，国不宁。雉不始雊，国大水。大寒之日，鸡始乳。又五日，鸷鸟厉疾。又五日，水泽腹坚。鸡不始乳，淫女乱男。鸷鸟不厉，国不除兵。水泽不腹坚，言乃不从。

鹊始巢

此文前六句说的意思是，立春之时，东风解冻。又过 5 天，冬眠的动物开始活动。再过 5 天，鱼上到带冰的水面。东风不解冻，则号令不被执行。冬眠的动物不活动，阴气干犯阳气。鱼不上到带冰的水面，铠甲、头盔被人私藏。以下都是如此解释三候现象的。

以上的七十二候，出自《逸周书·时训解》。时即时令，训即训教，合起来的意思就是时令的训教。该书成书于春秋战国时期，其中一些内容为汉代时所增加。其中七十二候就是秦汉二十四节气确立之后，人们又根据二十四节气每一个节气之间的气候和物候特征，经过修订、补充、总结、排序并加入每候的谶纬之后而形成的。虽然其名称为七十二候，但其内容并不全是物候，而是包括气候和物候两部分，主要是物候。因为物候是指生物适应光照、降水、气温等条件的周期性变化，形成与此相适应的生长发育规律，这种现象为物候。古时由于认知自然现象有限，人们便把因气候变化而引起的自然现象都列入了物候的范畴，如东风解冻、虹始见、水泉动、大雨时行、凉风至等。

关于七十二候的形成时间，言其为汉代《淮南子》成书之后才有的最重要的证据是，七十二候列于二十四节气之中，其必然是二十四节气定名之后才会有的。如果七十二候在二十四节气形成之前就全部形成，则其名称中必不会有二十四节气之名。再从七十二候比西汉初期有更多物候现象看，其形成应在西汉晚期或之后。还有一个很重要的证据就是每一物候现象后都有不祥的预兆，此乃秦汉的谶纬之说，东汉时极盛，这也证明了七十二候应是西汉晚期或东

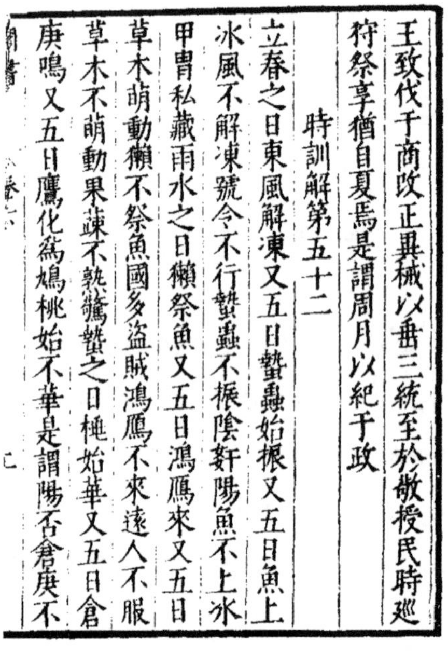
王致伐于商改正異械以垂三統至於敬授民時巡
狩祭享猶自夏焉是謂周月以紀于政
時訓解第五十二
立春之日東風解凍又五日蟄蟲始振又五日魚上
冰風不解凍號令不行蟄蟲不振陰奸陽魚不上冰
甲冑私藏雨水之日獺祭魚又五日鴻鴈來又五日
草木萌動獺不祭魚國多盜賊鴻鴈不來遠人不服
草木不萌動果蔬不熟驚蟄之日桃始華又五日倉
庚鳴又五日鷹化為鳩桃始不華是謂陽否倉庚不

《逸周书·时训解》

汉时期形成的。

七十二候以五日为候，三候为气，六气为时，四时为岁，一年二十四节气共七十二候。各候均与一种气候或物候现象相对应。《逸周书·时训解》之七十二候“四立”中“立春之日”之“东风解冻”“鱼上冰”“蛰虫始振”物候现象，采用的是《吕氏春秋·孟春纪》中的记载。七十二候中“立夏之日”的“蝼蝈鸣”“蚯蚓出”“王瓜生”物候现象出自《吕氏春秋·孟夏纪》。七十二候中“立秋之日”的物候现象“凉风至”“白露降”“寒蝉鸣”出自《吕氏春秋·孟秋纪》。七十二候中“立冬之日”的物候现象“水始冰”“地始冻”“雉入大水化为蜃”出自《吕氏春秋·孟冬纪》。除“四立”外，七十二候中其他物候现象很多也出自《吕氏春秋·十二纪》。由此，《逸周书·时训解》之七十二候是依《吕氏春秋·十二纪》所载气候、物候内容，经过加工和补充之后，按物候发生的顺序再加上谶纬而确定的。

由上可知，《逸周书·时训解》所载之七十二候，乃汉代人根据《吕氏春秋·十二纪》所载之气候、物候现象，以《淮南子·天文训》所载的二十四节气之名，经过审核、加工、补充而成的。

在运用二十四节气时，七十二候起到了很大的补充作用。七十二候自汉代确定之后，作为二十四节气的补充，逐渐与二十四节气紧密结合起来使用。这个紧密结合应该在两晋到北魏时期。汉代虽然确立了七十二候，但从《汉书·律历志》《后汉书·律历志》《晋书·律历志》均无载七十二候看，这期间历法推广的主要是二十四节气，而七十二候并没有引起人们的特别关注。直到北魏时，七十二候在删除了由谶纬形成的预兆后，方首次刊入《魏书·律历志》中，这标志着南北朝时七十二候全面推广。

汉代增订的《逸周书·时训解》所载的二十四节气之七十二候与《魏书·律历志》所载的二十四节气之七十二候略有不同。如“两至两分”，《逸周书·时训解》言春分的三候分别是“玄鸟至”“雷乃发声”“始电”。而《魏书·律历志》所载春分的三候为“鹰化为鸠”“玄鸟至”“雷始发声”。而此物候现象大多原出于《吕氏春秋·仲春纪》“雷乃发声”“始电”“蛰虫咸动”的记述。

又,《逸周书·时训解》言夏至的三候分别是“鹿角解”“蜩始鸣”“半夏生”,而《魏书·律历志》载夏至的三候为“鵙始鸣”“反舌无声”“鹿角解”。此物候现象大多原出于《吕氏春秋·仲夏纪》“螳螂生”“鵙始鸣”“反舌无声”的记述。

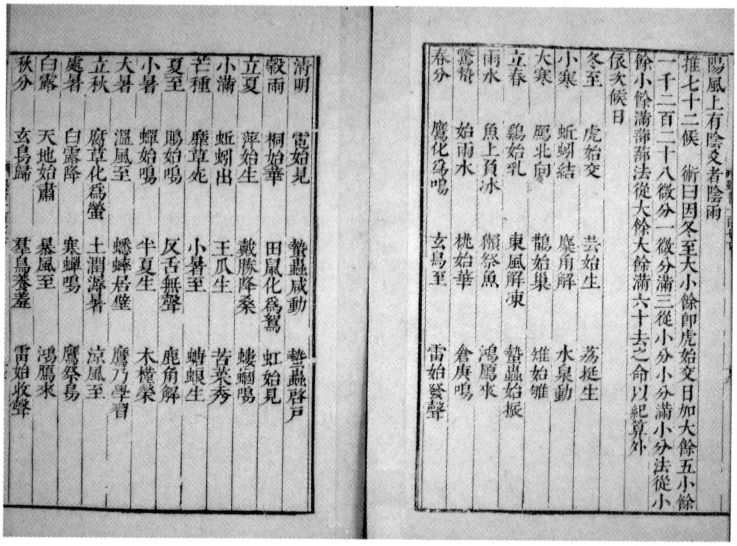

陽風上有陰爻者陰雨

推七十二候 術曰因冬至大小餘即虎始交日加大餘五小餘一千二百二十八微分一微分滿三從小分小分滿小分法從小餘小餘滿蔀法從大餘大餘滿六十去之命以紀算外

依次候日

冬至	虎始交	芸始生	荔挺生
小寒	蚯蚓結	麋角解	水泉動
大寒	鴈北向	鵲始巢	雉始雊
立春	雞始乳	東風解凍	蟄蟲始振
雨水	魚上負冰	獺祭魚	鴻鴈來
驚蟄	始雨水	桃始華	倉庚鳴
春分	鷹化爲鳴	玄鳥至	雷始發聲
清明	電始見	蟄蟲咸動	蟄蟲啓戶
穀雨	桐始華	田鼠化爲鴽	虹始見
立夏	萍始生	戴勝降桑	螻蟈鳴
小滿	蚯蚓出	王瓜生	苦菜秀
芒種	靡草死	小暑至	螗蜋生
夏至	鵙始鳴	反舌無聲	鹿角解
小暑	蟬始鳴	半夏生	木槿榮
大暑	溫風至	蟋蟀居壁	鷹乃學習
立秋	腐草化爲螢	土潤溽暑	涼風至
處暑	白露降	寒蟬鳴	鷹祭鳥
白露	天地始肅	暴風至	鴻鴈來
秋分	玄鳥歸	羣鳥養羞	雷始收聲

《魏书·律历志》

又,《逸周书·时训解》载秋分三候分别是“雷始收声”“蛰虫培户”“水始涸”,而《魏书·律历志》载秋分三候为“玄鸟归”“群鸟养羞”“雷始收声”。此物候现象大多原出于《吕氏春秋·仲秋纪》“雷乃始收声”“蛰虫俯户”“水始涸”的记述。

又,《逸周书·时训解》言冬至的三候分别是“蚯蚓结”“麋角解”“水泉动”,而《魏书·律历志》载冬至三候为“虎始交”“芸始生”“荔挺出”。此物候现象大多原出于《吕氏春秋·仲冬纪》“冰益壮”“地始坼”“鹖旦不鸣”“虎始交”的记述。除“两至两分”外,《逸周书·时训解》所载物候与《魏书·律历志》还有数处不同之处,但大意相似。

《逸周书·时训解》和《魏书·律历志》出现不同物候现象的原因,是汉代和北魏时期的审定者对气候和物候的观察得出的结果不同,三候的气候、物候现象有源于《吕氏春秋·十二纪》的,还有一些是新增的,由于认知不同,或观察点不同，取舍就不同，故有此差别。隋唐时期，历法上所沿用的仍是《魏书·律历志》所载七十二候的名称，到了宋代七十二候方以《逸周书·时训解》所载名称为准。七十二候从北魏时正式列入历志之后，便与二十四节气具有了大致同等的地位。七十二候和二十四节气是从北魏开始作为一个整体广泛运用到农业生产和日常生活之中的。

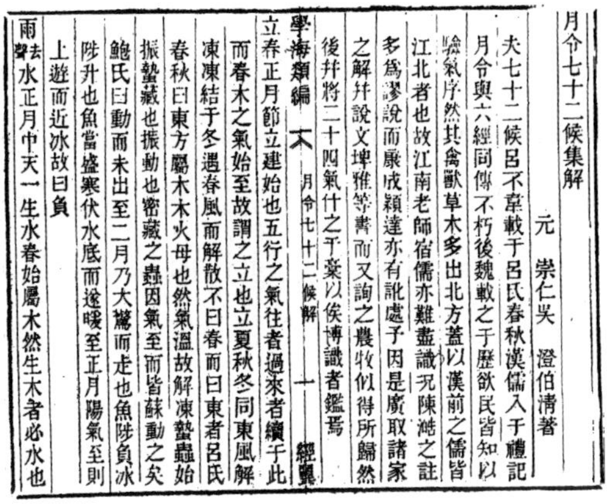
月令七十二候集解

元　崇仁吳　澄伯清著

夫七十二候呂不韋載于呂氏春秋漢儒入于禮記月令與六經同傳不朽後魏載之于曆欲民皆知以驗氣序然其禽獸草木多出北方蓋以漢前之儒皆江北者也故江南老師宿儒亦難盡識況陳澔之註多為謬說而康成穎達亦有訛處予因是廣取諸家之解并說文埤雅等書而又詢之農牧似得所歸然後并將二十四氣什之于棄以俟博識者鑑焉

學海類編　月令七十二候解　一　經翼

立春正月節立建始也五行之氣往者過來者續于此而春木之氣始至故謂之立也立夏秋冬同東風解凍凍結于冬遇春風而解散不曰春而曰東者呂氏春秋曰東方屬木木火母也然氣溫故解凍蟄蟲始振蟄藏也振動也密藏之蟲因氣至而皆蘇動之矣鮑氏曰動而未出至二月乃大驚而走也魚陟負冰陟升也魚當盛寒伏水底而遂暖至正月陽氣至則上遊而近冰故曰負

雨水去聲正月中天一生水春始屬木然生木者必水也

《月令七十二候集解》

随着二十四节气与七十二候的普遍使用，到了元代，吴澄撰的《月令七十二候集解》对《逸周书·时训解》七十二候进行了更加详细的阐释。每个节气前有节气由来的解释，其后是引经据典解释每个节气三候现象的意思。《月令七十二候集解》在元代之后影响甚大，成为解释七十二候的经典。但吴澄在《月令七十二候集解》序言中说七十二候原载于《吕氏春秋》，汉代又载入《礼记·月令》，有偏颇。事实上，《吕氏春秋》和《礼记·月令》都没有七十二候之名，只有相似的内容，且二书的内容皆比后来确立的七十二候的内容都要少。

关于七十二候所表述的各种气候、物候现象，以现今科学技术发展水平来审视，还是有很大的局限性，有些甚至是不科学的，七十二候对农耕和生活的指导作用有一定局限性。如“鹰化为鸠”，古人认为惊蛰三候时，天空中的鹰很少见了，而斑鸠大量出现，故误以为是鹰变化成了斑鸠。古人根据这一表象，得出“鹰化为鸠”的结论。又如寒露二候的“爵入大水化为蛤”，就是说二候时雀鸟很少见了，但海边出现了大量蛤蜊，其贝壳上的条纹、颜色与雀鸟相似，故误认为这时的雀鸟入水中变成蛤蜊了。当然，这些都是由于当时科学技术不发达所致，把一些表象的东西看成是真实的了。这种情况的出现与当时社会生产力发展水平是一致的。

七十二候每个节气三候之中，只要物候现象不出现，就会出现不良预兆，这就是秦汉时期兴盛的谶纬之说。这种学说在战国末期已开始萌芽，如《吕氏春秋·十二纪》就有孟春时不可举兵征伐，举兵必遭天灾。到了秦汉时期，这种谶纬说形成，东汉时期达到极盛。由此，七十二候在汉代形成时，每候现象不出现时都会预测出一个将要出现的凶象。虽然当时产生这种谶纬说有让人遵守自然规律的意思，但由于所预测的结果许多与实际不符，所以这种谶纬说在东汉之后逐渐走向衰落，从晋朝开始屡次禁止，北魏时已甚少提及，故《魏书·律历志》将七十二候的谶纬全部删除后列入历志中。

南北朝时，随着二十四节气在全国的传播和发展，人们把节气与南北多种花开的时节结合起来，开始寻找每个节气所开的花，并以此作为这个节气的标志。由此，所谓“花信风”，即应花期而来的风。“二十四番花信风”是根据二十四节气中从小寒到谷雨 8 个节气，共 120 日，一个节气三候，8 个节气共二十四候，每候对应一种花。“二十四番花信风”是二十四节气发展的产物，也是节气走向全国的结果。“二十四番花信风”最早孕育于南北朝时期，南朝宗懔的《荆楚岁时记》就有许多关于花与节气对应的记述。到了五代十国时大致形成雏形，经宋金元时期的发展，元末明初得到确立。明初时，王逵撰的《蠡海集·气候类》，首次完整记载了“二十四番花信风”：“小寒之一候梅花，二候山茶，三候水仙；大寒之一候瑞香，二候兰花，三候山矾；立春之一候任(迎)春，二候樱桃，三候望春；雨水一候菜花，二候杏花，三候李花；惊蛰一候桃花，二候棣棠，三候蔷薇；春分一候海棠，二候梨花，三候木兰；清明一候桐花，二候麦花，三候柳花；谷雨一候牡丹，二候荼蘼，三候楝花，花竟则立夏矣。”“二十四番花信风”不仅反映了花开与时令的自然物候现象，更重要的是还可利用“二十四番花信风”这种物候现象安排农业生产和日常生活。“二十四番花信风”的确立是二十四节气发展和传播史上又一重要事件。

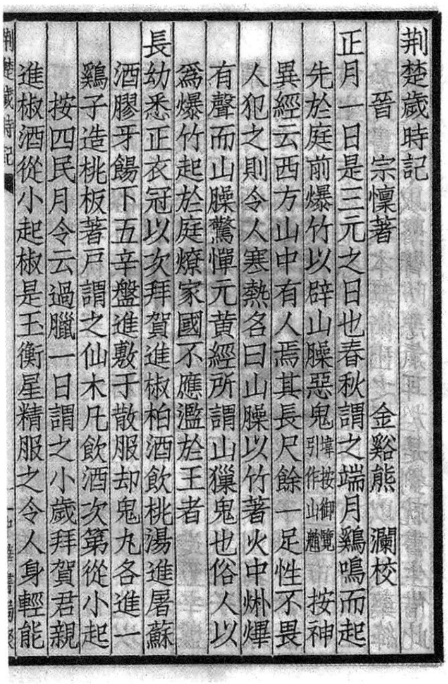

荆楚歲時記

晉 宗懍著　　金谿熊 瀾校

正月一日是三元之日也春秋謂之端月鷄鳴而起先於庭前爆竹以辟山臊惡鬼引韓作按御覽山魈按神異經云西方山中有人焉其長尺餘一足性不畏人犯之則令人寒熱名曰山臊以竹著火中烞熚有聲而山臊驚憚元黃經所謂山獠鬼也俗人以爲爆竹起於庭燎家國不應濫於王者

長幼悉正衣冠以次拜賀進椒柏酒飲桃湯進屠蘇酒膠牙餳下五辛盤進敷于散服却鬼丸各進一鷄子造桃板著戶謂之仙木凡飲酒次第從小起

按四民月令云過臘一日謂之小歲拜賀君親進椒酒從小起椒是玉衡星精服之令人身輕能

《荆楚岁时记》

蠡海集　　三四

謂也

或問曰三春九夏之說又曰三冬九秋者何答曰易於東北爲陽南西爲陰故有三冬三春九秋九夏三爲陽始九爲陽終始爲陽中之陽終爲陽中之陰故也仍有三秋之說者春爲陽始秋爲陰始所以始皆稱陽數至於冬則不稱九夏則不稱三也

三建辯曰天開於子地闢於丑人生於寅然却但以冬至爲一建小寒爲二建大寒爲三建也何以知其然也蓋曆始於冬至祭天氣也候花信之風始於小寒祭地氣也歸人身之氣始於大寒以厥陰爲首祭人氣也豈非三建之氣只在於立春之前也歟

二十四番花信風者蓋自冬至後三候爲小寒十二月之節氣月建於丑地之氣闢於丑天之氣闢於丑天之氣會于子日月之運同在玄枵而臨黃鍾之位黃鍾爲萬物之祖是故十一月天氣運於子地氣臨於子陽律而施于上古之人所以爲曆之端十二月天氣運於丑地氣臨于丑陰呂而應于下古之人所以爲候氣之端是以有二十四番花信風之語也五行始于木四時始于春木之發榮于春必於水土水土之交在于丑隨地闢而肇見焉昭矣析而言之一月二氣六候自小寒至穀雨凡四月八氣二十四候每候五日以一花之風信應之世所異言曰始于梅花終于楝花也詳而言之小寒之一候梅花二候山茶三候水仙大寒之一候瑞香二候蘭花三候山礬立春之一候任春二候櫻桃三候望春雨水一候菜花二候杏花三候李花驚蟄一候桃花二候棣棠三候薔薇春分一候海棠二候梨花三候木蘭河明一候桐花二候麥花三候柳花穀雨一候牡丹二候酴醾三候楝花花竟則立夏矣

鬼神類

《蠡海集·气候类》

从“二十四番花信风”所列的24种花来说，大部分属于长江流域的花，“二十四番花信风”应是以长江流域的花，甚至华南地区的花作为每个节气3种花的主要代表而制定的。由此，“二十四番花信风”不仅是二十四节气走向全国之后的产物，更是二十四节气在传播过程中结出的丰硕果实。

第二节　节气的不断完善和发展

二十四节气从秦汉确立之后，虽然已纳入了历法，但由于初创时认知水平的限制，例如，对地球公转的不均匀性、地球自转轴会发生微小变化认知不足，加上阴历和阳历不一致的矛盾等，从而会造成一些偏差。二十四节气在创立后虽然以平气法确定的二十四节气比较简便易行，但会导致日期与实际天象逐渐偏离。由此，二十四节气也经历了一个逐步完善的过程。

二十四节气是随着历法的发展而完善和提高的。在《太初历》将二十四节气列入历法并明确了其天文位置之后，东汉章帝元和二年(85年)又编订实施了《四分历》。该历法不仅根据实测定下二十四节气太阳在黄道上的位置和昏旦中星位置、昼夜漏刻、晷影尺寸、黄道与天球赤道之间的夹角等，还将其列成表格，使二十四节气看起来更加清晰明了。

南北朝宋元嘉二十年(443年)，著名天文学家何承天创订的《元嘉历》，重新实测了二十四节气晷影长度的数值，订正了冬至时刻和冬至日所在的位置，并用以推算节气，这对后世精确计算和实际运用二十四节气产生了巨大影响。此后不久，南北朝著名科学家祖冲之于宋大明六年(462年)修成的《大明历》，首次引入“岁差”调整二十四节气。所谓“岁差”即由于地球运行中受到其他天体的吸引，地球自转轴的方向发生缓慢而微小的变化，由此，从上年冬至到下年冬至，从地球上看，太阳并没有回到原来的位置，而是岁岁后移，这就引起了二十四节气位置的变动。为此，祖冲之根据每45年11个月相差1°的现象，通过对“岁差”的调整，大大提高了二十四节气的精度。

早在北齐时，天文学家张子信首次发现太阳运动的不均匀性，这是天文史上具有重大意义的事件。到了隋朝开皇二十年(600年)，著名天文学家刘焯认识到太阳在一年运动中的不均匀性，实际就是地球绕太阳运转速度的不均匀性，在制定《皇极历》时，最早提出用“定气法”确定二十四节气，同时还首次提出用“定朔”来调整时日。在此之前用“平气法”确定二十四节气，就是把一个回归年的时间平分为24等份，对应24个节气，节气之间大致相距15天。由于地球运行并不是匀速的，所以“平气法”确定的二十四节气时间并不是非常准确。于是刘焯根据远日点与近日点运动不均的现象，将一年时间分为24等份，每个节气对应一个特定的太阳黄经度数，实际就是将太阳黄道平分为24份，每份作为一个节气。这样太阳所在的位置就固定不变了，每个节气间太阳所走过的角度是相等的，而两个节气之间的天数并非是15天，而是14～16天。节气之间的天数虽然多少不一，但能表示太阳的实际位置，使春分和秋分一定处在日夜平分时，使太阳在冬至和夏至回到原来的位置。虽然刘焯提出的“定气法”确定二十四节气非常准确，但受到当时政治、社会和天文等方面因素的影响，《皇极历》虽然制定了，但并没有实施，直到清朝之前仍然使用的是“平气法”确定二十四节气。当然，刘焯提出的用“定气法”确定二十四节气，为后来正式采用“定气法”确定二十四节气起到了奠基作用。

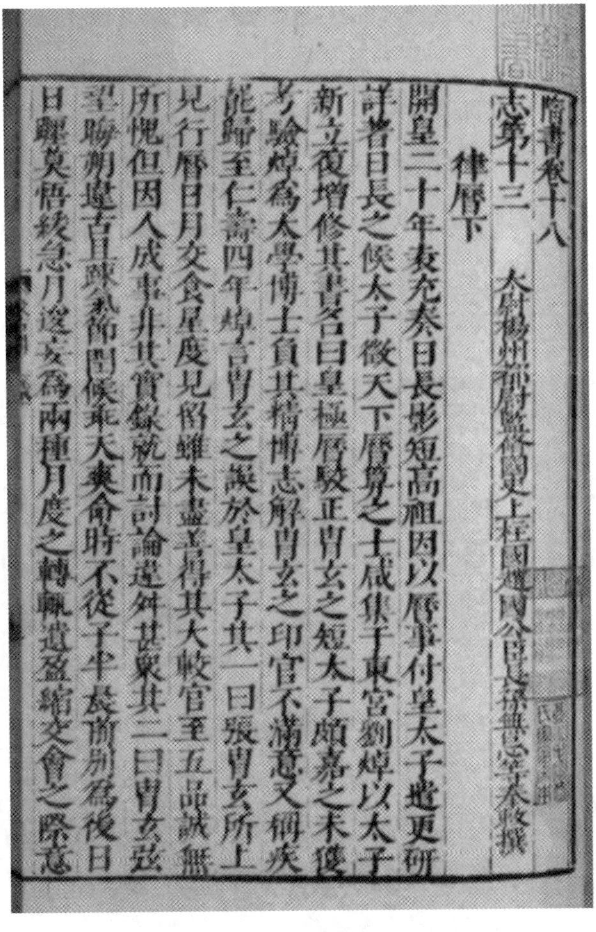
隋書卷十八
志第十三　太尉揚州都督監修國史上柱國趙國公臣長孫無忌等奉敕撰
律曆下
開皇二十年袁充奏日長影短高祖因以曆事付皇太子遣更研
詳著日長之候太子徵天下曆算之士咸集于東宮劉焯以太子
新立復增修其書名曰皇極曆駁正胄玄之短太子頗嘉之未獲
考驗焯為太學博士負其精博志解胄玄之印官不滿意又稱疾
能歸至仁壽四年焯言胄玄之誤於皇太子其一曰張胄玄所上
見行曆日月交食星度見留雖未盡善得其大較官至五品誠無
所愧但因人成事非其實錄就而討論違舛甚衆其二曰胄玄茲
望晦朔違古且疎氣節閏候乖天爽命時不從子半晨前別為後日
日躔莫悟緩急月逡妄為兩種月度之轉輒遺盈縮交會之際意

《隋书·律历志》所载刘焯《皇极历》

唐代也是二十四节气发展史上的一个重要时期。唐初的《戊寅元历》和《麟德历》采用刘焯的观点，一改过去使用的“平朔”之法，改用“定朔”作为每月的开始，这不仅更真实地反映了天象，也使二十四节气的时间能与阴历更加协调。到了唐开元十七年(729 年),著名天文学家一行(张遂)制定的《大衍历》,不仅有二十四节气和七十二候完备的记述,也有推算方法,使二十四节气更加准确。特别是一行根据太阳在黄道上运行速度不均所推出的不等间距二次内插法,推算出了每两个节气之间黄经差相等,而时间距却不同,并对此进行了有效的调节,这是天文史上的一大进步,也是二十四节气发展史上的一大进步。

元代著名天文学家郭守敬于至元十八年(1281 年)制定的《授时历》,确定一个回归年为 365.2425 日,这使一个回归年更接近于实际的时间,从而使“平气法”确定的二十四节气较前更加精准。同时,以郭守敬创建的登封观星台来测定二十四节气,通过在石圭上置水槽和利用小孔成像及影符测量日影长度,解决了过去测日影有虚影的问题及测影不在水平面上的问题,使测得的影长更加准确,从而使利用日影长度来确定二十四节气达到了空前的精准。

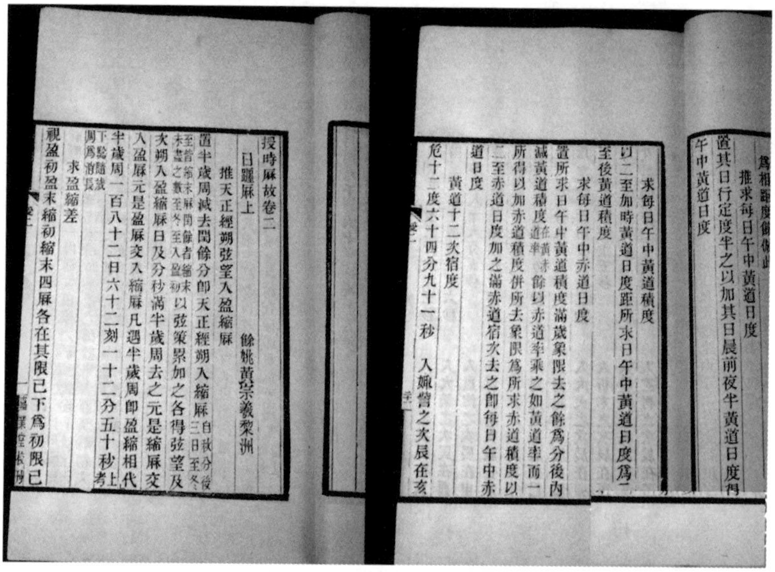

《授时历》

明末,在著名科学家徐光启的主持下,结合欧洲的太阳历制定了一部新的历法,但由于明朝灭亡而未实施。清朝建立之后,于顺治二年(1645 年)将历法更名为《时宪历》颁行全国。这不仅是一部较为先进的历法,更是二十四节气发展史上的又一里程碑。《时宪历》停用了把全年时间平分24等份确定二十四节气的方法，而是正式采用了由隋朝著名天文学家刘焯首先提出的以太阳在黄道上位置为标准，每15°为一节气的方法来定节气。这种以“定气法”确定的二十四节气更加准确，也更科学。《时宪历》颁布之后，从西汉开始使用“平气法”确定二十四节气到此结束，而以“定气法”确定二十四节气一直沿用至今。

二十四节气表

节气	立春（正月节）	雨水（正月中）	惊蛰（二月节）	春分（二月中）	清明（三月节）	谷雨（三月中）
节气日期	2月4日或5日	2月19日或20日	3月5日或6日	3月20日或21日	4月4日或5日	4月20日或21日
太阳到达黄经	315°	330°	345°	0°	15°	30°
节气	立夏（四月节）	小满（四月中）	芒种（五月节）	夏至（五月中）	小暑（六月节）	大暑（六月中）
节气日期	5月5日或6日	5月21日或22日	6月5日或6日	6月21日或22日	7月7日或8日	7月23日或24日
太阳到达黄经	45°	60°	75°	90°	105°	120°
节气	立秋（七月节）	处暑（七月中）	白露（八月节）	秋分（八月中）	寒露（九月节）	霜降（九月中）
节气日期	8月7日或8日	8月23日或24日	9月7日或8日	9月23日或24日	10月8日或9日	10月23日或24日
太阳到达黄经	135°	150°	165°	180°	195°	210°
节气	立冬（十月节）	小雪（十月中）	大雪（十一月节）	冬至（十一月中）	小寒（十二月节）	大寒（十二月中）
节气日期	11月7日或8日	11月22日或23日	12月7日或8日	12月21日或22日	1月5日或6日	1月20日或21日
太阳到达黄经	225°	240°	255°	270°	285°	300°

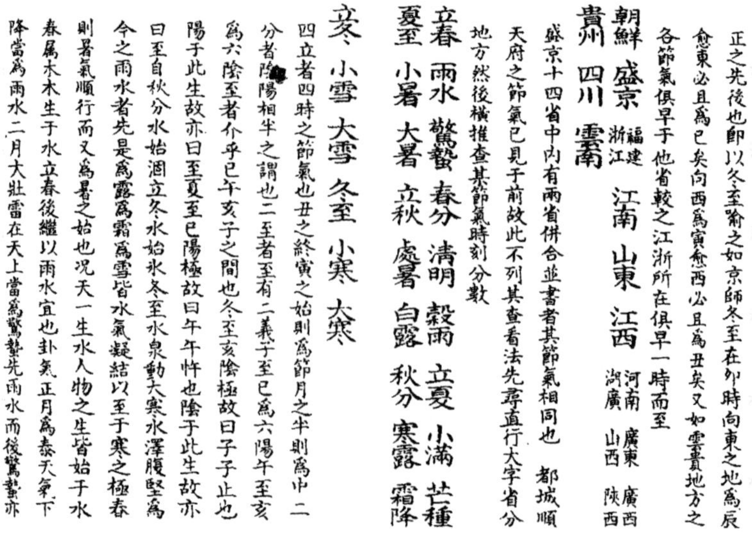

正之先後也即以冬至論之如京師冬至在卯時向東之地為辰
愈東必且為巳矣向西為寅愈西必且為丑矣又如雲貴地方之
各節氣俱早于他省較之江浙所在俱早一時而至
朝鮮 盛京 福建 浙江 江南 山東 江西 河南 湖廣 廣東 山西 廣西 陝西
貴州 四川 雲南
盛京十四省中內有兩省併合並書者其節氣相同也 都城順
天府之節氣已見于前故此不列其查看法先尋直行大字省分
地方然後横推查其節氣時刻分數
立春 雨水 驚蟄 春分 清明 穀雨 立夏 小滿 芒種
夏至 小暑 大暑 立秋 處暑 白露 秋分 寒露 霜降
立冬 小雪 大雪 冬至 小寒 大寒
四立者四時之節氣也丑之終寅之始則為節月之半則為中二
分者陰陽相半之謂也二至者至有二義子至巳為六陽午至亥
為六陰至者介乎巳午亥子之間也冬至亥陰極故曰子子止也
陽于此生故亦曰至夏至巳陽極故曰午午忤也陰于此生故亦
曰至自秋分水始涸立冬水始氷冬至水泉動大寒水澤腹堅為
今之雨水者先是為露為霜為雪皆水氣凝結以至于寒之極春
則暑氣順行而又為暑之始也況天一生水人物之生皆始于水
春屬木木生于水立春後繼以雨水宜也卦氣正月為泰天氣下
降當為雨水二月大壯雷在天上當為驚蟄先雨水而後驚蟄亦

康熙十年刊印的《时宪书》

二十四节气在全国流传过程中的不断发展表现在多个方面。人们根据每个节气的气候特征，总结出了许多对人们生产和生活具有重要指导作用的时间表。一年之中夏季的“三伏”和冬季的“三九”就是非常典型的代表。“三伏”和“三九”大致起源于南北朝时期。“三伏”就是从夏至日开始，在之后出现第三个干支纪日中的“庚日”就是入伏；第四个“庚日”到第五个“庚日”为中伏；立秋后的第一个“庚日”到第二个“庚日”为末伏。每个“庚日”相隔 10 天，但由于夏至后第三个“庚日”出现时间早晚不同，导致中伏有 10 天，也有 20 天。“三九”是从冬至开始，也有以冬至后逢干支纪日中壬日为起点，每 9 天为一个“九”，共九九八十一天。最冷的天气是“三九”和“四九”。由于人们制定了“三伏”和“三九”时间表，这样人们就知道何时最热、何时最冷，从而可以根据最炎热的“三伏”及最冷的“三九”“四九”这个时间段合理安排生产和生活，以最适宜的方式度过酷暑和严寒。

二十四节气从汉代开始广泛运用于农业生产之后，特别是从南北朝、唐宋到明清时期，在使用二十四节气和七十二候作为农耕和生活的指南时，各地根据气候及物候的不同特征，形成了众多不同的二十四节气农耕及生活的时间表和歌谣等。例如，表示冬季气候的“九九歌”，中原地区是这样的：“一九二九不出手，三九四九冰上走，五九六九沿河看柳，七九河开八九雁来，九九加一九，耕牛遍地走。”关中地区的“九九歌”谣与此大体相同。而江南的“九九歌”为：“一九二九相见弗出手，三九二十七，篱头吹筚篥；四九三十六，夜晚如鹭宿；五九四十五，太阳开户户；六九五十四，贫儿争意气；七九六十三，布衲担头担；八九七十二，猫儿寻阳地；九九八十一，犁耙一齐出。”显然，由于南北气候的不同，各地利用二十四节气都是因地制宜的。

耕种

再如，用于农业生产的种麦农谚，根据各地的气候和物候的不同，不同地区的农耕生产与二十四节气所对应的耕作日期都是依据当地气候条件制定的。例如，华北北部地区的种麦农谚是：“白露早，寒露迟，秋分种麦正当时。”中原地区的种麦农谚是：“秋分早，霜降迟，寒露种麦正当时。”而江淮地区的种麦农谚是:“寒露早,立冬迟,霜降时节正当时。”从这些农耕谚语可以看出,全国虽然都在使用二十四节气,但各地根据气候和物候的不同形成了各异的二十四节气耕作时间表和生活日程表。在二十四节气的流传中,中华人民共和国成立后为了便于人们的记忆,根据公历的时间编制了一个二十四节气歌:“春雨惊春清谷天,夏满芒夏暑相连,秋处露秋寒霜降,冬雪雪冬小大寒。”此歌问世后,人们更加便捷地掌握了二十四节气的时间和顺序。如今,二十四节气作为全国通用的农耕历法,仍在全国各地广泛使用。

二十四节气从黄河中下游走向全国之后,各地不仅形成了不同的农耕时间表,也形成了丰富多彩的二十四节气地方民俗,如河南登封观星台的冬至、夏至“测日影祭周公”、广西天等县的“壮族霜降节”、贵州石阡县的“石阡说春”、湖南花垣县的“苗族赶秋”、浙江杭州拱墅区的“半山立夏”等。

二十四节气不仅是中国的一大发现,对中国周边地区也产生了深远的影响。二十四节气在唐宋及其后还相继传入日本、韩国、越南等国家,成为这些国家农耕时代的重要指南。

第十章

二十四节气对中国农业的影响

第一节　以节气合理安排农事

在二十四节气诞生之前，中国很早就有指导农业生产的历法，如已确知的《颛顼历》《夏小正》等，但这些历法都普遍存在着一个共同的问题，就是受当时社会条件的限制，不仅对天象的观测不太准确，对气候现象的认知也不太清晰，因而对农业的指导有很大的局限性。而在秦汉时期，当二十四节气确立之后，这个以太阳运行规律为标准，以每年四季中每个节气不同的气候、物候现象而制定的时间表，不仅符合自然规律，而且也符合农耕时间，同时也是比较精准和科学的。二十四节气运用于农耕生产，是中国农耕文明史上一次巨大的飞跃，对中国农业的发展起到了巨大的促进作用。

一、历法对农业的指导作用

在中华先民步入农耕社会之后，气候在很大程度上决定着农业生产的成败，尤其是在靠天吃饭的时代，气候对于农业生产来说至关重要。远古时，生产力低下很重要的因素就是掌握气候的科学知识有限。由此，在农业生产中存在着较大的盲目性，致使农业生产率低下。为了生存，远古先民也在不断探索、了解和研究天气现象，并制定历法来指导农业生产。

从中华先民进入农耕时代之后，即有口口相传的指导农业生产性质的原

靠天吃饭

始历法。再从《尚书·尧典》所载来看，在商周时中国应该已有文字性的指导农业生产的历法，只是相对比较浅显，也比较简单。据《汉书·律历志》记载，先秦曾制定 6 部历法。而现存先秦时期最早指导农耕的历书是《夏小正》，虽然《夏小正》涉及农耕的也相对较少，但对农业的指导还是显而易见的。

至迟到战国末期，从已知的具有历法性质的农事书看，对农业的指导已大大提高。《吕氏春秋》中所记述的很多都是与农耕有关的，除《上农》《任地》《辩土》《审时》四篇为珍贵的农学理论文章外，从《十二纪》的记述中可知每季每月都安排布置有农事的活动。

据《吕氏春秋·十二纪》所载，西周到春秋战国时期，农事是从立春开始，首先是由太史推算日月星辰的位置，然后制定历法指导农业生产。春二月根据天气状况，天子率三公九卿到帝籍田亲自耕作，并监督农民整治田界，依地势选择种植何种谷物。春三月要保护好植物的芽苗，此时耕作的农夫要稍事休息，修整门扇。同时，春三月，天子还令司空在雨季来临前要视察原野，整修堤防，疏通沟渠。

《吕氏春秋·十二纪》记载夏季农事是：夏四月，官员出去视察田地原野，鼓励百姓耕作，不要失去农时。农民要驱逐野兽，不要使其伤害五谷。夏五月，是黍子收获进贡的时节。夏六月，土地湿润，天气潮热，要利用高温杀杂草用来积肥，改良土壤。

《吕氏春秋·十二纪》记载秋季农事是：秋七月，是谷物收获季节。要求百姓收敛谷物，修缮堤坝，检查水道有无堵塞，以防大水为害。秋八月，官史要督促百姓收敛谷物，尽力储藏过冬的干菜，并多积柴草。还要及时种麦，不要错过农时。秋九月，做好谷物收藏，这时草木黄了，可以砍伐木材烧木炭，以备冬用。霜降开始之后进入冬休期。

《吕氏春秋·十二纪》记载冬季农事是：冬十月，要搞好粮食冬藏，在农闲之时应征搞一些加固城墙、修葺要塞之事。冬十一月，要制作美酒。到了冬至节气时，可以砍伐林木，割取竹子。冬十二月，开始冬季捕鱼。还要从谷仓中拿出五谷，选择种子，修缮犁铧，准备春耕备播之事。

从《吕氏春秋·十二纪》所载农事活动看，虽然内容也比较丰富，但它是按一个月来安排农事的，周期较长，而且农事安排也并不详尽。更重要的是，从《吕氏春秋》所载看，其农事活动与每个时节的气候、物候现象联系得并不紧密，或者说就是缺乏遵循自然规律的原则和方法。

二十四节气确立之后，加上七十二候的出台，这个以太阳运行规律而制定的农业生产补充历法，不仅农耕时间安排得周密，而且每个节气都与气候、物候相一致。同时，二十四节气以大致15天一个节气，加上5天一候，不仅使一年四季中每个月的气候更加清晰，而且使每个节气5天之间的气候及物候现象都一目了然，这就使人们能在较短的时间内安排好农事活动，为农作物耕种和收获提供更为精准的时间表。

当汉代将二十四节气纳入《太初历》颁行全国之后，从黄河中下游地区起源的二十四节气逐步走向全国，成为全国的农业生产指南。全国各地则以二十四节气为基准，结合各地的气候和物候特征，制定出了适合当地农耕生产的时间表，这是二十四节气从发源地黄河中下游地区走向全国的重要标志，也是二十四节气发展的必然结果。二十四节气走遍神州不仅极大地丰富了二十四节气农耕文化的内涵，也使之成为全国共同拥有的农耕文化财富。

二、按照二十四节气合理安排农事

在中国古代，种植的粮食作物主要是粟、黍、稻、麦、豆，经济作物主要是麻和芝麻，蔬菜主要是大白菜、冬瓜、油菜、山药、大蒜、萝卜、青菜、韭菜、大葱等。而随着外来农作物的增加，特别是明朝后期玉米、甘薯、土豆、番茄、辣椒、洋葱、甘蓝等的引进，中国种植结构发生了巨大变化，故本书所述的根据二十四节气安排耕种的农作物不仅包括原产于中国的农作物，更多是指明代之后种植的农作物。

由于中国幅员辽阔，南北气候差异巨大，农作物耕种的时间及品种也存在着差异。中国的农耕最早起源于黄河中下游地区，其次是华南地区，东北地区古代主要以畜牧和渔猎为主，外加一些农耕生产。随着社会的发展，特别是中华人民共和国成立之后，随着东北平原的大开发，东北平原成了中国重要粮食生产基地，肥沃的黑土地有“北大仓”之称。为此，按中国地域和气候的差异大致将中国分为3个农耕区：一是南北气候分界线淮河以北至长城的广大地区，称为华北地区；二是淮河以南广大地区，称为华南地区；三是黑龙江、吉林、辽宁三省为主，称为东北地区。当然，东北、华北、华南三大农耕区由于纬度、地貌的差异，农耕时间和种植的农作物也有所不同，但大致相近。下面，就二十四节气诞生之后对这3个农耕区农作物耕作的影响情况予以阐释。

（一）从立春到谷雨的农事活动

立春是二十四节气的第一个节气，自农耕文明诞生之后，古代皆以立春作为农事活动起点。立春之后，气温逐渐升高，华夏大地逐渐步入春耕播种时期。由于气候的差异，进入农耕的时间是不相同的。华北南部的大部分地区土壤开始逐渐解冻，这时冬小麦步入返青期，可适时施肥和浇水，中耕除草，以促进小麦的生长。华南地区立春之后气温回升比华北明显，农作物进入耕种和施肥期，冬小麦和油菜等越冬农作物要进行除草、追肥，同时还要预防病虫害。立春后由于华南升温较快，萝卜、大白菜、花椰菜等蔬菜开始播种。东北地区立春后还是天寒地冻，这时的农事活动仅限于积肥及一些与农田水利建设和水土保持有关的事项。

雨水节气的意思就是开始下雨了。这个时节春风遍吹，在此之后华北逐渐冰雪融化，华南逐步进入万紫千红的春天。这个时节虽然开始下雨，但雨量很少，北方许多地区还是雨雪交加。华北地区大部分的冬小麦此时进入返青时期，要做好田间管理，及时进行灌溉，并适量施返青肥。雨水时节还是华北地区春耕备播的关键时期，要施足底肥，做好春播作物的准备。华南地区在雨水时节大部分地区气温回升较快，早稻开始育秧，可适时遇晴抢种。华南雨水时节的气候仍不稳定，蔬菜要防止“倒春寒”，油菜要及时进行春灌。东北地区这个季节气温仍较低，农事仍然主要是积肥和储水，同时做好农作物选种工作。

小麦灌溉

惊蛰时节，我国大部分地区的气温回升较快，长江流域已是雷声震天。华北地区惊蛰时节由于气温明显升高，已进入春耕时节，要及时耕地、整理土地，以备播种，同时要做好小麦田间管理及防旱保墒、追肥和灌溉工作，以保证农作物健康生长。华南地区惊蛰时节的气温已比较高，除继续播种水稻外，早玉米已进入中耕培土期，同时，随着气温的升高，还要及时防治病虫害。东北地区的气温在这个时节有所回升，但仍然较低，农事活动主要是对土地进行耕翻、耙压等，以备播种，同时还要准备春耕肥料，做好春播选种工作。

春分时节，随着气温的升高，春意盎然。华北地区此时气温回升较大，其农事活动主要是春耕春种，冬小麦这时开始拔节，要加强田间管理；玉米、棉花等都进入播种最佳时期。春分时，华北降雨较少，还要做好小麦蓄水保墒工作。华南地区春分时气温已比较高，水稻、玉米、蔬菜都进入大规模的播种时期，同时还要做好已播种农作物的田间管理，做好除草、施肥及浇水等工作。东北地区这个时节的气温有所回升，农事活动主要是耕地、耙地、平地等，之后随着气温的升高开始播种早春玉米和大豆等。

小麦拔节

清明时节，随着气温的明显上升，华夏大地绿草青青，春和景明。华北地区这个时节气温也大幅上升，其农事活动主要是“种瓜点豆”，同时，清明时节的冬小麦已进入生长旺盛期，要加强田间管理。华南地区清明时气温已相当高，这时的农事主要是早稻插秧、早黄豆追肥等。在清明前后，江南的中稻也进入播种期，要适时播种。东北地区在这个时节气温已有较大回升，已进入春耕播种时节，高粱、大豆、玉米、花生等逐渐开始播种。

谷雨就是雨水促使百谷生长之意，由于此时雨水的滋润，使五谷得以迅速生长。明代之前这个时节是传统的粮食作物粟、黍、稻、大豆和高粱的播种时期。随着农作物种植品种的增加，谷雨催生种植的农作物已不仅仅是粟、黍、稻、大豆和高粱，而是包括玉米、棉花、甘薯等。华北地区谷雨时节气温已大幅上升，其农事活动主要还是播种谷子、花生、甘薯、春玉米等。谷雨时节还是冬小麦的拔节抽穗期，要抓紧施肥孕穗。华南地区谷雨时气温已相当高，且雨量增加，这时江南的中稻进入大批量播种期，耕种、施肥、插秧育苗是这时期农事的中心工作。谷雨时节东北地区农事主要是继续播种大豆、高粱、玉米、棉花等农作物。

（二）从立夏到大暑的农事活动

立夏是夏季的开始，随着气温逐渐升到每年的最高点，农作物也逐渐进入快速生长时期。华北地区的夏收作物小麦此时进入关键的扬花灌浆期，油菜则接近成熟，此时农作物的田间管理十分重要，要加强肥水调控，促使农作物快速生长。华南地区立夏时气温已非常高，农事活动主要是早稻插秧、中稻播种、茶树管理、防治农作物病虫害等。东北地区此时的气温也大幅上升，开始种植水稻。

水稻灌溉

小满的本意是有芒的农作物开始饱满，但未成熟。这个实际上指的是华北地区的小麦已进入灌浆期，开始饱满，但未成熟，这个时节要适时追施肥料，促使小麦快速生长。华南地区小满时节主要是抓好水稻的种植与管理，及时灌溉、施肥，并要防治病虫害。东北地区小满时要做好水稻的田间管理，而此时已进入快速生长期的冬小麦、大麦，要加强防治病虫害及大风、雷雨等异常天气对农作物的危害。

芒种就是有芒的小麦开始收割，有芒的谷子、稻子开始播种。华北地区正值小麦收获时节，抢收小麦、防止小麦倒伏和麦穗发芽是极其重要的。此时，也是华北夏谷的播种时节，要适时播种。芒种时华南的农事主要是早稻和中稻追肥、晚稻插秧。同时，长江中下游开始进入梅雨时节，应注意疏通沟渠，确保排水畅通。东北地区的农事主要是冬小麦灌溉和追肥，同时加强大豆、高粱、玉米的田间管理，促使其茁壮成长。

夏至是进入最炎热时节的开始，农作物在此之后进入一年之中最快的生长时期。华北大部分地区的小麦、大麦收割已经结束，开始夏播玉米。华南地区这个节气时的早稻、棉花等已进入快速生长期，要加强田间管理，尤其要对早稻进行看苗施肥。此时长江中下游地区进入梅雨高峰期，要注意农作物排涝。东北地区夏至时农事活动主要是大豆、玉米等的中耕除草、防旱、防涝、防治农作物病虫害等。

小麦收割

小暑节气已进入一年中最炎热的时节，也是一年降水量最多的时节之一，这个时期农作物的生长也达到了高峰。华北地区的玉米等夏播作物进入快速生长期，要加强田间管理，做好病虫害防治，同时，还要做好蔬菜中芥菜、茄子等的种植。华南地区主要是做好早稻、中稻和单季晚稻、棉花、蔬菜等的田间管理。此时，长江中下游梅雨仍存在，还要注意防涝和防治病虫害。东北地区小暑时春小麦已经成熟，进入收割期；玉米、水稻进入生长旺盛期，要适时追肥，防治病虫害。

大暑是一年中最炎热的时节，气温达到最高点，农作物生长也最快，尤其是喜温农作物生长达到顶峰。华北地区要做好夏播作物的防旱和排涝，同时要做好防治病虫害。华南地区大暑时节主要是做好早稻抢收、晚稻抢种及抗旱排涝等。东北地区大暑时要做好水稻、玉米、大豆等农作物的田间管理，及时除草、施肥。此时东北地区的早稻也进入收获期，要适时收割。

（三）从立秋到霜降的农事活动

立秋表示秋季开始，但气温仍很高，之后随着气温的逐渐下降，从而进入春华秋实阶段。华北地区立秋之时主要是做好玉米、棉花等农作物的田间管理，适时追肥、除草，以促进农作物快速生长。华南地区立秋农事主要是晚稻插秧，同时这个时期是蔬菜病虫害的高发期，要加强管理，及时防治病虫害。东北地区立秋时节是秋收大忙时节，玉米、大豆开始收割，小麦、蔬菜等秋播作物准备播种。

晚稻插秧

处暑是气候的一个转折点，之后气温才真正开始逐步下降。华北地区这个时节玉米即将进入收获季节，要加强管理，同时做好大白菜、莴笋等蔬菜的种植和管理。华南地区处暑时节农事活动主要是收割中稻，而处于拔节、孕穗期的晚稻要大量施肥，同时，处暑后降雨减少，要做好水稻蓄水保墒。东北地区处暑时要做好玉米及单季稻的田间管理，遇旱及时灌溉。

白露时节天气已经转凉，根据这个气候特点，华北地区白露时节是全面收获玉米、大豆之时，是一个农忙时节。华南地区白露时节农事活动主要是做好晚稻抽穗扬花时的田间管理，预防低温冷害和病虫害。白露之时，华南的谷物、水稻也进入了成熟时期，要及时收割。东北地区白露时开始收获谷子、高粱和大豆。

收玉米

秋分之后，从气候的角度来说，北方冷空气日趋活跃，一场西北风便可吹尽夏暑，迎来秋凉。华北地区秋分是收获棉花、烟叶的时节，同时紧随而来的是准备播种冬小麦。华南地区秋分时节主要是做好晚稻抽穗扬花的田间管理，防止低温和病虫害对农作物的影响。秋分时节，东北地区是收获的季节，大豆、高粱、谷子等农作物开始成熟，进入收割期。

寒露时节气温明显下降，草木开始渐渐枯黄，所以古代把寒露作为天地变寒的象征。华北地区这个时节已进入了冬小麦最繁忙的种植时期，同时大白菜、小白菜、山药等也进入收获时节。华南地区寒露时节也有较大降温，对进入成熟期的单季稻要加强田间管理，保持田间湿润。东北地区寒露时节气

收获红薯

温下降明显，其农事活动主要是收获玉米、大豆、花生等农作物。

霜降之时，开始有霜生成，霜降之后地表温度大幅下降，会出现霜冻现象，对农作物生长极为不利。华北地区霜降时节也是一个收获的季节，玉米、红薯等进入收获之时，同时还要对收获的农田进行耕翻，以促进土壤熟化，为下季农作物种植做准备。华南地区霜降之时水稻进入成熟期，要及时进行收割。东北地区霜降时气温已在 0 ℃以下，其农事主要是收获晚稻、棉花。

（四）从立冬到大寒的农事活动

立冬之后，气温下降较快，逐渐进入严冬。华北地区主要是做好小麦的田间管理，及时冬灌保墒，低温时覆盖秸秆保温。华南地区立冬的农事主要是收割晚稻，播种冬小麦，适时种植萝卜、蒜、西兰花等蔬菜。立冬时东北地区气温比较低，农耕基本停止，主要农事活动是深翻土地，为来年耕种做准备。

小雪表示北方开始降雪，但雪量较少。在小雪之后，北方逐渐进入冰封雪冻的时期。华北地区也进入农闲时节，农事活动主要是深翻土地、小麦冬灌等。华南地区主要农事是做好小麦、油菜等的田间管理,适时施肥。华南最南部的区域则开始收获晚稻。小雪后东北地区气温已非常低,农事主要是做好农作物的收藏。

大雪时节降雪量明显增多,黄河中下游地区的积雪已比较厚,东北地区已天寒地冻,长江中下游地区会出现降雪现象,岭南地区基本不会降雪。华北地区大雪时的农事活动主要是做好冬小麦、油菜等越冬农作物的田间管理,适时覆盖保温,并做好冬灌及施肥。华南地区大雪时南部地区水稻处于生长期,要注意防治病虫害。东北地区大雪时农事仍是冬藏。

冬至是进入最寒冷时节的开始。冬至之后,北方是千里冰封、万里雪飘的季节。华北地区传统农事主要是积农家肥、草木灰等,而当今已基本被化肥取代。华北地区在冬至时大多要进行一些农田水利基本建设工作。华南地区冬至时要加强对越冬作物的田间管理,同时开展耕翻土地、疏松土壤、积肥造肥,并做好农作物防冻工作。东北地区冬至时天寒地冻,基本无农事。

小寒之时,华夏大地,天寒地冻。华北地区农事主要是冬储、修剪果树、清整土地、整修农具等,为春耕做准备。华南地区南部在小寒时早稻开始播种,其他地区小寒时要做好小麦、油菜等越冬作物的田间管理,适时灌溉、施肥,以促使其生长。东北地区小寒时农事基本停止。

冬季储存蔬菜

大寒是一年中最寒冷的时节，冰天雪地是北方天气的基本特征。华北地区农事主要是加强对越冬小麦农作物的田间管理，确保安全越冬，措施是浇灌封冻水，提高墒情，防止冬旱，还要及时清除杂草。同时还要做好选种工作，为春耕播种做准备。华南地区大寒时降水也较少，对缺水的水稻要适时浇灌，以促其生长，同时，要做好积肥、堆肥，为春耕做好准备。大寒时东北地区农事活动基本停止。

以上所述的农事，基本上是以传统农事为核心而阐述的。随着社会的发展、科技的进步、农业机械化的普及、化肥的广泛使用、选种的专业化以及现代灌溉技术的发展，传统靠天吃饭时代的积农家肥、选种育种、深翻土地、播种收割等大多已被现代的机械化、规模化、专业化的技术和手段所取代，这是社会发展的必然结果。而中华传统农耕技术，是中华民族农耕时代的宝贵遗产，是中华民族发展史上不可或缺的环节，也是中华民族优秀传统文化和中华农耕文明的杰作。

第二节　节气农谚是指导农业生产的结晶

二十四节气自汉代列入历法之后，不仅极大地促进了中国农业的发展，而且对中国农业文明产生了深远的影响，结出了丰硕的成果，其中农谚就是典型的代表。农谚是关于农业生产的谚语，是人们长期从事生产实践而总结出来的经验。二十四节气农谚是节气诞生之后，在全国的推行过程中，各地结合气候、物候、农作物品种及生产过程，依照节气时间表而产生的指导农业生产的经验，是二十四节气发展的结果。二十四节气农谚诞生之后，不仅有效地指导农业生产，也成为中华农耕文明的重要组成部分。

一、二十四节气农谚的源流及特征

中国的农谚历史由来已久，《诗经》《夏小正》《吕氏春秋》等所载的农事经验是节气农谚的萌芽时期。《诗经·七月》中八月的“蚕月条桑”、《夏小正》中正月的“囿有见韭”、《吕氏春秋·十二纪》孟夏的“靡草死,麦秋至”等都是早期节气农谚的雏形。

二十四节气诞生之后,由于节气与农事有机结合起来,使农谚有了很大的发展,并形成了一个庞大的二十四节气农谚体系,有着独特的风格和特点。北齐贾思勰撰的《齐民要术》就记载了比较多的农谚,如耕作的“湿耕泽锄,不如归去”“以时及泽,为上策也”等;气候与农事的“天雨新晴,北风寒彻,是夜必霜”“有闰之岁,节气近后,宜晚田”等。

农谚一般都比较通俗,大多押韵,便于人们记忆,对于传播农业生产经验、农业气象等方面的知识具有极佳的效果。农谚大部分作者是广大劳动者,其思想、感情以至于表达形式必然是广大群众喜闻乐见且富有生活和泥土气息的。气候是农业生产非常关键的因素,所以农谚中很大一部分是用来表述天文、气象、节气和物候现象的,还有一部分是直接反映农业生产的。农谚有明显的地域性,因为不同地区存在的气候差异,使耕种和收获时间存在不同之处,中国各地的农民都是按照当地气候特点而总结出自己的农谚的。

中国现存的二十四节气农谚体系,内容广博,种类繁多。中国农业博物馆编纂的《二十四节气农谚大全》就有两万多条。但就当今所形成的农谚来说,明代之前中国的粮食作物主要是粟(谷子)、黍、稻、麦、豆、高粱 6 种,还有油料作物芝麻,经济作物麻、棉花等。随着对外交流的扩大,一些原属于世界其他地方的粮食作物、经济作物、蔬菜作物等也相继传入中国。

就棉花而言,原产地是印度及阿拉伯地区,后传入中国,宋元时开始在中国广泛种植和使用,元代王桢的《农书》就载有多种棉花加工工具,这表明元代时棉花已成为中国重要的经济作物。甘薯,又称红薯、地瓜等,原产于南美洲,明朝万历年间传入中国。据《清稗类钞·植物类》记载,清乾隆时开始大规模种植甘薯,并成为中国主要粮食作物。玉米原产于中美洲和南美洲,据《巩县志》记载,大致在明嘉靖时传入中国,清朝开始大规模种植,成为中国主要粮食作物。马铃薯也是明万历时传入中国的,清乾隆时在中国大规模种植,并成为重要粮食作物。由此，从中国众多的农谚中可以看出，凡是表述谷子、水稻、麦子、大豆、高粱、芝麻、麻以及大白菜、冬瓜、油菜、韭菜、大葱等农作物的农谚，时间相对早一些。而表述棉花、玉米、红薯、土豆、番茄、辣椒、洋葱等的农谚相对都比较晚，基本上都是明清时产生的，有的甚至是1949年以后产生的。

由于二十四节气农谚形成的历史比较长，加上当时社会生产力水平所限，人们认识自然也是有限的，因此，历史上流传下来的浩繁的农谚中，有极少部分也存在着不确定性、偶然性，个别甚至不太科学。如春季的“立春阴，一春阴；立春晴，一春晴”，这句农谚就带有很大的偶然性。又如夏季芒种时节的“五月十三，不雨直干”，既不太准确，也不太科学。又如“小寒无雨，小暑必旱”，同样存在很大的偶然性。

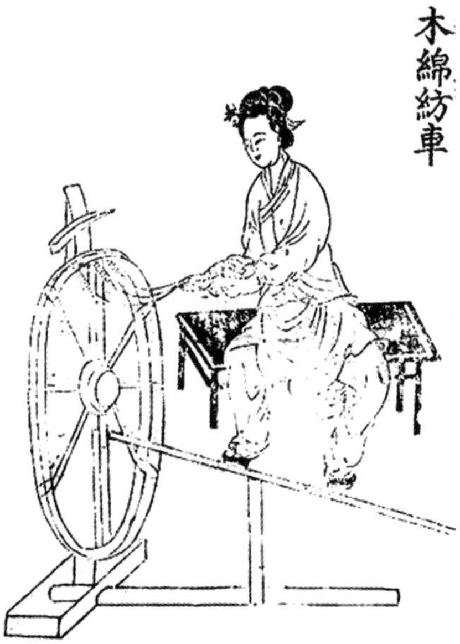

《农书》纺织机

纵观二十四节气农谚，基本上都是经过实践检验的农耕、气象等经验的总结，符合农耕的基本规律，对中国农业生产的传承和发展起到了巨大的推动作用，是不可替代的宝贵农耕经验，也是不可多得的优秀文化遗产。

二、节气农谚及其功能

农业生产离不开天文、气象、土壤、肥料、水分、节气等，这些在农谚中占有很大比重，尤其是天文、气象、历法、节气农谚占的比重最大；播种和收获作为农业生产的两个重要方面，其农谚也占一定的比例。同时，由于节气农谚是二十四节气传入全国之后而大规模形成的，所以不同区域、不同气候区又产生了带有各自特色的农谚，这就形成了农谚范围广、数量多、种类全的特点。现选择一些有代表性的节气农谚进行解析，以透视其独具特色的风格和功能。

(一)立春至谷雨的农谚

立春时的农谚,华北、华南农业区数量较多,如“立春一年端,种地早盘算”。这是一个广义的节气农业生产谚语,这个节气农谚告诉人们,立春作为农耕的开始,此时虽然许多地方还是冰封雪冻,但随着气温的升高,马上将要开始耕种。同时,春种还与其后农事有很大关联,所以必须未雨绸缪,早做打算,不仅考虑立春节气的耕种,还要为整年的农业生产谋划一个周密的计划。华北地区流传有“立春下雨是反春,立春无雨是丰年”的谚语。这句谚语是说,华北立春时天气寒冷,应下雪而不应该下雨,若下雨就是气候反常。这样的天气会造成气候的紊乱,到耕种时本应升温反而降温,这就会极大地影响正常的农业生产。事实上,这句农谚说的就是极端天气现象对农业产生的不良影响。

立春　迎春花

雨水时节全国的农谚甚多,华北地区有“春雨贵如油”之说,这是一个广为流传的农谚。这里所说的春雨不仅指雨水节气,而且包括整个春季。春季,由于华北仍被冷空气控制,南部的热气流很难进入华北地区,雨水时节包括整个春季,华北地区降水很少,常出现春旱的现象,所以春季的雨水极为珍贵,故有此说。西南地区有“雨水有雨庄稼好,大春小春一片宝”的农谚。这句农谚是说只要有雨,不同时节播种的农作物都会有好收获。大春、小春指的是不同时节播种的农作物。这句话反映的实质是春雨对于农作物来说都是个宝，只要有雨水，农作物就能苗壮成长。这句谚语反映了春季降雨在农耕生产中的重要性。

惊蛰时节各地农谚也颇多。西北、华北地区有“过了惊蛰节，耕田不能歇”的农谚。惊蛰之后，随着气温的升高，已进入春耕播种时期，而错过了春播最佳时节就会减产。由此，这句农谚就是提醒农耕者，过了惊蛰之后，耕田不能停止，以免耽误了春播最佳时节。华北地区惊蛰还有“麦子锄三遍，皮薄多出面”的农谚。早春锄麦可以疏松土壤，增加土地孔隙，通气好，易于吸收太阳的热量，提高地温，从而促进农作物生长。同时，锄地还可切断土壤水分蒸发的通道，减少土壤水分的蒸发，起到保墒的作用。此外，锄麦还可以除去将萌发的杂草，使小麦根系正常生长。这些是现代科学揭示出的锄麦益处，而古代农民就是通过实践总结出通俗的谚语来表达锄麦的重要意义，这是农耕经验的结晶。

惊蛰　桃花

春分时节的华北地区有“春分麦起身，肥水要紧跟”的农谚。春分时，随着气温的升高，麦子返青，小麦开始拔节。这个农谚告诉农耕者，这个时候，要促使小麦快速生长，必须有充足的肥水。春分时对小麦施肥、浇水是保证小麦丰收的关键环节。华北地区还有“春分前后怕春霜，一见春霜麦苗伤”的农谚。春分时，由于天气不稳定，随时会出现极端天气。若在初春小麦返青拔节时出现春霜，就会造成小麦出现霜冻现象，会伤害麦苗。这句谚语就是提醒农耕者，要预防早春霜冻。

春分　油菜花

清明时节华北地区有“清明前后，种瓜点豆”的农谚。清明时节，华北地区气温升高，草木萌动，从气候上来说正是大豆种植的好时节，也是甜瓜、冬瓜的种植时节。这个农谚起源比较早，指种植原产于中国的甜瓜、冬瓜，后来相继传入中国的葫芦科的黄瓜、苦瓜、丝瓜等也是这个时候种植的，所以这个农谚说的瓜就由最早指甜瓜、冬瓜，后来延伸到整个葫芦科瓜类。“春分早，谷雨迟，清明播种正当时”，这是西南地区的一个农谚。在清明时节，西南地区气温升高，而水稻、玉米、棉花等在西南地区正是栽种的最佳时节。这个农谚不仅是提醒当地农耕者不要错过栽种的好时节，也是二十四节气传入各地后形成的具有地方特色农谚的一个代表。

清明　杨柳

中国广大地区谷雨时节有“清明麻，谷雨花”的农谚。这个农谚是说清明时种大麻，谷雨时种棉花。这是因为，谷雨时随着气温的升高，是种植棉花的好时节。这个谚语告诉农耕者，不要错过谷雨种植棉花的好时节。对于不同的农作物而言，其种植环境也是不同的，中国广大地区流传有“谷喜岭，稻喜洼，地瓜最喜高地沙”的农谚。这句农谚是说谷子是耐旱作物，应种植在排水条件比较好的高地上；稻子是喜水作物，应种植在雨水充足的低洼地区；地瓜就是甘薯、红薯，因为红薯是靠根茎生长的农作物，要有疏松的厚土，同时红薯耐旱，故种红薯要种在人工隆起的田埂上，田埂不仅防涝，还更易根茎的膨胀，利于红薯的生长。这个农谚是对农作物生长特性的总结，是告诉人们不同的农作物有不同的生长土壤和生长环境。

谷雨　谷子

(二)立夏至大暑的农谚

立夏是季节的转换时期，华南有“季节到立夏，就把小苗挖”的农谚。实际上这是一个反映育苗插秧的农谚。立夏是种植水稻的时节，这个节气农民会从苗床中挖出小苗移植到大田里。这是一个表示栽种时间的农谚，告诉农耕者该栽稻了。华北地区有“立夏麦咧嘴，不能缺了水”的农谚。所谓咧嘴就是小麦扬花时的形态。这时气温较高，若缺水会造成小麦减产，所以立夏小麦扬花时，尤其遇旱时必须及时灌溉。这个谚语是农民通过麦扬花这个形象时刻，告诉人们这个时节遇旱要及时补水。

小满是有芒农作物成熟的一个关键时节。华北地区有“小满未满，还有危险”的农谚。这个农谚是说麦子小满时进入灌浆期，开始饱满，但未成熟，这个时期因天气变化遇到干热风时，会出现旱情，致使小麦减产，是有危险的。所以小满时遇旱必须浇水，这是保证小麦丰收非常关键的环节。华南地区有“立夏小满正栽秧”的农谚。这个农谚是告诉农民立夏从苗床上移出的小苗，小满时一定要栽种到大田里，这是栽种水稻的好时节，是一个反映农时的农谚。

立夏　白杜

小满　麦田

芒种时节，华北地区是一个收获和耕种的农忙时节，有"夏种早一寸，顶上一茬粪"的农谚。芒种时节，气温高，降水量大，是农作物快速生长时期。对于夏播作物，早种一日，农作物的收成就比晚种的有明显的增长。这是告诉农耕者，芒种收获之后，要抓紧时间抢种，这会起到争先优胜的目的。华北等地区有"芒种刮北风，旱断青苗根"的农谚。芒种时节是一个收获的时节，不仅麦子开始收割，谷子、稻子等也开始播种。而在这个时节如果刮东风，当遇到寒冷北风时，一般会下雨，这对播种有利。而芒种时若刮北风，大多会造成降温，而很少会降雨，故便有了芒种时节刮北风，"旱断青苗根"之谚语。

芒种　收麦

中国广大的种棉地区有"夏至棉田草，胜似毒蛇咬"的农谚。这句农谚是对棉花如何提高产量的一个经验总结。此句农谚的意思是说，夏至正是棉花的生长旺盛期，同时也是杂草生长的旺盛期，如果杂草太多就会夺取棉花土壤中的养分，造成棉花减产。这里的"毒蛇咬"并非真正的毒蛇，而是一种比喻，即把杂草比喻成毒蛇咬一样。这是提醒农耕者，一定要在夏至时及时除去棉田里的杂草。

小暑节气是一年中最热的时节之一，也是农作物快速生长的时节。华北地区有"小暑不栽薯，栽薯白受苦"的农谚。小暑时节，气温极高，土壤的水分蒸发非常严重。在过去，由于水利不发达，农民种红薯就是靠挑一担水，然后用水瓢在红薯苗处浇上一瓢水。小暑时节气温极高，水分很快会被炽热的太阳蒸发掉，若这时种下红薯秧苗就会因缺水而死亡。由此人们认为小暑时节不能栽种红薯，否则会“栽薯白受苦”。华北地区小暑有“入了伏，手不离锄”的农谚。这个谚语告诉农民气温高的时候，不仅农作物生长快，杂草同样生长得快，若不及时除草，必然会危及农作物。当然，锄地不仅可以除草还有利于保墒，会促进农作物的生长。这个农谚是经验之谈。

大暑是许多蔬菜的栽种时期。华北地区有“头伏萝卜，二伏芥”的农谚。这是一个告诉农民蔬菜栽种时间的农谚，即头伏小暑时应种萝卜，二伏大暑时应种芥菜。当然，随着现代科学技术的发展，当今大棚蔬菜的出现，传统的蔬菜栽种时间已无节气之分。但这个农谚是萝卜和芥菜自然生长及种植的时期，符合自然规律。中国种植玉米的广大地区有“玉米苗子小，就怕水来泡”。大暑之时，常有暴雨出现，一些玉米地会积水，这不仅会影响玉米幼苗根的呼吸和生长，甚至会导致根部病害。所以这句农谚就是告诫农耕者，大暑玉米田遇积水时要及时排涝。

（三）立秋至霜降的农谚

中国南北有两种代表性的农作物，北方麦子，南方水稻。这两种农作物有各自的收获季节，故产生了“麦到芒种，稻到立秋”的农谚。这句农谚是说小麦到芒种时收获，而华南长江中下游地区的早稻是在立秋时收获。华北种高粱的地区有“高粱扛了枪，一锄一成粮”的农谚。立秋高粱长到抽穗时，高粱穗子像枪一样。这时田间管理非常重要，锄去杂草就能丰收，故有此农谚。

处暑是实际上秋天来临的时节。华北地区有“过了处暑不种秋，就是种了也不收”的农谚。处暑之后，气温下降，对于喜温的夏秋作物而言，由于气温降低、湿度减小，此时种下的农作物，到秋末冬初必须收割时，农作物却生长不到成熟时刻，所以处暑后不能栽种秋熟作物了。华南广大种稻地区有

立秋　月季

"处暑三日稻有孕，寒露到来稻入囤"的农谚。这是反映水稻生长规律的农谚，处暑时稻子开始孕育乳浆，是形成米粒的主要物质，而到了寒露则是收获的时节。这是一个用通俗而形象的方法说明稻子生长规律的农谚。

白露时气温下降许多，但是农忙之时，广大种棉区有"白露节，棉花地里不能歇"的农谚。白露时节棉花已长出棉桃，而棉桃要及时采摘，采棉桃不能停歇，以免错过采摘期。华南种晚稻地区有"白露不低头，割走喂老牛"的农谚。白露时，如果晚稻还没有出穗而低垂，之后由于气温低就很少出穗，或不出穗，所以此时种的稻子只有割去喂牛了。这个谚语告诉人们，一定要适时种稻，错过时节后悔莫及。

白露　棉田

秋分是农作物收获时节，华北种花生的地区有“秋分收花生，晚了落果叶落空”的农谚。花生是油料作物，秋分时节正是花生成熟收获时节，如果过了秋分可能导致花生果实脱落，若遇天冷或阴雨，花生根须会腐烂，这不仅对采收造成极大困难，同时还会造成减产。这个农谚是提醒农民，一定要在秋分时收获花生，不能错过时节。华南地区秋分有“秋分稻见黄，大风要提防”的农谚。这个农谚是说秋分时，当稻谷变黄将成熟时，大风会造成稻谷倒伏而减产，故要特别注意预防大风对稻谷造成的伤害。

秋分　收花生

寒露时节是华北地区小麦的播种期，有“秋分早，霜降迟，寒露种麦正当时”的农谚。秋分之时，地表温度较高，而种下的种子会快速生长，农业上叫“疯长”。但此时种的麦子根系不发达，到了最寒冷的大寒、小寒时麦苗会被冻死，麦子不能越冬，所以立秋时种麦早了。而霜降时，由于霜后土壤温度迅速下降，而麦子发芽是需要一定温度的，霜后的低温使麦子失去了发芽需要的温度，所以会造成出苗率低或不出苗现象。而寒露这个节气，气温适中，种下的麦子根系发达，长得也不太高，可以越冬。这个农谚是非常符合科学道理的。寒露时，正值中国农历的九月九日，这个时节正是石榴成熟之时，故有“九月九，摘石榴”的农谚。这是二十四节气关于林果业的一个农谚。事实上，节气农谚是很广泛的，广义的节气农谚还包括农、林、牧、副、渔业。

寒露　石榴

霜降基本上是冬季来临前最后一个收获节气，华北地区有“寒露早，立冬迟，霜降收薯正适时”的农谚。霜降时甘薯已成熟，并且停止生长，是收获的好时节。过了霜降，土壤温度降低，甘薯会受到冻害，不利于甘薯储存，也会造成甘薯品质下降，甚至腐烂。这个农谚告诉人们霜降时或稍早些，应尽快收获甘薯。霜降对蔬菜影响也很大，北方霜降区有“霜降拔葱，不拔就空”的农谚。霜降之后，气温下降很快，如不及时收获大葱，这时葱白可能由于气温低不再生长而变成空心，所以霜降前一定要收葱。关于收葱的科学道理，也许当时农民并不知道，但他们所得出的谚语正是从实践中得出的结论，是符合科学道理的。

（四）立冬至大寒的农谚

立冬之后，气温大幅下降，华北地区的农耕基本都停止了，故留下“立了冬，耧再摇，种一葫芦打两瓢”的农谚。这句非常形象的农谚是说，立冬之后，如果种下一葫芦的种子，将来收获的是两瓢粮食，即一葫芦粮食，得不偿失。这个农谚告诉人们，一定要遵守农作物生长的条件，即气候特征，不可违背农作物的自然生长规律。立冬时气温下降，蔬菜也必须收获，故华北有“立冬不砍菜，就要受冻害”的农谚。立冬之后，随着气温的下降，像大白菜这类蔬菜遇冷极易遭冻害，所以立冬时必须收获易受冻害的蔬菜。

立冬　楝子

小雪时气温下降更多，并开始降雪。这个时节北方农事因地冻都停止了，故有“小雪不耕地，大雪不行船”的农谚。意思是小雪时不能再种农作物了，也不能再行船了。小雪时节农耕停止了，但对于果树而言，这是一个修剪的好时节，故北方有“到了小雪节，果树快剪截”的农谚。小雪时节果树剪枝是有科学道理的。因为果树在此时生长活动减缓，进入休眠期，树液流动极少，修剪时不易造成树木水分和养分的流失，使果树开春后能迅速生长。这是果农从长期积累的实践经验中得出的结论。

冬季时的大雪对于越冬农作物来说非常重要，故有“大雪不见雪，来年不收麦”的农谚。这句农谚说的是如果大雪时节不下雪，也包含整个冬季，来年麦子不会有好收成。这句农谚说的情况非常有道理，因为如果冬季麦子不能

小雪　红枫

得到降雪而来的水分，麦子生长会受到严重影响，甚至无法生长。这在靠天吃饭的古代，降雪对促进小麦生长是至关重要的。华北地区还有“冬天麦子三层被，来年枕着馒头睡”。所谓“三层被”，即三场覆盖小麦的降雪，就是说冬季下三场大雪便为小麦丰收奠定了基础。

大雪　麦田

到了冬至，即进入冬季非常寒冷的时节，北方虽然农耕停止，但与春耕有

冬至　积肥

关的活动不能停，故华北有“入了九，背粪篓”的农谚。这句农谚是说入九之后，要收集牲畜粪便做肥料。当然，现在使用的基本上都是化肥，而在化肥没有产生之前，农家肥就是壮地的主要肥料。冬至是进入一年之中最寒冷季节的一个分界线，华北地区有“不到冬至不寒，不到夏至不热”的农谚。这是一个气候谚语，在农谚中，这种气候谚语数量最多。这个谚语告诉人们，到冬至就进入最寒冷的时节，到夏至就进入最炎热的时节，让人们知道天气何时最热、何时最冷。

小寒是一年之中极为寒冷的时节。这个时期储藏和保管好农产品和牲畜成为重要农事。故华北地区有“薯菜窖、牲口棚，堵封严密来防冻”的农谚。这个农谚是说小寒时，甘薯、蔬菜及牲口棚都要密封好，以免使甘薯、蔬菜等窖藏的农产品及牲畜受冻害。华北地区小寒时节还有“小寒大寒，冻成一团”的谚语。这也是气候谚语，说明小寒和大寒时，人都会冻成一团，表示极寒冷的天气。由此，这个农谚告诉人们，这个时节保暖非常重要。

大寒是一年中最寒冷的时节，即寒冷到达了顶点。华北地区有“大寒到顶点，日后天渐暖”的农谚。这也是一个气候谚语。这句农谚告诉人们，大寒时寒冷已到达顶点，过了大寒天气会渐渐变暖。这里还有一层意思，就是提醒人们也应考虑天气变暖之后如何干农事。大寒低温有对农作物不利的一面，同时还有有利的一面。华北地区有“该冷不冷，不成年景”的谚语。这句话是说该冷时不冷，对农作物的生长和收获也会产生不良的影响。因为寒冷低温能冻死危害农作物的害虫，所以该冷时不冷对农作物也是不利的。当然，这句话还有一个深层的含义，就是气候变化是自然规律，要遵循规律，该冷时就冷，该热时就热。

大寒　冰封

二十四节气农谚作为中国农耕史上诞生的指导农业生产的谚语，在中国农业生产中一直发挥着不可替代的重要作用，并成为中华民族宝贵的农耕文化遗产。

第十一章

二十四节气对中国人生活的影响

第一节　节气对日常生活的影响

二十四节气的诞生不仅是中国农耕文明史上具有里程碑意义的一件大事，同时随着二十四节气在全国的推广和普及，也深深影响着人们的日常生活，成为人们日常生活的重要指南。

二十四节气是根据气候特征而制定的从春季到冬季的一个时间表，因而自从二十四节气诞生之后，对人们日常生活中的衣食住行、工作和学习、文化和娱乐、社交及应酬等都产生了影响。而衣食作为人类生存的基础，一直排在日常生活的首位，故特就节气对人们衣食的影响作一阐述。

一、节气对人们服饰的影响

二十四节气不仅是为人们提供衣饰来源农业的重要指南，同时节气明确的时间和气候划分也为人们何时着何装提供了依据。自二十四节气诞生之后，人们的穿戴基本都是参照二十四节气的气候行事的，可以说二十四节气与人们的衣着息息相关。

由于中国地域辽阔，南北气候差异较大，所以各地依照节气的穿戴也存在着差异。在立春、雨水时节，虽然从季节上来说已进入春季，但从气候上来

春装

说，这两个节气仍然比较寒冷，尤其是东北和华北，依然是天寒地冻。根据这两个节气的气候特征，人们此时的衣着与严冬没有很大的区别。当然，随着气温的升高，可适量减少衣服，但不可过早脱去防寒的棉衣。由此，立春、雨水时穿着防寒保暖的衣服仍是这两个时节衣着的基本特征，尤其是颈部、膝盖和足部等还应特别注意保暖，避免受凉。从惊蛰到春分，气温逐渐升高，但此时的气温飘忽不定，人们根据这两个节气的气候特征便有了“春捂秋冻”的着衣原则，就是不要随便更换防寒的衣服，以免不稳定的气候出现寒潮时受寒。故有“二月休把棉衣撇，三月还有梨花雪”的谚语。在南方，还有“二月不畏寒”的谚语，就是说二月寒冷也不要怕，到三月就可以把厚厚的冬装换掉。从清明到谷雨时节，随着气温的升高，春暖花开，草木发芽，绿草茵茵，这个时节到了更换冬装为春装的时候了，故有“三月换衫季”的谚语。

夏季的立夏到小满节气，气温已比较高了。立夏时随着气温的升高，应减少衣服，但仍以轻薄宽松的春装为主。到小满时根据气温变化可适量再减少衣着。从芒种到夏至，气温就相当高了。此时人们依据这个气候特点，要脱去春装换上薄凉的夏装。小暑、大暑是一年最炎热的时节，有“小暑大暑，上蒸下煮”之说，这两个节气人们的服装要以最凉爽的衣服为主。当然，随着社会的发

夏装

展，人们在小暑、大暑时基本上都能穿上透气吸汗、宽松舒适、浅色遮阳的衣服了。

秋装

秋季的立秋和处暑，虽然从季节上来说已进入秋季，但从气候上来说，尤其是立秋时节气温仍然非常高，故有“秋老虎”之比喻。这两个节气的衣着和炎热时小暑、大暑时节没有太大的区别，只是到处暑时的夜间、早晨气温有所下降，可适当增加衣着。从白露到秋分，气温已有明显的下降，特别是早晚时凉意已浓，这两个节气已进入换秋装时期，故北方有“处暑十八盆，白露勿露身”之说。即处暑时还热，每天用一盆水洗澡，可洗十八盆水，到了白露就不能赤膊露体了，不然会受凉受寒。白露到秋分时，气温忽高忽低，因而有“二八月乱穿衣”之说。由于农历二月和八月气温变化无常，人们的衣着也不停更换，但易遇冷受寒，故还应当遵守“春捂秋冻”的原则。到了寒露和霜降时，天气已经变得相当寒冷了，古人有“白露不露身，寒露脚不露”之说，就是到寒露时就应保暖脚了。而寒露之后的霜降，由于冷空气活动频繁，气温下降很大，故有“寒露不算冷，霜降变了天”之说。故霜降时应穿着更保暖的秋装。

冬季的立冬到小雪之时，已进入寒冷的冬季，这个季节已进入着冬装时期。但小雪时衣着也有讲究，有“头戴帽，衣服莫太紧”之说，就是说这个节气穿得不宜太厚，以免影响血液循环和运动。到大雪和冬至时，气温进一步下降，尤其是东北和华北地区气温已下降很多，已是天寒地冻，这时要穿更为保暖的冬装。小寒、大寒是一年

冬装

中最寒冷的时节，故有“人到小寒衣满身”和“大寒大寒防风防寒”之说。就是说小寒时全身都要穿着保暖的衣服，而北方冰封雪冻的大寒时最重要的就是防风防寒，即要穿着最保暖防风、防寒的冬装。

二、节气对人们饮食的影响

在饮食方面，中国人依照二十四节气安排饮食大致有两个原则：一是人们的饮食与节气寓意相联系；二是尽量食用每个节气自然成熟的粮食和时令蔬菜。这里所说的节气寓意就是节气蕴藏的含义；食用每个节气自然生长的粮食和蔬菜，通俗说就是每个节气出产什么就吃什么。古人制定的这些饮食原则与古时社会生产力发展水平密切相关。

生菜

从立春到雨水为初春时节。立春作为二十四节气之首，汉代的《四民月令》即载有“立春食生菜”的习惯，其寓意就是，立春是新季节的开始之意，故食生菜。立春之后，农业生产开始，人们为了之后能五谷丰登，要吃代表新春时节的春饼。雨水之时的二月二龙抬头，人们普遍把食物名称加上“龙”的头衔，如“龙耳”“龙眼”“龙鳞”“龙须”“龙子”等，因为龙是降雨之神，加龙饰表示对龙的敬重，也寓意阳气生发、降雨大增。

惊蛰和春分时节，由于气候干燥，这两个时节人们往往要吃一些生津止渴的食物。当然，由于中国幅员辽阔，各地节气饮食也存在着差异，如赣南、闽西地区的人惊蛰时吃芋子，而山东人则吃烙饼。春分节气，百花齐放，万木葱茏，故这个节气人们喜欢吃新鲜时令的春菜，如苋菜、春笋、荠菜等。

清明和谷雨时节，绿草青青，雨生百谷。北方清明之时吃枣糕，也称枣糕为“子推饼”，寓意如春秋时期归隐不求官的介子推之意，象征不求名利。在

春笋

清明时节，北方还吃时令的面条菜，许多地方还喜欢吃鸡蛋，因为鸡蛋作为生命的象征，寓意着新生和希望。另外，清明时节北方还非常盛行吃馓子，表示与已故者如丝一样相连。谷雨时节是茶叶、香椿、韭菜、蒲公英、榆钱、小蓟、槐花等成熟的时节，喝谷雨茶、吃时令菜是这个时节饮食的特色。此外，在这个时节，许多地方还有喝小米粥，吃香菜、黄豆芽和菠菜的饮食习惯。

立夏和小满时节是节气变换之时，人们根据这个气候特征，立夏时要喝立夏粥，就是把竹笋、红豆、绿豆等混合在一起熬制成粥食用，寓意夏季来临了。立夏人们为了适应天气炎热消耗大的特点要“补夏”，乡间有用赤豆、黄豆、黑豆、青豆、绿豆五色豆和白粳米煮成五色饭来食用，这是为了使人们在夏天时不消瘦。小满时节人们通常要吃时令的苋菜、苦瓜、莴笋、马齿苋等。此外，小满前后，古人有“春风吹，苦菜长，荒滩地里是粮仓”之说。在古代，由于粮食缺乏，以挖苦菜作为食物的补充是很常见的。小满时正是苦菜采摘的时候，所以小满成为吃苦菜的时节。

韭菜

芒种和夏至是丝瓜、苦瓜、黄瓜等

的成熟时节，吃这几种时令菜是这个时节的特色。同时，芒种是一年中最繁忙的时节，气候炎热，因此，人们在饮食上基本以清淡为主。对于南方来说，芒种时恰逢梅子成熟，人们皆“煮梅”以食。北方在夏至时节要吃青杏和碾转。碾转就是把将成熟的新麦在石碾上挤压后再蒸食。夏至时北方民间都吃面条，原因是夏至前的芒种是小麦收获季节，为了庆祝丰收而吃面条以庆贺。此外，不同地区为了健康和补充营养及开胃消暑的需要，在夏至时喜欢吃夏至羹、夏至饼等。

苦菜

小暑和大暑是最炎热的时节，这个时节人们喜欢吃消暑的食物，如吃西瓜、喝绿豆汤、吃冷面、喝凉茶、吃甘蔗、吃生姜、吃莲藕等。小暑、大暑之时，许多地方吃时令的扫帚菜、苋菜、猪毛菜等，有些地方还要吃伏羊、吃鸭肉、吃童子鸡，寓意夏季吃这些有营养的肉类就能身体健壮。

梅子

西瓜

立秋和处暑是季节转换之时，由于经过炎热的夏季，人体的消耗比较多，所以立秋时人们要吃些有营养的肉类，以补充营养、恢复体力，叫“贴秋膘”。

处暑时节是各种瓜果、蔬菜收获之时，时令蔬菜和瓜果琳琅满目，吃时令茄子、百合、山药、莲藕、香瓜、龙眼等都是这个时节饮食的特色。

白露和秋分时节，气温下降，人们根据这个气候特征，在这两个时节大多喜爱吃时令的蔬菜和瓜果，如石榴、柿子、白果、扁豆、核桃、大枣等。另外，为了滋补身体，这两个时节还要吃一些养胃且有营养的鸭肉、羊肉、鱼肉、汤圆等。

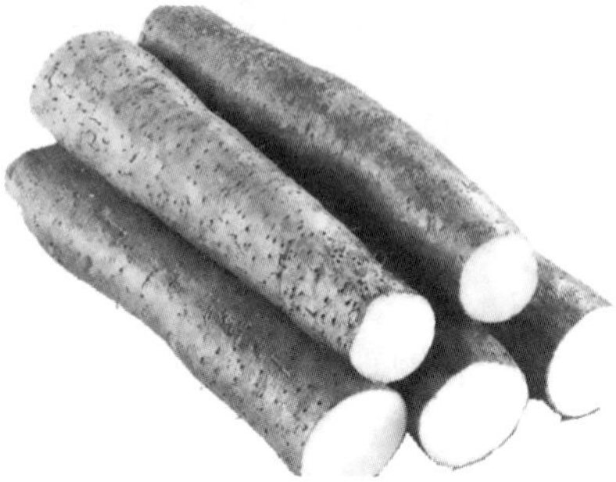

山药

柿子

寒露和霜降已进入深秋，天气已变得寒冷。而寒露时恰逢重阳节，各地有吃重阳花糕的习惯，寓意“步步高升”。重阳时的花糕用枣泥、花生仁、葡萄干、青椒、黑芝麻、江米粉等做馅，然后用面包馅蒸制而成。霜降时，人们为了御寒还要吃一些有营养的兔肉、牛肉、羊肉等。

冬季的立冬和小雪之时，由于天气寒冷，为了御寒，立冬之后，人们一般喜爱吃一些热量高、富含蛋白质的肉类。小雪时节由于天寒已没有时令蔬菜，特别是北方这一阶段过去主要是吃腌制的菜。当然，小雪时节不同地区还有自己的饮食习惯和方法，如南方的土家族吃“刨汤”，有些地方则吃糍粑。

冬至包饺子

大雪和冬至已进入相当寒冷的时节。大雪时，北方地区还是以吃腌菜为主，南方家家户户大雪时吃腌肉。冬至日，北方基本上都是吃饺子，南方主要是吃汤圆、赤豆糯米饭。当然，就全国而言，不同地方冬至时也有各自的饮食习惯，如浙江台州人吃"擂圆"，就是用糯米粉做成的一种食物。苏州地区冬至则喜欢喝冬酿酒。

小寒和大寒是一年中最冷的时节。小寒时节的腊八有喝腊八粥的习惯。小寒时，人们为了御寒还有吃糯米饭、黄牙菜、喝鸡汤的习惯。大寒时，除了吃御寒的食物外，北方还有"早喝人参黄芪酒，晚服杞菊地黄丸"的习惯。大寒之时民间还有吃年糕的习惯，寓意"年高"之意，也表示吉祥如意、年年平安、步步高升。

上述的二十四节气衣食，大多是传统的衣食方法和规则，而其中的许多衣食生活习惯，后来都演变为民俗。随着社会的发展，如今的衣食规律已发生很大变化，尤其是在饮食方面变化更大。古时人们大多食用按节气自然生长的粮食和蔬菜。随着蔬菜大棚的出现及冷藏技术的发展，现在食用的蔬菜、瓜果已与季节和节气关系不是很密切了，各种蔬菜、瓜果几乎任何季节都有，这是社会发展的必然结果。传统的衣着习惯和饮食方法则是中华先民生活足迹的见证。

第二节　节气对文学艺术的影响

二十四节气在全国的传播，对中国文化生活的影响也是多方面的，文化活动、文化交流与传播、文化形式、文化创新等都受节气的影响，尤其对文化艺术中诗词文化的影响比较突出。在浩如烟海的诗歌文化中，作为农耕和生活指南的二十四节气，在历史上也是众多文人墨客歌咏的对象，从而形成了一个丰富多彩的二十四节气诗词文化，并成为人们重要的文化食粮。本节以节气诗词为题来分享节气对文学的影响及节气文学的魅力。

立春　蜡梅

二十四节气的立春作为节气之首，历史上留下了众多的诗作。如唐代张九龄的《立春日晨起对积雪》、杜甫的《立春》、白居易的《六年立春日人日作》、元稹的《立春正月节》、陆龟蒙的《立春日》，宋代苏轼的《立春日小集戏李端叔》、梅尧臣的《立春在元日》、陈师道的《立春致语口号》、赵长卿的《立春》，金代元好问的《乙未正月九日立春》等，可谓琳琅满目。张九龄诗中的“忽对林亭雪，瑶华处处开”勾画出了立春时林间亭子的雪花，似瑶台仙花开遍人间的景色。

歌咏雨水节气的诗词也甚多，如唐代杜甫的《春夜喜雨》、元稹的《雨水正月中》、李商隐的《春雨》，宋代杨万里的《明发三衢三首其一》、陆游的《临安春雨初霁》、辛弃疾的《浣溪沙·父老争言雨水匀》，元代王冕的《春寒》，明代陈献章的《正月二日雨雹》、王守仁的《山中漫兴》，清代陆世仪的《春日田园杂兴》、严复的《元旦觐祖生其三》等。其中杜甫诗中的“好雨知时节，当春乃发生；随风潜入夜，润物细无声”，把春雨悄无声息滋润万物的形象描绘得入木三分。

惊蛰时节的咏诗也颇多，如唐代韦应物的《观田家》、贾岛的《义雀行和朱评事》、元稹的《惊蛰二月节》，宋代苏辙的《游景仁东园》、陆游的《市饮》、范成大的《惊蛰家人子辈为易疏帘》、仇远的《惊蛰日雷》，元代吴存的《水龙吟·寿族父瑞堂其日惊蛰》，明代胡俨的《惊蛰夜大风雪落惊寝》，清代陆求可的《西江月·春雷》等。其中仇远诗中的“坤宫半夜一声雷，蛰户花房晓已开”，描绘了雷声惊醒了冬眠的动植物，春天气息弥漫，展现了惊蛰日雷声的震撼和春天的生机。

雨水　红嘴蓝鹊

惊蛰　斑鸠

春分　油菜花

春分是一个昼夜平分之日，阴阳平衡之时，古诗词对此也多有展现，如唐代刘长卿的《春分》、杜牧的《村行》、权德舆的《二月二十七日社兼春分端居有怀简所思者》、元稹的《春分二月中》，宋代欧阳修的《踏莎行·雨霁风光》、苏轼的《癸丑春分后雪》、陆游的《春寒连日不出》，明代袁宏道的《春分忽大雪同小修赋》，清代尤侗的《江城子·春思》等。其中欧阳修词中的"雨霁风光，春分天气；千花百卉争明媚"，咏出一幅春意盎然的春分画卷。

清明作为古代的一个重大节气和节日，诗词更是繁盛，如南北朝谢灵运的《入东道路》，唐代骆宾王的《镂鸡子》、孟浩然的《清明即事》、杜甫的《清明》、温庭筠的《清明日》、韩翃的《寒食》、杨巨源的《清明日后土祠送田彻》、王表的《清明日登城春望寄大夫使君》、元稹的《清明三月节》、贾岛的《清明日园林寄友人》，宋代欧阳修的《洞天春·莺啼绿树声早》、苏轼的《虞美人·深深庭院清明过》等。其中王表诗中的"寒食花开千树雪，清明日出万家烟"，再现了寒食花开满树犹如千树梨花盛开时的雪景一样美，而清明之时太阳从万家的炊烟中升起，描绘出寒食与清明日不同的景致。

谷雨是雨生百谷、牡丹花开的节气，这个节气亦颇多诗作，如唐代元稹的

《谷雨春光晓》《谷雨三月中》、许浑的《送前缑氏韦明府南游》、齐己的《谢中上人寄茶》、王贞白的《芍药》,宋代苏轼的《天仙子·走马探花花发未》、晁补之的《次韵李秬约赏牡丹》、张耒的《同李十二醉饮王氏牡丹园》、范成大的《蝶恋花·春涨一篙添水面》,明代王世贞的《河满子·春郊独行》等。其中张耒的诗中写出了谷雨牡丹盛开时的壮丽景致:“吹尽纷纷桃李尘,天香国艳一翻新。”

清明　踏青

谷雨　海棠

立夏是夏季的开始,昼长夜短,咏诗也是甚多,且争相斗艳,如唐代韦应物的《立夏日忆京师诸弟》、元稹的《立夏四月节》、白居易的《早夏游平原回》,宋代司马光的《四月十三日立夏呈安之》、洪迈的《满江红·立夏前一日借坡公韵》、陆游的《立夏》、薛澄的《立夏》、文天祥的《山中立夏用坐客韵》,明代刘基的《立夏日有感》、谢榛的《雨后立夏》,清代孙云凤的《少年游·立夏》等。白居易诗中的“夏早日初长,南风草木香”,展现了立夏日白天渐长,温暖的南风,带着草木清香的特有韵味。

咏小满的诗大多抱着热切的丰收希望和观赏小满景色时的心境,如唐代李颀的《送陈章甫》、元稹的《小满四月中》,宋代欧阳修的《小满》、苏轼的《菩萨蛮·回文夏闺怨》,元代元淮的《小满》,明代李昌祺的《小满日口号》、吴与弼的《石泉开田》,清代陈景钟的《缫丝曲》等。其中欧阳修诗中的“最爱垄头麦,迎风笑落红”,写出了人们看到小满时麦子在风中摇曳的欣喜之态。

芒种是一个农耕大忙时节,丰收的喜悦充满诗意。芒种诗有唐代元稹的《芒种五月节》、白居易的《观刈麦》、寒山的《草生芒种后》、窦常的《北固晚眺》,宋代陆游的《时雨》、秦观的《南都新亭行寄王子发》,明代高启的《练圻老人农隐》等。其中陆游的诗写出了丰收时节人们喜悦的心情："家家麦饭美，处处菱歌长。"

立夏　景色

小满　麦田

夏至是古代的一个重要节气，也是节日，昼长夜短，咏诗颇多。如唐代韦应物的《夏至避暑北池》、白居易的《和梦得夏至忆苏州呈卢宾客》、元稹的《夏至五月中》，宋代苏辙的《夏至后得雨》、张耒的《夏至》，明代郭之奇的《夏至日喜雨漫吟》等。元稹诗中的"处处闻蝉响，须知五月中"，写出了烈日炎炎，蝉鸣声声，演绎着夏天火热的乐章。

芒种　风物

夏至　风光

小暑是炎热的节气，诗人歌咏诗颇多，如南北朝庾信的《周五声调曲二十四首之二十二》，唐代韩翃的《赠别王侍御赴上都》、武元衡的《夏日对雨寄朱放拾遗》、元稹的《小暑六月节》，宋代韩淲的《十八日小暑大雨》，金代庞铸的《喜夏》，明代王世贞的《七夕过李通政伯玉》等。庞铸诗中的"小暑不足畏，深居如退藏"，写出了诗人面对酷暑，内心的宁静和超脱。

小暑　荷花

大暑是最炎热的节气，诗人的诗如大暑一样滚烫激昂，如唐代杜甫的《毒热寄简崔评事十六弟》、元稹的《大暑六月中》，宋代范仲淹的《清风谣》、司马光的《六月十八日夜大暑》、吕颐浩的《襄城大热喜雨》、曾几诗中的《大暑》、张耒的《和晁应之大暑书事》，明代梁宪的《大暑》等。曾几的“赤日几时过，清风无处寻”，写出夏天的热浪，让人感到酷暑难耐，无处躲避的心情。

立秋是季节转换的时节，诗人的诗也随着季节而变换，如南北朝周弘让的《立秋》，唐代杜甫的《立秋雨院中有作》、令狐楚的《立秋日》、元稹的《立秋七月节》，宋代范成大的《立秋月夜》、苏辙的《立秋后》、秦观的《渔家傲·七夕立秋》等。苏辙诗中的“伏中苦热焦皮骨，秋后清风渥肺肝”，写出了酷暑之后立秋的美妙感觉，肺得以清，肝得以畅。

大暑　三色堇

立秋　莲花

处暑时节秋风习习，诗人由感而作咏诗，如唐代元稹的《处暑七月中》、陆龟蒙的《袭美见题郊居十首因次韵酬之以伸荣谢其八》，宋代吕本中的《处暑》、仇远的《处暑后风雨》，明末清初张穆的《处暑》等。仇远诗中的“疾风驱急雨，残暑扫除空”，写了处暑时一场大雨，将炎热的酷暑一扫而空，迎来清凉的秋天。

白露时气温下降，但诗人的歌咏仍浓，如三国魏曹丕的《杂诗二首其一》，晋朝阮籍的《咏怀诗十三首其五》，南北朝萧衍的《七夕诗》，唐代王勃的《杂曲歌辞·秋夜长》、杜甫的《白露》、高适的《送别》、白居易的《秋斋》、刘禹锡的《秋风引》、元稹的《白露八月节》，宋代范仲淹的《明月谣》、章甫的《白露行》等。刘禹锡诗中的“何处秋风至？萧萧送雁群”，写出了萧萧的晚秋之风，大雁南飞，一字排开，翱翔在天地间。

处暑　秋色

白露　景致

秋分是春光明媚、花好月圆的时节，团圆引发了诗人浓浓的诗意，留下了众多脍炙人口的佳作，如唐代杜甫的《晚晴》、贾岛的《夜喜贺兰三见访》、元稹的《秋分八月中》、李频的《中秋对月》，宋代韩琦的《庚戌秋分》、陆游的《秋分后顿凄冷有感》，明代孙作的《客中秋夜》、李云龙的《彩云轩》，清代洪锡爵的《中秋夜雨感怀》等。李频诗中的“秋分一夜停，阴魄最晶荧”，写出了秋分夜，月色晶莹美妙的景致。

秋分喜鹊登枝

寒露已进入深秋，诗人心情也随之荡漾，如晋朝郭璞的《游仙诗十九首其七》，唐代卢照邻的《和王奭秋夜有所思》、宋之问的《初到陆浑山庄》、王昌龄的《斋心》、元稹的《寒露九月节》，宋代王安石的《古意》、文天祥的《夜坐偶成》等。王昌龄诗中的“紫葛蔓黄花，娟娟寒露中”，写出了寒露时紫色葛藤爬满黄色的花朵，形成了一幅美妙的深秋景致。

霜降是霜生成的时节，诗人对此也多有诗作，如南北朝谢瞻的《九日从宋公戏马台集送孔令》，唐代张九龄的《秋晚登楼望南江入始兴郡路》、杜牧的《山行》、刘长卿的《九日登李明府北楼》、元稹的《霜降九月中》、岑参的《送李翥游江外》，清代王夫之的《南中霜降》等。杜牧诗中的"停车坐爱枫林晚，霜叶红于二月花"，写出了霜降时节层林尽染的美景，以及让人流连忘返的心情。

寒露　景象

霜降　景物

立冬　景色

立冬是进入冬季的标志，诗人的诗也随着季节进入冬天，如西晋夏侯湛的《寒苦谣》，唐代元稹的《立冬十月节》、李白的《立冬》，宋代刘敞的《立冬后风雨》、吕本中的《立冬日赠张直夫》、周南的《十月十日立冬》，清代尤侗的《喜迁莺·立冬》等。李白诗中的"冻笔新诗懒写，寒炉美酒时温"，一幅严寒停笔温酒待饮的美景跃然于眼前。

小雪是表示降雪到来的节气，诗人随着下雪而咏雪，如唐代无可的《小雪》、元稹的《小雪十月中》、徐敞的《虹藏不见》、戴叔伦的《小雪》、李咸用的《小雪》，宋代苏辙的《小雪》、宋祁的《小雪》、陈睦的《沁园春·小雪初晴》等。戴叔伦诗中的"花雪随风不厌看，更多还肯失林峦"，描绘了雪花随风飘舞时的美景和令人痴迷的心情。

大雪是雪花纷飞的节气，诗人笔下的雪也是妙笔生花，如唐代韦应物的《送令狐岫宰恩阳》、柳宗元的《江雪》、白居易的《福先寺雪中饯刘苏州》、元稹的《大雪十一月节》、李咸用的《大雪歌》，宋代苏洵的《和杨节推见赠》、曾巩的《咏雪》等。柳宗元诗所写的“千山鸟飞绝，万径人踪灭；孤舟蓑笠翁，独钓寒江雪”，描写出了千山人鸟绝迹之时，老渔翁独钓寒江雪幽静寒冷的奇观。

小雪　银装

大雪　皑皑

冬至是进入最寒冷时节的标志，昼短夜长，更引发诗人无限的诗兴，佳作辈出，如魏晋张华的《晋冬至初岁小会歌》，南北朝袁淑的《咏冬至诗》，唐代杜甫的《冬至》、白居易的《冬至夜》、元稹的《冬至十一月中》，宋代王安石的《冬至》、陆游的《辛酉冬至》、范成大的《满江红·冬至》等。陆游诗中的“今日日南至，吾门方寂然”，描述了冬至日诗人门庭冷落的场景，令人叹息。

冬至　景色

小寒已进入寒冷的时节，但诗人的兴致仍然很浓，佳作不断，如唐代杜甫的《小寒食舟中作》、元稹的《小寒十二月节》，宋代黄庭坚的《驻舆遣人寻访后山陈德方家》、苏轼的《清远舟中寄耘老》、陆游的《小园独酌》，元代张昱的《小寒》等。苏轼诗中的“小寒初度梅花岭，万壑千岩背入境”，写出了梅花于万壑之间，凌寒而开的奇妙景致。

大寒是一年中最寒冷的节气，诗人遇寒而诗意大发，留下众多佳作，如唐代白居易的《村居苦寒》、元稹的《大寒十二月中》，宋代石介的《大寒早行》、邵雍的《大寒吟》、黄庭坚的《岁寒知松柏》、曾巩的《元沙院》、陆游的《大寒》，明代李梦阳的《发南浦赠人》、区大相的《大寒后写怀》，清代屈大均的《大寒》等。邵雍诗中的“阶前冻银床，檐头冰钟乳”，描绘了严冬冰天雪地时台阶前井栏上银色的冰层仿佛是一张银色床铺，屋檐下似钟乳石的冰柱晶莹剔透，美不胜收。

小寒　雪冻

大寒　冰封

第三节　节气对养生文化的影响

在二十四节气诞生之后，不仅成为农耕生产的指南，也是人们生活的重要指针。作为人们生活重要组成部分的养生文化，也深受二十四节气的影响。二十四节气本身就是依靠太阳运行的规律而制定的时间表。人们在根据二十四节气进行养生时，总结出节气养生时基本原则就是“天人合一，顺天应时”，即按照自然变化的规律进行养生。

一、节气与人体生命的关系

（一）节气是人生存的重要依赖

人类作为大自然中的一个生命体，节气是其重要的依赖，人体生命的律动与节气的变化有着密切的关系。二十四节气就是大自然律动的记录。二十四节气从根本上来说反映的是太阳周年运动对万物的直接影响，是人们在长期的生产、生活实践中，总结出的在太阳规律运动影响下，每个时段里自然界万物发生的规律性的变化，如天气变化、物候变化等，并把这些变化记录下来，作为对人体生命律动的把握和养生的重要依据。

人的生命无时无刻不在依赖大自然，这主要表现在两个方面：一是人的生命需要摄取饮食，呼吸空气，与大自然进行物质交换，从而维持正常的新陈代谢活动。二是人体各种要素的变化也随着大自然的律动而有规律地变化，节气与人体的对应关系，使人们总结出一系列有效的养生理论和方法，并成为人们养生的重要依赖。

（二）二十四节气与人体健康的关系

首先，节气会影响人体的精神活动。我国古代医学名著《黄帝内经·素问·四气调神大论》是专门讨论四时气候变化对人体精神活动影响的篇章。对此，《黄帝内经直解》指出："四气调神者，随春夏秋冬四时之气，调肝、心、脾、肺、肾五脏之神志也。"这里的"四气"，即春、夏、秋、冬的四时气候，"神志"指人的精神意志。四时气候的变化，是外在环境的一个主要方面。精神活动是人体内在脏气活动的主宰，内在脏气与外在环境间取得统一协调，才能保证健康。

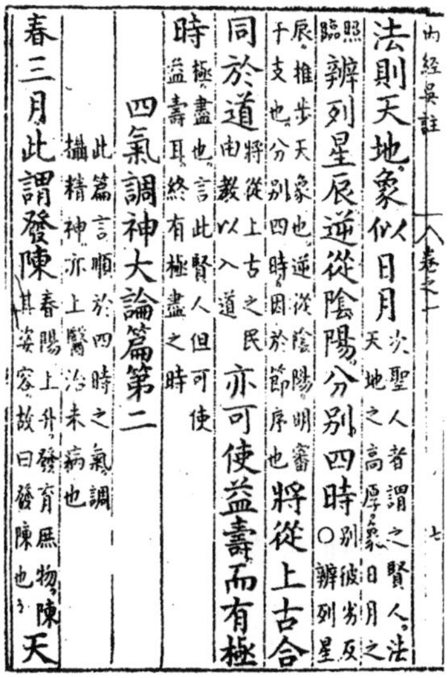
内經吳註
法則天地象似日月 次聖人者謂之賢人法天地之高厚象日月之照臨
辨列星辰逆從陰陽分別四時 ○別彼劣反 辨列星辰推步天象也逆從陰陽明審干支也分別四時因於節序也
將從上古合同於道 將從上古之民由教以入道 亦可使益壽而有極時 極盡也言此賢人但可使益壽耳終有極盡之時
四氣調神大論篇第二
此篇言順於四時之氣調攝精神亦上醫治未病也
春三月此謂發陳 春陽上升發育庶物陳其姿容故曰發陳也 天

《黄帝内经·素问·四气调神大论》

之度也是故從房至畢者為陽從昴至心者為陰陽主晝陰主夜也凡日行一舍故水下三刻與七分刻之四也靈樞經曰水下一刻人氣在太陽水下二刻人氣在少陽水下三刻人氣在陽明水下四刻人氣在陰分水下不止氣行亦爾又曰日行一舍人氣行於身一周與十分身之八日行二舍人氣行於身三周與十分身之六日行三舍人氣行於身五周與十分身之四日行四舍人氣行於身七周與十分身之二日行五舍人氣行於身九周然日行二十八舍人氣亦行於身五十周與十分身之四由是故必候日月星辰也四時八正之氣者謂四時正氣八節之風來朝於太一者也謹候其氣之所在而刺之氣定乃刺之者謂八節之風氣靜定乃可以刺經脈調虛實也故曆忌云八節前後各五日不可刺灸凶是則謂氣未定故不可灸刺也 新校正云按八節風朝太一具天元玉冊中
是故天溫日明則人血淖液而衛氣浮故血易寫氣易行天寒日陰則人血凝泣而衛氣沈 泣謂如水中居雪也
月始生則血氣始精衛氣始行月郭滿則血氣實肌肉堅月郭空則肌肉減經絡虛衛氣去形獨居是以因天時而調血氣也是以天寒無刺 血凝泣而衛氣沈也 天溫

《黄帝内经·素问·八正神明论》

其次，二十四节气会影响人体的气血。外界气候变化对人体气血的影响是十分明显的，《黄帝内经·素问·八正神明论》云："天温日明，则人血淖液而卫气浮，故血易泻，气易行；天寒日阴，则人血凝泣而卫气沉。"意思就是天热时气血畅通易行，天寒时气血凝滞沉涩。《黄帝内经·素问·脉要精微论》还说：四时的脉象，春脉浮而滑利，如鱼儿游在水波中；夏脉则在皮肤上，脉象盛满如同万物茂盛繁荣；秋脉则在皮肤之下，好像蛰虫将要伏藏；冬脉则沉伏在骨，犹如蛰虫伏得很固密，又如冬季人们避寒深居室内。这些说明自然界气候的变化对人体气血经脉的影响非常显著。若气候的变化超出了人体适应的范围，则会出现气血运行障碍。正如《黄帝内经·素问·举痛论》所说："经脉流行不止，环周不休。寒气入经而稽迟，泣而不行；客于脉外则血少；客于脉中则气不通，故卒然而痛。"即人体经脉中的气血流行不止，如环无端。如果寒邪侵入了经脉，则经脉气血的循行迟滞，凝而不畅通；如果寒邪侵袭于经脉外，使血脉流行不畅而少；如果寒气侵袭于脉中，使脉气不能畅通，就会发生疼痛。

再次，节气会影响人体的五脏。《黄帝内经·素问》曾明确提出："五脏应四时，各有收受乎？"即五脏和自然界四时阴阳相应，各有影响。《黄帝内经·素问·六节藏象论》里说："心是生命之根本，属于阳中之太阳，与夏季的气候相通；肺是气之根本，属于阳中之太阴，与秋季的气候相通；肾是主管人体精气的封藏和储存，属于阴中之少阴，与冬季气候相通；肝是人体能够耐受病劳和进行活动的根本，属于阳中之少阳，与春季的气候相通。"这些都说明节气是影响五脏的重要因素。

《黄帝内经》说得很明白，四时气候对五脏的影响是非常明显的。如夏季是人体新陈代谢最为活跃的时期，尤其是室外活动多，且活动量也相对较大，加上夏季昼长夜短，天气炎热，人的睡眠时间较其他季节少一些。这样，就使得体内的能量消耗很多，血液循环加快，出汗多。由此，夏季人的心脏负担重，如果不加强对心脏功能的保健，就容易使其受到损害。因而，中医提出"心主夏"的观点是正确的。

此外,节气和四季对人体的水液代谢也有很大的影响。关于这一点,《黄帝内经》中就有论述。如《内经·灵枢·五癃津液》中说:"天暑衣厚则腠理开,故出汗……天寒则腠理闭,水湿不行,水下留于膀胱,则为溺与气。"意思就是在春夏季,气血容易趋向于表,表现为皮肤松弛,多出汗;而秋冬季阳气收藏,气血容易趋向于里,表现为皮肤致密,少汗多溺等,以此维持和调节人与自然的统一。

二、节气养生的基础理论

二十四节气作为中国人养生的重要手段,千百年来,内容丰富多样。但归纳起来,"天人同构"是二十四节气养生的理论根基。

(一)"天人同构"理论的主要内容

"天人同构"理论是"天人合一"的核心内容,顾名思义,就是天与人有同样的结构。这里的"天",指的是宇宙、自然界以及自然界的万物;这里的"构",一是指静态的构成;二是指动态的构成,即律动。由此,"天人同构"说的就是人体结构与天地自然结构之间的相似性或对应关系。"天人同构"主要有以下几方面的内容。

其一,天人同源。中国古人认为,气是构成天地万物的本源。气的存在状态精微无形、运动不息、不生不灭,而且在万物之间相互感应。感应包括性质相同的事物之间的相互感应和不同事物之间的相互感应。《黄帝内经》继承和发展了先秦气论思想,不仅用来解释天地人的构成和运动变化,更重要的是通过气的生成、运行、变化以阐释人体的生理、病理,以及对疾病的诊断、治疗和养生等,形成了以气概念为核心的理论体系。

其二,天人同构。这包括两个方面:一是从宏观上讲,天地与人有着同样的构造。二是从微观上讲,物我同构,即地球上的物质,由于生存环境一样,所以其构造也大致一样,这成为中医"取象比类""以形补形"的理论根基。

其三，天人同律。节气和四季的变化是由地球围绕太阳周年运动而产生的，而人的生命节律也是由地球规律性的运动造成的。因此，天地四时之气运动变化有着相互一致的特性，人体生理功能的节律也随着天地四时之气运动变化而改变。由此，《黄帝内经》依据天地同律的原则创建了独特的“五运六气历”。这种历法特别注意气候的变化、人体生理现象与时间周期的关系。故《黄帝内经·灵枢》说：“春生、夏长、秋收、冬藏，是气之常也。人亦应之。”即人的生理功能随着春、夏、秋、冬四季的变更而发生相应变化。

（二）“天人同构”与节气养生的关系

中医学在“天人同构”理念的影响下，强调养生必须“法天则地”，顺应自然界阴阳消长、五行更代的规律，使人体生命活动节律与自然界春生、夏长、秋收、冬藏的时间节律相协调。对此，古今医学家有大量的论述。明代医学家万密斋指出：“养生之法有四：一曰寡欲，二曰慎动，三曰法时，四曰却疾。”其中，“法时”，就是养生要与天时气候同步，应当遵循时令节气的变化，顺应天时养生，即按照大自然的阴阳变化来调养身体。

按照“天人同构”的理论及其内容，结合二十四节气的基本特征，节气养生主要有以下几个原则：

首先，顺“气”养生。按照“天人同构”的理论，要随“气”的运动变化规律，即遵循大自然的规律来辅助和滋养人体的生理能力，才能求得与天地和自然万物的和谐，才能使生命发展得以完善，人类才能获得身心的健康。

其次，“法时”药补。一是根据“天人同构”理论，四季有对应生长的药物，要应时而采。孙思邈的《千金翼方》说：“夫药采取，不知时节，不以阴干曝干，虽有药名，终无药实，故不依时采取，与朽木不殊，虚废人功，卒无裨益。”二是按照“天人同构”，节气对应有五行之气，节气又对应有人体五脏，节气更对应有药物和药性，这样五行就与节气、药物的药性及五脏养生对应起来。对于节气与五脏的关系，明代医学家张景岳说：“春应肝而养生，夏应心而养长，长夏应脾而变化，秋应肺而养收，冬应肾而养藏。”节气与药性的关系，明代中药学家缪仲淳在《神农本草经疏》中也有比较详细的阐述，他认为，药性和功效与节气有关，药物的温、热、凉、寒与四季变化相关，因此，药物的使用应顺应自然规律。中药的酸、苦、甘、辛、咸五味与脏腑的关系十分密切，《黄帝内经》中说：食物的酸味与肝相应，可增强肝脏的功能；苦味与心相应，可增强心的功能；甘味与脾相应，可增强脾的功能；辛味与肺相应，可增强肺的功能；咸味与肾相应，可增强肾的功能。

再次，顺时起居。根据“天人同构”理论，人必须随着春生、夏长、秋收、冬藏安排自己的起居。春天万物生长、生机勃勃，像早上升起的太阳一样，此时人体也应像春天一样。故《黄帝内经》说：“春三月，此谓发陈，天地俱生，万物以荣，夜卧早起，广步于庭，被发缓形，以使志生，生而勿杀，予而勿夺，赏而勿罚。此春气之应，养生之道也。”

夏天阳气最盛，万物生长旺盛，所有的生物体生机活跃，故夏天主长养万物。《黄帝内经》说：“夏三月，此为蕃秀，天地气交，万物华实，夜卧早起，无厌于日，使志无怒，使华英成秀，使气得泄，若所爱在外。此夏气之应，养长之道也。”

秋季阳气开始衰减，阴气逐渐增强，故主收敛于内。秋季阳气内收，水液不外泄，因而秋季主燥。《黄帝内经》说：“秋三月，此为容平，天气以急，地气以明，早卧早起，与鸡俱兴，使志安宁，以缓秋刑，收敛神气，使秋气平，无外其志，使肺气清。此秋气之应，养收之道也。”

冬季天寒地冻，阳气更弱，万物因此而凋零，动物因此而闭藏冬眠，故冬季主藏。《黄帝内经》说：“冬三月，此为闭藏，水冰地坼，无扰乎阳，早卧晚起，必待日光，使志若伏若匿，若有私意，若已有得，去寒就温，无泄皮肤，使气亟夺。此冬气之应，养藏之道也。”

三、节气饮食养生

二十四节气的变化，随时都影响着人体的生理变化，为人们提供所需营养的饮食与人的五脏六腑又有着密切的联系。由此，人的饮食养生应顺应时节，按照《黄帝内经》提出的“春夏养阳，秋冬养阴”的基本原则，从符合二十四节气变化的客观规律进行养生，可达到健康长寿的目的。

（一）立春到谷雨的饮食养生

立春是一年中春季的第一个节气，春季与五脏中的肝相对应，很容易发生肝气过旺，对脾胃产生不良影响，妨碍食物正常消化吸收。春以养肝为中心，这期间应选择疏肝理气、平抑肝火的食物，如黄精、黑米、莲藕、紫菜等。

雨水时节随着降雨的增多，寒湿之气易困脾脏，故雨水时宜食用舒肝健脾、调理脾胃的枸杞、荠菜、莲菜、百合等。

惊蛰属于仲春时节。从惊蛰开始春回大地，但天气忽凉忽热，气候比较干燥，很容易使人口干舌燥、外感咳嗽。惊蛰时宜吃些养肝明目、生津调肺的梨、山药、洋葱等。

春分之时肝气旺、肾微，应多吃一些滋阴补阳、养肝补肾的黑芝麻、菜花、高粱、土豆等。此外，春天时肝火旺，易伤脾，应少吃酸，多吃大枣、山药、红薯等甜食。

清明时节，空气比较干燥，加上人体内肝火旺盛，内外相结合，易出现口干、鼻干等症状，应多饮水。在外出踏青时，注意防风保暖。饮食上以平肝补气、补肾、润肺为主，多食黄豆、桂圆、韭菜等。

黄精

桂圆

谷雨是春季的尾声，从中医上来说，仍以养肝为主。此时人体的消化功能正处于旺盛时期，是身体补益的大好时节，多吃一些清热养肝、养胃生津的香椿、莴笋、菠菜、黄豆等。谷雨时节是神经痛多发期，这期间宜多食疏肝行气、活血通络的食品。此外，中医认为春季易多食益肝的绿色食物，如菠菜、芹菜、韭菜等。

（二）立夏到大暑的饮食养生

立夏之后，天气逐渐炎热，万物繁茂，人们的心理状况也发生了一定的改变。夏季与心相通，夏季养生有利于心脏的生理活动。对于人体的脏腑来说，立夏后肝气渐弱，心气渐强，所以立夏以养心为要。此时饮食上应该增酸减苦、补肾助肝、补血养心。饮食应为清淡、低脂、易消化的芝麻、洋葱、花生、山楂、绿豆、小米、木瓜等。

小满时气温升高，雨量增多，闷热天气会使人食欲不振，身体乏力。小满时应多食益心健脾、平肝生津的大枣、西红柿、马齿苋、绿豆、黄瓜、苦菜等。

芒种时天气已比较炎热，降雨增多，在空气湿度增加后，体内汗液无法通畅地发散出去。湿热之下，人难免感到四肢困倦，精神萎靡。饮食方面宜减酸增苦，补益心脾、调理脾胃，可以多食芒果、桑葚、苦瓜、青瓜、冬瓜、木瓜、绿豆等。

夏至时已相当炎热，人的消化功能因热而相对降低，饮食宜清淡，不宜油腻，要多食舒心健脾、清热利湿的山药、葫芦、芹菜、番茄、草莓、黄瓜、绿豆、莲藕等。

小暑是一年之中最炎热的时节之一，人容易感到心烦不安，疲倦乏力。小暑时节易多食养心补脾、清热解暑的食物，如西瓜、扁豆、薏米、桂圆、苦瓜、紫菜、莲藕等。

大暑作为一年之中最炎热的节气，酷热多雨，暑湿之气易乘虚而入，且暑气逼人，心气易亏耗，尤其老人、儿童、体弱者往往易导致疰夏、中暑等。大暑时应以益气健脾、清热解暑的苦味食物为主。苦味食物不仅清热，还能解暑、消除疲劳。大暑应多吃苦瓜、苦菜、苦荞麦等苦味食品。同时，大暑还要多食清热解暑的绿豆汤、西瓜、莲子、冬瓜等。此外，中医认为夏季易多食对心脏有益的红色食物，如火龙果、红豆、西红柿等。

绿豆

莲子

（三）立秋到霜降的饮食养生

立秋时节，白天仍然炎热，但早晚温差开始增大。此时万物是阳气渐收、阴气渐长，人体的代谢进入阳消阴长的过渡期。中医认为，肺与秋季相应，所以秋养肺是核心。由此，立秋应多食益气养肺、润燥养阴的食物，如木耳、白果、葡萄、山药、扁豆、花生等。

处暑时节，气候变得干燥，而燥气伤肺，如果经常食用辛辣油炸食品，则更易伤肺。对于秋季易产生“秋燥”现象，应多饮水，同时多食银耳、雪梨、黑豆、红枣等润肺生津、健胃消食的食品。秋季是人体进补的季节，要选用一些“防燥不腻”的补品，如红枣、桂圆、黑芝麻、核桃等。

白露是天气转凉的象征，此时雨水逐渐减少，天气干燥。饮食上，适当摄取滋阴润肺、益气生津的食物，如甘蔗、苹果、胡萝卜、山楂等。这些食品有助于消除身体疲劳感。

雪梨

山楂

秋分时节，气候十分干燥，饮食上宜多食酸味食品，因为酸味能收敛补肺。秋分时的“秋燥”还易引起咽、鼻、唇干燥及干咳、声嘶、皮肤干裂、大便燥结等。根据人的体质，可选用一些滋阴润肺、养阴生津的食物，如百合、银耳、秋梨、莲藕、柿子、芝麻、石榴等。

寒露是进入深秋的节气，天气明显降温，但天气依然干燥，养生的重点是养阴防燥、润肺益胃。饮食上，宜多食芝麻、核桃、银耳、萝卜、柚子、荸荠、石斛等。同时，还要注意补充水分，多食香蕉、哈密瓜、苹果等水果，少吃辛辣刺激的食品。

霜降时天气变凉，饮食上宜平补，要多食补气润肺、健脾养胃的食物，如玉米、萝卜、香菇、莲藕、柿子、百合、蜂蜜等。此外，中医认为秋季易多食益肺的白色食品，如茭白、白萝卜、百合等。

（四）立冬到大寒的饮食养生

立冬意味着“冬三月”的开始，此后 3 个月内，草木凋零，蛰虫咸伏，万物活动趋向休止，以冬眠状态养精蓄锐，为来年春季生机勃发做准备。冬季的气候与人的肾对应，养生应以养肾为中心。饮食上，立冬是进补的时期，进行食补可抵御严寒。一般人可食用一些热量较高的食品，如瘦肉、鸡蛋、鱼肉、乳类、豆类及富含碳水化合物的食品。

小雪意味着更加寒冷，开始降雪。小雪时节饮食上应遵循“冬养肾”“秋冬养阴”的原则，应多食滋阴潜阳、热量较高的膳食为宜。

大雪时节，天气变得较前更加寒冷，并且干燥，但降雪会增加。在饮食上，首先，要滋补肾气，可多吃羊肉、牛肉、鸡肉、鱼肉等肉类，还要多食苹果、冬枣、栗子等瓜果。其次，因天气干燥，应多食新鲜蔬菜及含水量较大的水果。

鱼肉

牛肉

冬至节气，天气已进入极为寒冷的时节，天气寒冷干燥，万物蕴藏。此时也是进补时节，宜食鸡、鱼、蛋这些滋补食品，还要适当补充水果、蔬菜。

小寒节气是一年中寒冷的时节，天寒地冻。在饮食上，要多吃一些温热性的食物以补益身体，如热性的鳟鱼、辣椒、肉桂、花椒等，温性的糯米、韭菜、茴香、香菜、荠菜、芦笋、南瓜、生姜等，以防御寒冷气候对人体的侵袭。

大寒节气是一年中最寒冷的时节，在饮食上，进补需到时收尾。除了继续吃一些防寒的温热食品外，还要逐渐适应即将来临的春季舒畅、升发的节气特点，可适当吃些白菜、油菜、胡萝卜、花菜等。此外，中医认为冬季易多食益肾的黑色食品，如黑豆、黑芝麻、黑米等。

四、节气的起居养生

起居养生，主要是对日常生活的居住环境、作息时间、站立坐卧、苦乐劳逸等按照二十四节气的气候特征进行合理的安排，以达到身心健康、延年益寿的目的。

（一）立春到谷雨的起居养生

立春之时，冬藏结束，春生到来。起居方面，要晚睡早起，舒展形体，克服倦懒失眠状态，多参加室外活动，使身体与大自然相适应，力求身心和谐，精力充沛。由于居室冬季大多紧闭，会有不少灰尘积聚，在立春之后应对居室进行除尘通风，以减少和抑制病菌、病毒的繁殖，从而达到预防疾病的效果。

雨水时节，开始降雨，但天气变化无常，很容易引起人的情绪波动，影响人的身心健康。这个时节应保持情绪稳定，起居有常，劳逸结合，即顺应自然，遵循、适应自然变化的规律。

惊蛰时节，天气渐渐回暖，春雷开始震响。此时肝气旺盛，人易动怒，要随时保持心态平衡，不妄动肝火。同时，春天易“春困”，表现为困乏无力、昏沉欲睡。起居上要早睡早起，经常舒展四肢，散步缓行，呼吸新鲜空气，使自己的精神愉悦，提高人体抗病能力。

春分时节，不论室内室外，一定要把各个角落都打扫干净。同时，居室要保持干净和空气流通。惊蛰和春分这两个节气，天气忽冷忽热，人们会随着气温不断变换服装，易导致感冒。因此，这两个节气注意添减衣服，减衣不宜过早过多，避免感冒等疾病的发生。

清明之后，基本上不会有寒流出现。清明时居室的绿化对人有益，故中国民间有“树木花草栽庭院，空气新鲜人舒展”之言。清明时节，绿草青青，春和景明，不宜家中久坐，应到大自然的山林、河边、田野踏青散步，多呼吸新鲜空气，对人体大有裨益。

谷雨时节，空气湿度逐渐增大，此时起居养生要顺应自然环境的变化，保持人体各脏腑功能的正常。谷雨时节柳絮、杨絮相继满天飞，很多人容易引发呼吸道过敏症状，出现脸部红肿、打喷嚏、流鼻涕、浑身发痒等症状。谷雨外出时要尽量采取措施避免接触杨絮、柳絮这些过敏源。

开窗通风

柳絮

（二）立夏到大暑的起居养生

立夏时节，气温升高，进入炎热的夏季。立夏之时，居室布置要采取措施，进行必要的遮阳，设法减少或避免热源和光照。入夏之后，居室要消毒，因为夏季气温高，病菌繁殖很快，会造成许多疾病。立夏之后，气温升高，人体易出汗，宜穿散热性强的衣服。

小满时节，气温明显升高，降水量增大，要注意气温变化，预防多雨潮湿引发风疹、风湿症、汗斑、湿疹等皮肤病。小满时节，人易感到烦躁不安，此时要调整心情，保持心情舒畅，同时早晚可以进行一些户外运动。

芒种时节，气候复杂多变，天气潮湿高温，还不时伴有干旱、台风、雷雨、梅雨等季节性天气出现。起居要顺应季节的变化，要晚睡早起，以顺应阳气充盈，利于气血的运行。芒种时节，还要注意补充水分。

消夏

夏至之时，已进入炎热的夏季，夏至也宜晚睡早起，进行户外活动时应避开烈日如炽之时。在现代社会，夏至之后，由于气温高，很多人为了降温，喜欢长期待在空调房间。空调虽然给人们带来了凉爽，但也会给人体带来负面影响。由于门窗紧闭，室内外温差大、空气过于干燥，加上密闭产生的病菌等，会使人患上“空调病”。

小暑时节，气候炎热，日照时间长，天亮较早，黑得晚，这时要适当减缓生活节奏，平静、有计划地进行工作，有利于减少因暑热带来的焦虑情绪。小暑时节，切忌室外露宿，因为入睡之后，汗腺仍不断地向外分泌汗液，肌体处于放松状态，抵抗力下降，夜间降温，气温与体温之差逐渐加大，易致头痛、腹痛等，并引发消化不良。

大暑是最炎热的时节，这期间的起居生活有几点应特别注意：一是要注意防暑，避免在烈日下劳作；二是室内注意通风换气；三是控制运动强度，避免多汗造成盐分流失；四是晨练不宜过早，影响睡眠。

（三）立秋到霜降的起居养生

立秋是进入秋季的开始，但气温仍很高，早晚有一定的温差。起居上：一是要勤开窗通风换气；二是要避免秋燥，保持良好的心态；三是仍要注意防范“秋老虎”侵袭，做好防暑降温。

处暑时节，炎热已接近尾声，早晚和白天温差较大，气候干燥。在起居上坚持“春捂秋冻”，以免遇冷受寒。处暑时由于天气干燥，易出现咽干、咳嗽等，易多饮水，保持良好心态。处暑时由热转凉，人体的阴阳之气盛衰开始转变，要保证充足的睡眠，以适应“秋乏”。

登山

白露时节，气候开始变凉，早晚和白天温差极大。起居养生方面：首先，要坚持“春捂秋冻”。其次，白露时节秋高气爽，要开窗通风换气，保持室内空气新鲜，同时还要注意不要在晨露中行走锻炼。

秋分时节，气温逐渐下降，若遇下雨气温下降更多，所谓“一场秋雨一场寒”。秋分时的起居：首先，要注意早晚保暖，因为秋分后早晚气温较低，受凉易引发面瘫，加重颈椎病。其次，要防秋凉，加强锻炼，进行登山、慢跑、散步等活动，提高抗病能力。

寒露时已进入深秋，气温下降，凝结的露水已带有寒气。寒露时的起居：一是要注意防寒保暖。因为寒露时天气真正变得比较寒冷了，保暖是防止感冒的重要措施。二是要早睡早起。早起，顺应阳张；早睡，有利于阴精收藏。三是运动健身。进行登山、跑步等锻炼，以增强体质。

霜降之后，气温会大幅下降，天气变得更冷。霜降时的起居：首先，要防寒。因为霜降后气温下降较大，应及时保暖。其次，运动上劳逸结合，不宜过度劳累，以免削弱机体的抵抗力。

（四）立冬到大寒的起居养生

立冬是表示冬季的开始，这时气温继续下降，变得更加寒冷。立冬时的起居安排主要有以下几方面：一是气温下降，要注意保暖；二是早睡晚起，保证充足的睡眠；三是谨慎运动，防止运动过度；四是淡养情志，顺应自然变化。

小雪时节，开始下雪，气温更低。小雪时的起居：首先，“养藏”阴气，应保温保暖，增强体质，防止感冒发生。其次，锻炼身体，以温和的有氧运动为主。人常言“冬天动一动，少闹一场病；冬天懒一懒，多喝药一碗”，说明冬天锻炼非常重要。另外，还可以常晒太阳，以壮阳气，通经脉。

大雪时节，气温很低，起居养生方面：一是防寒保暖；二是出行放慢，防摔伤、冻伤、感冒等；三是预防疾病，气温低易引发心脑血管疾病，这个要引起人们的注意。

冬至之后，进入最寒冷的时节，冰封雪冻。冬至起居养生方面：一是起居有度，应早睡晚起，不要太早外出活动，以免受寒；二是重在养心，保持精神的舒畅乐观；三是动中求静，适度开展体育锻炼，如练八段锦、太极拳等平和的运动都是很好的选择。

八段锦

小寒是一年中寒冷的节气，千里冰封，万里雪飘。小寒的养生，除上述冬季养生都应做到外，还应遵循中医上所说的“春应肝，夏应心，长夏应脾，秋应肺，冬应肾”的原则，重点做好养肾，提高抵御严寒的能力。

大寒是一年中最寒冷的节气，起居养生方面：一是要保暖，防止受寒，特别是患有气管炎、哮喘、风湿的病人尤其要注意保暖；二是坚持早睡晚起，养精蓄锐；三是用煤炭取暖者，要通风换气，防止煤气中毒。

总之，二十四节气养生的原则就是“物竞天择、适者生存”，就是要按照每个节气的气候特征，结合自身需要，安排符合节气特点的饮食和起居生活。

第十二章

二十四节气对中国民俗的影响

第一节　节气孕育的民俗

在二十四节气文化体系中，目前流行最广、影响最大、内容最广泛的莫过于二十四节气民俗。在当今社会飞速发展的今天，随着天文学、气象学的发展，二十四节气指导农业生产的功能在弱化，而由于二十四节气而产生和发展的民俗枝繁叶茂、生机勃勃。由此，在中华民俗文化中发挥着日益重要作用的二十四节气民俗，以其博大、深邃及非凡的价值成为民俗文化中的一大瑰宝。

一、节气与民俗的关系

二十四节气诞生之后，对民俗主要产生了三方面的影响：一是产生了众多节气民俗；二是促进众多民俗的节气化；三是促进民俗的融合与发展。

二十四节气是中国人通过观察太阳周年运动而形成的时间知识体系及其实践。而这个时间知识体系是用来指导农业生产和人们生活的，这是二十四节气的功能，也是本质。从二十四节气在汉武帝时被列入《太初历》之后，作为指导农业生产的补充历法，逐渐成为全国农耕的重要指南，同时也成为人们生活的重要向导。在此之后，由于二十四节气逐渐形成了与节气相符的各种形式的民俗活动，称为节气民俗。由此，从二十四节气的本质和本源来讲，二十四节气并不是民俗，二十四节气确立之后形成的与节气相关的民俗活动才是民俗。换句话说，节气民俗是二十四节气确立之后衍生出来的文化。由此，在阐述节气民俗时，应当首先弄清楚二十四节气与民俗的关系和属性。

民俗是指一个民族或一个社会群体在长期的生产实践和社会活动中，逐渐形成并世代相传、较为稳定的文化事项，可以简单概括为民间流行的风尚、习俗，也称风俗习惯、民间文化。

从民俗的角度来讲，二十四节气的本质不属于民俗，也不是民俗，这主要有以下几个方面的原因：

其一，从二十四节气产生的本源来说，是人们观察太阳周年运动而形成的时间知识体系及其实践，是一门自然科学。由此，二十四节气的本源并不是民间流行的风尚或习俗。

其二，二十四节气属于天文学的范畴，最早是通过天文观测而得出的。从《淮南子》确立的二十四节气体系来说，二十四节气在该书的《天文训》中，自然属于天文学。二十四节气于西汉时列入《太初历》，而历法本身就属于天文学的范畴。由此，二十四节气的本源是由天文科学制定的一个太阳运行的时间表，不属于民俗范畴。

其三，就二十四节气的名称而言，属于气候、物候现象。立春、立夏、立秋、立冬、春分、秋分、冬至、夏至是反映季节变化的，属于气候的范畴；小暑、大暑、处暑、小雪、大雪、小寒、大寒、雨水、白露、寒露、霜降、谷雨是反映气温变化和降水的，也属于气候范畴；惊蛰、清明、小满、芒种是反映物候现象的。由此，就节气名称的定义来说是一种自然天气现象，而民俗则是由人的活动而产生的一种习惯，二者并不相同。

其四，二十四节气列入历法之后，成为指导农业生产的补充历法。而在古代，历法虽均由天文学家制定，但由朝廷掌握并颁布实施，且天文历法与国家社稷密切相关，是皇权和国家治理的重要象征，具有法律法规的属性，这与民间活动产生的民俗是完全不同的。

其五，节气民俗是二十四节气文化发展而衍生的产物。在二十四节气确立之后，因节气而产生的民俗或与节气的特性相关的民间活动，逐渐融入节气之中形成二十四节气民俗，这一部分才是民俗。也就是说，二十四节气中的民俗部分才是民俗，如立春打春牛、冬至吃饺子等。

此外，在二十四节气民俗中，依节气而产生的劳动生活习俗也是二十四节气的衍生品。比如，与二十四节气的一些农事活动相关的习俗，都是二十四节气发展的产物，而不是二十四节气的本性和本质。

总之，二十四节气不是民俗，二十四节气民俗才是民俗。而节气民俗是二十四节气文化体系中的一个重要组成部分。如果从非物质文化遗产角度而言，二十四节气应当属于传统技艺，而二十四节气民俗属于民俗。但不可否认，由于二十四节气所形成的民俗体系极为庞大，所以现今把二十四节气也视为民俗了，这是二十四节气被列入民俗的原因。

二、节气孕育的民俗

在二十四节气民俗体系中，其形成和发展经历了一个漫长的过程。节气民俗之中很大一部分属于在二十四节气确立之后，人们根据节气中的气候、物候现象及人们的生产劳动和日常生活等情况而形成的。下面就以节气而形成的一些民俗实例予以阐释。

在立春民俗中，"咬春"就是因二十四节气而诞生的节气民俗，大致起源于唐代。立春节气确立之后，人们为了留住这个美好的春天，于是就产生了"咬春"的习俗，意思就是咬住春天不放，希望这个美好的春天长留人间。立春的"佩燕子"民俗也是起源于唐代的节气民俗。立春日，人们喜欢在胸前佩戴用彩绸剪成的燕子。因

立春　春饼

为燕子春来秋去，人们把它视为报春鸟，是幸福吉祥的象征，故有此习俗。此外，“吃春饼”也是诞生于立春时节的民俗。这个民俗在宋明时期流行于东北、华北地区。吃春饼寓意迎接春天的到来，希望风调雨顺、五谷丰登。总之，立春节气产生的民俗是相当多的，其原因大多在于立春是阳光明媚的春天的开始，是古代的一个吉日，因而产生了比较多的立春节气民俗。

雨水作为春季降水开始的节气，历史上也诞生了众多富有特色的民俗。“占稻色”是华南地区一个比较重要的民俗。这个民俗大致孕育于唐宋时期黄河流域的雨水节气，南宋中原人南移后形成的客家人一直保留此习俗。这是预测稻子收成的一个习俗，是人们期盼丰收的一个反映。元代娄元礼《田家五行》记载有此习俗。南宋范成大《上元纪吴中节物》诗中也有“捻粉团栾意，熬稃膈膊声”之句，诗人自注说：炒糯谷在江南地区称为爆孛娄，北方称为糯米花。从范成大诗句可知，此习俗宋之前应该已有。在川西地区，还有一个雨水“回娘家”的习俗。这个习俗说雨水回娘家可使女子尽快怀孕生子。这个习俗的产生应与雨水密切相关，因为雨水时节不仅表示开始降雨，更重要的是农作物得雨而生，与孕育有关。这个习俗至今仍流传于川西地区。

惊蛰时节是春雷奏响之时，万物从此时开始萌动，产生了许多与此节气相关的民俗。“惊蛰吃梨”就是诞生于这个时节的一个比较普遍的民俗。此民俗大致起源于明代山西晋商兴盛的时期。产生这个民俗的原因是由于惊蛰有“开启”的意思，故“惊蛰吃梨”有“离家开启创业”之意。惊蛰时节广东一带还产生了一个“祭白虎”的民俗。民间传说白虎是口舌是非之神，每年惊蛰这天都会出来觅食咬人，于是便有惊蛰“祭白虎”以免伤人的习俗。这个民俗因何会出现在惊蛰呢？这很有可能与惊蛰现象有关，因为惊蛰巨大雷声会惊醒或震怒白虎，所以白虎于此日出来咬人，故才有“祭白虎”以免伤人之习俗。

春分是昼夜平分之日，也是春耕大忙之时，春分产生民俗多与此有关。“粘雀子嘴”是起源于汉代春分时的一个民俗。春分时南方的稻子已经进入快速生长期，人们为了不使雀鸟破坏庄稼，会制作一些不包心的汤圆，用细竹叉杆扦着置于室外田地，以此来粘住雀子嘴，避免其破坏庄稼。南北朝南梁宗懔撰的《荆楚岁时记》还记述了一个产生于南北朝春分时的“戒火草”习俗，就是春分时在屋顶栽种“戒火草”，这种植物民间传说可以避火灾。事实上，春分产生这个习俗应与春分时天气有关，春分时节气候干燥，且仍有许多干草堆积，极易产生火灾，故有此习俗。

清明是一个节气，也是节日，在这个盛大的日子里，诞生了众多与清明相关的民俗。清明时的“踏青”是起源于汉代的一个民俗。选择此日踏青，与清明的天气相关。清明时节，绿草青青，春和景明，空气宜人，是郊游踏青的好时节，故有此习俗。清明时节因地域不同，还产生了许多带有地方特色的民俗。“吃青团”就是流行于江南地区的一个民俗。这个源于清明节气的民俗大致产生于唐代。此民俗就是清明时节家家户户会将青草或艾草捣成汁，拌进糯米粉，再包上豆沙等馅料，蒸熟后食用。产生这个民俗是因为，青团的绿色表示清明时节绿草青青，象征着生机盎然的时节能带来美好的生活。同时，青团的口味细腻绵柔，甜度适中，而艾草的清香与混合豆沙的甜味，则让人回味无穷。

谷雨　牡丹

谷雨是雨生百谷的节气，而这个时节正是牡丹花开、香椿等植物成熟的时节，故产生了众多与谷雨节气相符的民俗。“赏牡丹”习俗就是诞生于唐宋时期谷雨时节的一个民俗。因为谷雨之时，牡丹盛开，因此牡丹花也被称为谷雨花。洛阳牡丹花会即是从唐宋流传至今的赏牡丹习俗。流行于北方的“吃香椿”民俗，大致起源于汉代谷雨时节，产生的原因是这个时节正是香椿成熟之时，且美味可口，故有此习俗。

立夏是夏季的开始，也是炎热季节的开端，故这个节气诞生的民俗也多与此相关。“尝三新”民俗大致起源于宋代。立夏时节的三新，因地域的不同而有差异，有樱桃、青梅、新麦的，也有芥菜、莴苣、咸蛋的等，但意义大致相同，即辞旧迎新，迎接新季节、新节气的来临。立夏之时的江浙一带还流行“喝七家茶”的习俗。这个习俗大致起源于宋代立夏时。七家茶即在立夏日用青梅、金橘、蚕豆等作为原料制成七家茶分送给邻里喝。“喝七家茶”除了有迎接夏日到来之意外，又因夏季是一个炎热的时节，象征热情洋溢，故在这个时节送茶，可增进邻里友情。这个民俗与夏季的热度相符，故有此习俗。

小满是有芒作物麦子将要饱满的时节，是人们期待丰收之时，也是小麦需要呵护之时，故此节气诞生的民俗很多与此有关。关中地区有小满看“麦黄稍”的习俗。这个习俗是在汉代大规模种麦之后的小满时节产生的。小满时节，小麦的稍已发黄，但未成熟。到了此时，人们望着遍地已经黄稍的麦田，心里充满着喜悦，也充满着期盼，盼望有个丰收年。小满时节在江浙一带流行一个“抢水车”的习俗。在古代，水车是重要的灌溉工具，而小满时农作物遇旱要灌溉，否则农作物会减产，所以争抢水车是为了灌溉，因而有此习俗。

芒种是一年的农忙时节，小麦开始收割，稻子开始播种，同时这个时节大多花卉已凋零，故此节气产生的民俗多与此景象有关。据南北朝崔灵恩的《三礼义宗》记载，五月芒种有“送花神”的习俗。这个产生于南北朝的习俗是说，花神在二月十二日来到人间，送来了百花争艳的春天。芒种时，百花凋谢，所以要送花神归位，来年再次迎来花神。由此，芒种时产生了此习俗。皖南地区还流行着一个大致起源于宋代或明初芒种时期的“安苗”习俗。芒种时种完水稻，农家会用新麦面捏成五谷六畜、瓜果蔬菜的形状，染上颜色，作为祭品祭祀神灵，以求新插的秧苗扎根成长，从而迎来丰收。

夏至面

夏至是一个反映季节变化的节

气，昼长夜短，气候炎热，这时节也诞生了众多与此相关的民俗。夏至时正值出淤泥而不染的莲花盛开之时，故在宋朝的夏至时兴起了“观莲花”的习俗。当然，除了夏至是莲花盛开之时，还在于莲花盛开的水域是夏季人们向往的避暑地，这应是夏至观莲的又一个原因。在诞生二十四节气“两至两分”天文活动中心的河南登封观星台，流传着夏至“千人长春面”、冬至“千人饺子宴”的习俗。产生这个习俗的原因是因为人们为了纪念周公在此肇始二十四节气，于夏至、冬至举行“测日影祭周公”活动。后来活动加入了民间文艺表演，结束之后参与者夏至时一起吃长寿面，冬至时一起吃饺子，故有此习俗。

周公测影台夏至祭周公

小暑是一年中炎热的节气，小暑“上蒸下煮”的气候，是这个节气产生民俗的重要因素。“晒衣物书籍”是小暑时节孕育的一个流行很广的民俗。小暑时节不仅天气炎热，而且湿度大，衣服、书籍容易发霉，于是人们便将书籍、衣物于小暑时置于太阳下暴晒以除霉，故有此习俗。在山东临沂地区，每到小暑有“小暑舐牛”的习俗，就是给牛喝麦仁汤。据说牛喝了麦仁汤会变得强壮，能更好地干活，且不流汗。当然，小暑产生这个民俗最重要的原因还是传说中的“牛不流汗”之故。因为小暑时极为炎热，要使牛干活，必须使其保持清凉不流汗才能有力量，故有此习俗。

大暑　斗蟋蟀

大暑是一年中最热的节气，如何度过酷暑是这个时节诞生民俗的诱因。“斗蟋蟀”大致起源于唐代，盛行于宋代，至清代讲究。大暑时节产生这个民俗自然与大暑极为炎热的气候有关。在大暑节气，因高温许多农事都停止了，人们在闲暇之余，在消遣避暑时就产生了这种娱乐游戏。当然，这个习俗也与大暑时期蟋蟀最活跃、爱争斗有关。在广东地区，有大暑“吃仙草”的习俗。此习俗大致起源于三国时期。这个习俗的产生不仅与人们崇拜仙草的长生不老有关，更重要的是广东地区的人认为仙草可消暑，这应是“吃仙草”诞生于大暑时节的主要原因。

立秋是季节转换的节气，也是丰收的时节，此节气产生的民俗多与此相关。“贴秋膘”是立秋时节形成的一个比较普遍的民俗。这个民俗大致源于三国时期。立秋形成此习俗与气候有关。在立秋之前炎热的夏季，由于人的消耗大，加上炎热导致食欲下降，所以夏季时人往往会消瘦一些。立秋后，随着气候逐渐变凉，人们期待恢复体重，于是在这个季节转换之时，欲通过大鱼大肉来恢复体力和体重，故留下此习俗。“啃秋瓜”是流行于南方的一个立秋习俗。这个习俗明朝已经比较流行。形成这个习俗是因为秋季是春华秋实的时节，就是秋天不仅是农作物收获之时，也是各类瓜果成熟的时节，更重要的是，人们认为立秋吃瓜果可以帮助消除暑气，故有此习俗。

处暑之后天气开始变凉，这是一个真正的季节转换的节气，此间产生的民俗也大多与此相关。“吃鸭子”习俗大致起源于元明之时的处暑时节。这个节气民俗的形成除了民间流传的与反抗元朝有关外，还与鸭肉味甘性凉、具有滋阴养胃有很大的关系，因为处暑时正是阴气生发之时，所以鸭肉也符合滋阴的特性，故有此习俗。处暑“煎药茶”习俗大致兴起于唐代。人们之所以在这个时节产生这个习俗，是由于药茶具有清热、去火、消食、清肺的功能。

这些符合处暑变凉的气候特征，也符合消除夏日暑气及秋养肺的需求，故有此习俗。

白露时节是天气变凉的一个重要标志，这个时期产生的民俗多与此相关。“喝白露茶”是起源于唐代的一个民俗。白露时节正是秋茶采摘的时期，这时的茶叶经过夏季的酷热之后，到了白露时又进入生长旺盛期，也是采集秋茶的好时机。于是文人墨客便在白露时节相聚共饮美妙的秋茶，因而留下此习俗。太湖地区流传着一个白露“祭禹王”的习俗。大禹是中华民族的治水英雄，后被尊为当地保护渔民的水神。而白露时节正值太湖捕捞收获之时，为使太湖风平浪静，便于捕鱼，故而留下“祭禹王”的习俗。

秋分是昼夜平分之时，也是秋耕和收获的季节，秋分产生的民俗多与此相关。秋分时有一个比较通行的民俗叫“送秋牛”，就是把绘有秋牛图的画送到家家户户，送图时说些秋耕吉祥、丰收满仓的话语。这个民俗诞生是因为秋分时节，长城内外大多进入耕田播种冬小麦的时期，而牛正是耕种所必需的，故而在秋分时节留下“送秋牛”的习俗。“吃秋菜”也是秋分时节的一个重要民俗。秋分时不仅是粮食和瓜果的收获之时，也是田野秋菜生长的旺盛期和采摘期。古时，每到这个时节家家户户出去挖野菜，作为美食，故而留下此习俗。

寒露时节天气变凉，秋高气爽，万山红遍。这个时节产生的民俗多与此相关。寒露时节有“吃芝麻”的习俗。这个习俗与中医讲的春夏养阳、秋冬养阴以及芝麻在这个时节成熟有关，即“吃芝麻”不仅可以养阴，也符合秋养肺的功能，同时寒露时节正是芝麻收割之时，二者结合起来，便产生了寒露“吃芝麻”的习俗。寒露时节，山林间的枫树、黄栌树等树木的叶子变红，呈现在人们面前是层林尽染的景象，于是寒露就产生了“停车坐爱枫林晚，霜叶红于二月花”的观红叶习俗。

霜降之后开始有霜生成，气候变冷，但正是菊花盛开之时，故霜降民俗大多与此有关。万紫千红花开之时乃是春季，到了秋季百花凋零，而唯独菊花在此时怒放。霜降之时，漫山遍野盛开的菊花，便成为人们的“赏菊”时节。

秋季红叶

当然，菊花的花期较长，观赏菊花深秋皆可，唯霜降时菊花开放最浓。山东烟台地区有“迎霜”习俗，这是一个比较特别的习俗，因为有霜会造成霜冻，许多地方是非常反感有霜的。而烟台有此习俗，应该是人们对自然现象的敬畏以及告诉人们应该遵循季节自然变化的规律。

立冬表示冬季的开始，这个时节产生的民俗多与季节的交替有关。河南、江苏、浙江等地流传着一个“立冬扫疥”的习俗。相传，这个习俗可追溯到秦汉二十四节气确立时。这个习俗的产生与人们追求健康有关。为了保证入冬之后的健康，人们采香草、菊花、金银花这些具有消炎、馨香功效的草药煎汤沐浴，以求消除疾病，保证健康过冬。当然，这个习俗也可能与中医讲的夏病冬治有关。福建漳州地区的“交冬糍”民俗，也是立冬兴起的一个民俗。立冬时节，农家要制作“交冬糍”这种以糯米为主的小吃来食用。这个习惯可能与庆祝秋天丰收、祈愿来年生活美满有关。

小雪是表示降雪的时节到了，而且这个季节已相当寒冷，农事大多停止了，所以要做些与家务有关的事情，因而这个时节产生的民俗多与此相关。古代有小雪“酿小雪酒”的习俗。酿酒本是中国古代的一种造酒技艺，后来变成“小雪酿酒”这个习俗，应当是二十四节气形成之后才有的风俗。形成这个风俗的原因是古代多在小雪时酿酒，二十四节气诞生之后，选定于小雪时举行仪式，表示冬酿开始，故有此习俗。中国沿海一带有小雪“晒鱼干”的习俗。

这个习俗出现在小雪节气：一是与当地临海的位置有关；二是小雪之时，天气虽冷，但非冰天雪地，是晒鱼干的最佳时节，故在二十四节气诞生后留下此习俗。

大雪表示降雪增多，积雪增厚，天气变得更加寒冷，需要防寒保暖，这个时节产生的民俗大多与此相关。大雪时有一个“赏雪”的习俗。当然，赏雪在冬季下雪时均可，唯大雪时节降雪较多，加上大雪的名字与积雪也相符，于是二十四节气诞生后，便把大雪时“赏雪”定为风俗。在广大北方地区有大雪“吃饴糖”的习俗。产生这个习俗的原因应当是大雪之时冰天雪地，气候寒冷，而饴糖可滋补身体，故选择大雪纷飞的时节吃饴糖。

大雪　景色

冬至是进入严寒时节的标志，不仅昼短夜长，而且寒冷。在北方许多地方有冬至“喝羊肉汤”的习俗。这是一个古老的习俗，在二十四节气诞生后定为冬至民俗，是因为冬至之后是最寒冷的时节，而羊肉是热性的补品，食之可保暖驱寒、补充能量，故有此习俗。

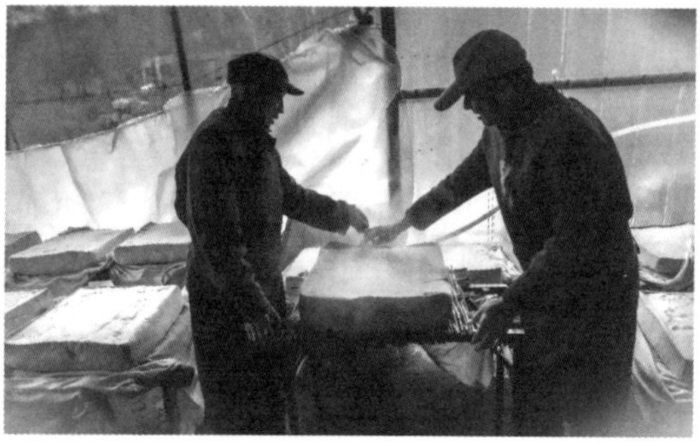
小寒　磨豆腐

小寒是一年中寒冷的节气，农耕活动停止，这个时节人们的任务：一是准备过年，二是如何度过寒冷的时节，因此，这个节气的民俗多与此有关。小寒“磨豆腐”是流传已久的民俗。相传，西汉出现豆腐之后，冬季就是制作豆腐的时节之一，而小寒是农闲之时，加上准备过年，于是就留下了小寒“磨豆腐”的习俗。清末《津门杂记》记载天津地区有小寒“吃黄豆芽”的习俗。这应该是形成于明清时期的一个习俗。这个习俗的产生可能就是人们为改善冬季蔬菜缺乏而进行的一种尝试，最后选择了小寒生黄豆芽，因而形成小寒“吃黄豆芽”的民俗。

大寒是一年中最寒冷的节气，如何度过最寒冷的时刻是这个节气诞生民俗的重要因素。同时，大寒之后即是春天，盼望春天来临也是这个时节民俗产生的又一个原因。大寒之时天寒地冻，古人为了能度过这个严寒时节，寻找一些营养价值高、能抵御严寒的食物食用。“食糯”就是大寒时的一个重要习俗。糯食有年糕、八宝饭、糯米酒等。古人以为这些食物具有暖脾胃、补中益气之效，故选择在大寒之时食用，于是在大寒时有此民俗。“糊窗”也是大寒节气诞生之后形成的一个比较流行的民俗。其产生时间应在东汉蔡伦发明造纸术之后的唐宋时期。“糊窗”除了美观外，因大寒不久即是农历春节，故还有迎新年开始新生活之意。同时，“糊窗”防寒也应是产生该民俗的又一个因素。

第二节　节气对传统民俗的影响

二十四节气确立之后，由于节气是按春、夏、秋、冬的顺序排列的，这就使不同时期产生的民俗有了一个参照点，并使各种民俗逐渐融入节气之中。由此，二十四节气对不同时期产生的民俗产生了巨大影响，促成了众多传统民俗的节气化。同时，节气民俗也不断地与其他民俗相融合，从而促进了节气民俗的发展。

一、传统民俗的节气化

传统民俗的节气化，就是在二十四节气诞生之后，把众多已有的民俗纳入节气起始的当日之中，也称节气当日、节气日，从而形成了更广泛的二十四节气民俗体系。西汉之前形成的众多民俗，基本上都以农历日期作为节气的时间，在二十四节气诞生之后，这些民俗逐步归入节气当日的行列之中，成为节气民俗的重要组成部分。下面，就历史上的一些民俗列入节气民俗为例予以阐释。

立春之日的“迎春”民俗，据史册记载源于周朝。《吕氏春秋·十二纪》有比较详细的记述。春秋战国时期“四立”确立后“迎春”成为立春习俗，秦汉二十四节气确立之后，帝王的“迎春”民俗逐步延伸到州府及百姓之中，成为立春日一个有巨大影响的民俗活动。

雨水日的“祭龙神”习俗，源于上古时人们对龙神的崇拜。濮阳西水坡仰韶时期的蚌壳龙以及《穆天子传》记述的祭龙等都是对龙崇拜的产物。商朝人认为，雨水是由天神主宰的，要下雨就得向天神祈祷，后演化为由龙神执掌，所以“祭龙神”民俗至少有3000年以上的历史。秦汉二十四节气确立之后，“祭龙神”便成为雨水当日的一个民俗，至迟到了唐代还把雨水日祭龙神列入官方的一种祭祀礼仪。

惊蛰之日的“祭雷神”习俗历史极为久远，先秦时期的《山海经》等皆有关于雷神的记载。到了二十四节气确立之后，古人认为惊蛰的雷声不仅惊醒了蛰伏的动物，而且打雷之后会降雨，此乃雷神之功，故把“祭雷神”习俗列入了惊蛰之时，成为惊蛰日的重要民俗。

山西永乐宫雷神

“春分祭日”的民俗由来已久，据先秦时期《礼记》记载，周天子在春分时有祭日的仪式，后逐渐进入民间。随着二十四节气的确立，将“春分祭日”列入春分日习俗。之所以将祭日纳入春分日，董仲舒《春秋繁露》里说，春分日阴阳各占一半，春分日后，阴气渐减，阳气渐强。而太阳乃阳气之源，是阳气的象征，故将阳气开始上升的春分当日作为祭祀太阳之时。

汉启母阙蹴鞠图

“蹴鞠”是中国古代一项体育娱乐运动，形成于先秦时期，《战国策·齐策》就记述了当时齐人“蹴鞠”的情景。由此，“蹴鞠”至迟在战国时期就开始了。二十四节气确立之后，清明时绿草青青，正是户外运动的好时节，这样古老的“蹴鞠”运动就被列入从清明日开始的习俗。中国古代的“蹴鞠”证明足球运动起源于中国，目前这个结论已被世界广泛认可。

“谷雨祭海”习俗的历史至迟可追溯到古代的春秋时期。谷雨时，寒潮基本结束，大地上是雨生百谷，海里的鱼也开始活跃起来，是捕鱼的季节，于是便将祭海列入谷雨日，成为谷雨日沿海地带的一个民俗。

立夏的“迎夏”民俗和“迎春”一样，都是周朝时兴起的一种祭祀礼制，即周天子在立夏时，要在南郊设坛迎接夏神。二十四节气确立之后逐步传入民间，成为立夏日的一项民俗活动。

小满时节的“求雨”民俗形成于远古时期。在中国进入农耕时代之后，五谷的生长皆依靠雨水，所以在五谷缺水时，先民便开始祭天求雨，但远古求雨时并没有固定的时间，大多是遇旱即求雨。二十四节气确立之后，小满时节是北方最重要的粮食作物小麦饱满之时，但未成熟，遇旱必须浇水，否则将减产。而在靠天吃饭的古代，只能依靠天上降雨，故便把求雨的活动定在了小满当日。当然，除了固定的小满当日求雨外，民间还有遇旱即求雨的习俗。

芒种日的“煮梅”习俗，大致在夏朝时就已经开始了，距今已有大致4000多年的历史。但“煮梅”在二十四节气确立之前，没有固定日期，节气诞生之后，由于芒种时节恰是梅子成熟之时，于是便将“煮梅”列入了芒种日，成为这个节气非常重要的一个习俗。

夏至的“祭神祭祖”习俗，历史非常久远。关于将祭神及祭祖列入夏至日，应当源于古人对太阳的崇拜及阴阳说夏至乃阳气最盛之日。夏至日，昼长夜短，太阳在此日出现在天空的时间最长，基于对太阳的崇敬，故将祭祀太阳神列入二十四节气的夏至。而中国古老信仰的核心是“敬天法祖”，祖先同样受到尊崇，故而将与天有相似地位祖先的祭祀也列于夏至日，成为夏至最神圣、最隆重的习俗之一。

小暑之日有一个古老的民俗叫“驱虫”，这个习俗形成时间相当长，应在远古时期就有，甲骨文就有关于害虫的记载，而把古老的“驱虫”定在二十四节气的小暑日，这与炎热的小暑时的气候及农作物生长有关。小暑时由于炎热潮湿，农作物及庭院都容易滋生害虫，于是就把“驱虫”定在小暑日。

大暑的“纳凉避暑”习俗起源更早，这是人的一种本能。大暑是一年之中天气最炎热之时，所以二十四节气确立之后，便把这一习俗定在夏至。当然，大暑之时，皆可避暑，其避暑仪式是在大暑日。

秋季的民俗中，也有许多先秦时期兴起的民俗，后来被纳入二十四节气之中。立秋的“祭土地神”习俗可追溯到远古先民进入农耕时代后对土地的自然崇拜时期。《孟子》《礼记》等都有关于先民祭祀土地神的记载。二十四节气确立后，把“祭土地神”的习俗列入立秋日的原因，是因为秋季是一个丰收的季节，而这个丰收是土地给予的，于是便把“祭土地神”列入立秋日，以表示对土地神的敬重。

处暑之日的“祭祖迎秋”习俗是形成于先秦时期的一个民俗。董仲舒《春秋繁露》中说，古时有春、夏、秋、冬四祭。由于处暑之时也是五谷丰登的时节，除了感恩大地外，祖先功德同样应该感谢，因此便将“祭祖迎秋”习俗列入处暑日。

白露的“喝米酒”习俗历史十分久远，至少可以追溯到殷商时期。随着南方米酒业的发展，白露时节由于气候适宜，农产品丰富，便成为酿造米酒的一个高峰期，进而将“喝米酒”习俗确定于二十四节气的白露日。

秋分的“校正度量衡”习俗应当是起源于春秋战国时期阴阳学说诞生之后。根据阴阳说，认为秋分时昼夜等长、寒暑均分、阴阳平衡，象征“公正、公平”,故将“校正度量衡”列入秋分日。

寒露的“赏菊”习俗历史非常久远。二十四节气诞生之后,因寒露节气时正是菊花盛开之时,故将“赏菊”列入寒露日。当然,寒露日应是一个大的仪式,整个寒露15日皆可赏菊。

霜降日,华北地区有一个非常古老的习俗叫“吃柿子”。这个习俗被定于二十四节气霜降的原因,就是因为霜降时节正是柿子成熟之时,所以将“吃柿子”列入霜降日的民俗。

冬季中许多先秦时形成的民俗,后来也被列入二十四节气之中。立冬的“迎冬”民俗是先秦时期立冬时重要的迎接春、夏、秋、冬四季神习俗之一,后传入民间,在二十四节气形成之后,仍是立冬日的重要民俗。

小雪时期的“腌腊肉”习俗历史十分久远,这个习俗至迟可上溯到商周时期。从湖北荆州战国楚墓中发现的腌制鲤鱼可知,中国传统的腌制技术在战国时期已经成熟。而小雪时节是农闲之时,加上气候因素,这个时节正是腌肉的最佳时节,所以二十四节气确立之后,将“腌腊肉”习俗纳入小雪日。

大雪的“观赏封河”习俗是北方一个极为古老的民俗。大雪之时,气温大幅下降,北方许多地区出现大河封冻的现象,这是冬季的一大景观。平时奔腾的河流,大雪过后,顿失滔滔极具观赏性,因此二十四节气确立后,被纳入大雪日民俗之中。当然,这个民俗包括整个大雪节气。

“冬至祭祖”也是一个古老的民俗,至迟可追溯到春秋时期的“冬至祭神”。由“冬至祭神”演变为“冬至祭祖”始于汉代。“夏至祭祖”是对太阳的崇敬,而“冬至祭祖”亦应是如此,极有可能就是盼望太阳出来时间更长一些。因为过了冬至,白昼会逐渐增长,日出时间自然增加,从阴阳来说,冬至后阳气开始上升,故在“敬天法祖”的时代便将“冬至祭祖”习俗列入冬至日。

最寒冷的小寒和大寒时节,在先秦时期也有众多民俗,后来都被列入二十四节气民俗之中。小寒时节的“杀年猪”习俗,起源于冬季将要进行的祭灶活动。祭灶是先秦时期非常流行的一种习俗,因为小寒临近祭灶之日,故将此习俗列入小寒日。

封河

大寒的"赶年集"习俗，可以追溯到农耕时代确立新年开始的上古时，先秦已非常流行。而二十四节气确立后，"赶年集"这个习俗便从大寒日开始，延至整个大寒时节，并成为大寒时节的一项重要民俗。

关于节气民俗，实际上除节气当日举行的民俗活动外，有些节气日民俗是从节气当日开始，而延续至整个节气，如蹴鞠、观封河等。

二、节气民俗的扩大

节气民俗的扩大，属于民俗节气化的一项重要内容，也是节气民俗发展的一个过程，在这个过程中，更多的民俗被列入节气民俗之中，并成为节气民俗体系的重要组成部分。这是因为，就二十四节气而言，节气是一个时段，而非一日，所以这里所说的扩大指的是把一个节气15天内的许多节日民俗都列入节气民俗之中，从而使节气民俗的内容更加丰富，形式更加多样。

中国最大的节日春节在农历正月初一。春节一般在节气的立春时节之中，春节原先有许多民俗，后来二十四节气确立之后，把原属于春节民俗的祭拜、贴春联、放鞭炮等都纳入立春时节的民俗之中。一般都处于雨水节气之间农历正月十五元宵节的闹元宵、观灯、猜灯谜、吃元宵等，原属元宵节的民俗，后来都列入到雨水节气之中。一般都在惊蛰节气之间的中和节，也称春龙节、二月二龙抬头等，节日时间是农历二月二日。这是一个民俗荟萃的节日，有剃龙头、引钱龙、舞龙、喝春酒等民俗，后来都纳入惊蛰时节的民俗之中。春分节气之间花朝节的踏青、赏花、捕蝶会、祭花神等民俗后来都列入春分时节的民俗。紧临清明时的寒食节，由于后来寒食和清明二者合二为一，所以寒食的祭祖、插柳等均成为清明时节的习俗。

赛龙舟

夏季时的立夏节气之间有一个浴佛节，节日时间在农历四月八日，节日时的献花、献果等都纳入立夏节气间的习俗。芒种期间的端午节，是中国传统四大节日之一，时间是农历五月初五。节日期间民俗众多，如祭屈原、吃粽子、赛龙舟、喝雄黄酒、戴香囊、拴五色线、挂艾草和菖蒲、游旱龙等。由于端午一般处于芒种节气时，所以端午节的这些习俗也列入了芒种之中，成为芒种时节的民俗。小暑节气之间的六月半节日，时间是农历六月十五日，由于六月半一般处于小暑之中，故节日间的搓红圆、观莲、开天门、拜门神、放荷灯等民俗后来都被列入小暑节气之间，成为小暑节气民俗的一部分。

秋季时的立秋节气之间有一个重要的节日叫七夕节，又称七巧节、女儿节、七娘会、七姐诞等，这个节日在农历七月七日，节日间有拜织女、穿针乞巧、拜七姐、吃巧果等习俗。由于七夕节一般在立秋节气中，故后来这些民俗都列入立秋之中，成为立秋节气的民俗。处暑时的中元节，又名鬼节、七月半等，此节日北方在农历七月十五日，南方在农历七月十四日，这个以祭拜为主的节日有祭祖、烧纸钱、放河灯等民俗，由于中元节一般处于处暑中，故后来都成为处暑时节的民俗。秋分节气之间最重要的节日是中秋节，又称祭月节、月光诞、月夕、秋节、月亮节、团圆节等，是中国传统四大节日之一，时间是在农历八月十五日，中秋节有赏月、吃月饼、赏桂花、饮桂花酒、燃灯等习俗。由于中秋节一般处于秋分节气中，故后来都列入秋分节气之中，成为秋分的节气民俗。寒露节气之间正值中国传统的重阳节，又称重九节、登高节等，这个节日时间是在农历九月九日，节日间有登高、赏菊、插茱萸、吃重阳糕、饮菊花酒等习俗，因重阳节一般都处于寒露节气中，故后来这些习俗都列入寒露节气的民俗。霜降节气间的寒衣节，也称十月朝、祭祖节，这个节日时间是农历十月初一，节日间有祭祖扫墓、送寒衣、穿冬衣等习俗。由于寒衣节一般在霜降节气之中，所以这个节日间的民俗也被列入霜降民俗。

冬季时的立冬节气之间有一个下元节，又称下元日、下元、下元诞、完冬节等，这个节日在农历十月十五日，节日间有修斋设醮、祭祀祖先、祈愿神灵、赏灯等习俗，因这个节日一般在立冬节气之间，故其民俗被列入立冬民俗。小寒节气有一个腊八节，又称法宝节等，节日时间是农历十二月初八，节日间有喝腊八粥、祭祀等习俗，由于这个节气一般位于小寒之中，故其民俗被列入小寒民俗。大寒节气时的祭灶节，时间在农历腊月二十三日，节日间有祭灶、吃糖瓜、剪窗花等习俗，由于祭灶一般在大寒节气之中，故后来被列入大寒民俗之中，成为大寒节气的民俗。

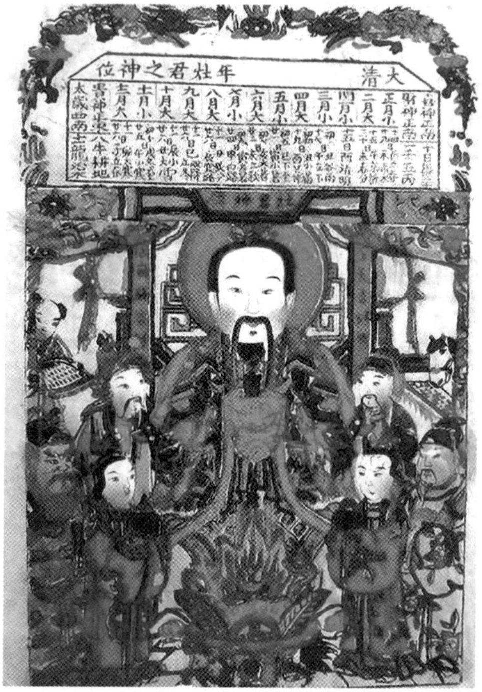

祭灶神

关于节气民俗的扩大，有一个二十四节气与农历日期存在差异的问题。二十四节气是太阳历，而农历是阴阳合历，故节气和农历日期并不对应，为使节气与季节相符，农历要闰月。这样，农历的一个固定日期，并不是固定出现在一个节气之中，而可能出现在2～3个节气之中。例如，七夕节是农历七月七日，这个七月七日并不是固定出现在一年的立秋节气之中，也会出现在一年的大暑和处暑节气中，最多出现在立秋节气之中，故一般将七夕节民俗列入立秋节气之中，称其为立秋民俗。又如腊八节，是农历十二月八日，这个十二月八日并不是固定出现在小寒节气之中，也可能出现在冬至和大寒节气之中，最多出现在小寒节气中，故一般将腊八节民俗称为是小寒节气的民俗。其他节日在节气中出现的时间都与此相同。总的来说，就是农历节日民俗属于哪个节气的民俗具有不确定性，一般以出现最多的节气为准；也有以当年出现在哪个节气之中，就是哪个节气的民俗。在实际进行节日民俗活动时还是以农历日期为准，但称谓上可称是某节气的民俗。

三、民俗的融合与发展

二十四节气确立之后，不仅形成了众多节气民俗，也使众多民俗节气化。在民俗节气化的过程中，各种民俗又相互融合发展，从而形成了体系更为广泛、内容更为丰富的节气民俗体系。

竖蛋

立春时的民俗最早只有一个迎接春神的祭祀风俗，但当众多风俗进入节气之后，这个节气的民俗经过不断地融合发展便有了迎春、打春、踏春、咬春、祭春、送春等众多的立春民俗。迎春就是迎春祭礼，打春就是打春牛，踏春就是踏青，咬春即守住春季，祭春就是祭祖，送春就是送春牛。由此可见，立春民俗经融合与发展，内容已相当广泛了。春分是一个季节转变的节气，即昼夜平分之日。后来这个节气日经融合与发展便有了竖蛋、粘雀子嘴、校正度量衡、祭月等民俗。

清明节是民俗与节气融合与发展的一个最典型的代表。在民俗和节气融合之后，清明不仅是节气又是节日，是民俗节日寒食与清明节交汇的产物。据《左传》《庄子》及汉代桓谭《新论·离事》《后汉书》等记载，再加上后来的传说，寒食节的故事更加丰富多彩。后世所说的寒食节的情况大致是这样的，即寒食节源于春秋时，晋国公子重耳为避晋国祸乱，流亡他国 19 年，大臣介子推等始终追随其左右。一日，重耳饥饿难耐，介子推"割股啖君"，使重耳渡过难关。后来，重耳回到晋国成了晋文公，封赏随其流亡的众臣，唯介子推不求功名利禄，与母亲归隐山西绵山。晋文公为报答介子推救命之恩，欲封赏介子推，但介子推隐绵山不出。晋文公放火烧山，欲逼其出山受封，介子推拒不出山，最后被烧死在一棵柳树下。晋文公感忠臣之志，下令介子推死难日禁火，只准吃冷食，因有寒食节。

寒食节本是纪念介子推的日子，始于汉代，而其真正作为扫墓祭祖的节日始于唐代。据《荆楚岁时记》记载，早在南北朝时，寒食节已被列入"野祭"，就是野外举行的祭祀仪式，不是正规的仪式，但这是寒食祭祀的发端。到了唐代，民间祭祀介子推活动已经比较广泛了，并形成众多民俗。当时寒食节有祭祖、吃寒食粥、吃寒食面、吃寒食浆、插柳等众多习俗。其中插柳习俗据说来源于晋文公祭拜介子推。相传，介子推死后第二年，晋文公至绵山祭拜介子推，见被烧死的柳树发芽，于是采下一枝条插于头上，表示对介子推的怀念。之后，便有了寒食插柳的习俗。

清明节作为二十四节气之一，原本是一个反映气候、物候现象的节气，意思是绿草青青，春和景明，故有踏青、荡秋千、蹴鞠、放风筝、斗鸡等习俗。因此，清明产生的民俗主要是踏青和娱乐活动。

寒食节原本在冬至后的第 105 天，和清明节相差 2 天。据《唐会要·休假》记载，开元二十四年(736 年)二月，玄宗皇帝发布敕书，把寒食和清明列为

荡秋千

一个假期，放假 4 日；大历十三年(778 年)二月，把寒食和清明合在一起放假 5 日；贞元六年(790 年)三月，又把寒食和清明合在一起放假 7 日，由此两个节气开始逐渐融为一体。在唐代，虽然二者合为一个假期，但寒食节和清明节活动是分开进行的。寒食节是禁火吃寒食，清明才能生火做饭。唐王表的《清明日登城春望寄大夫使君》诗有“寒食花开千树雪，清明日出万家烟”之句，说的就是寒食时禁火，后面的清明才开始生火做饭。又唐徐凝的《嘉兴寒食》诗有：“嘉兴郭里逢寒食，落日家家拜扫回。”可见寒食节是扫墓的日子。又唐郭郧的《寒食寄李补阙》诗云：“兰陵士女满晴川，郊外纷纷拜古埏。”埏即坟墓，寒食时就是扫墓祭祖。又唐曹松的《寒食日题杜鹃花》云：“一朵又一朵，并开寒食时。谁家不禁火，总在此花枝。”可见寒食日禁火。又唐贾岛的《清明日园林寄友人》云：“今日清明节，园林胜事编；晴风吹柳絮，新火起厨烟。”由此可见清明是游园。从众多唐诗可以看出，唐代寒食节和清明节虽然为一个假期，但活动还是分开进行的。寒食时禁火，活动是祭祖扫墓；清明时方生火做饭，活动主要是踏青出游。

唐代寒食为祭祖扫墓之日，不仅诗歌中这样说，唐代的文献中也同样记述寒食节是一个祭祖扫墓的日子。据《唐会要》记载，开元二十年(732 年)四月二十四日玄宗颁诏：“寒食上墓，礼经无文，近代相传，浸以成俗。”诏书的话是说，古代的经典上没有寒食上坟祭祖的明确记载和规定，是近代才广泛流传的，并逐渐成为一种习俗。又据《唐会要》载，在寒食约定俗成之后，唐王

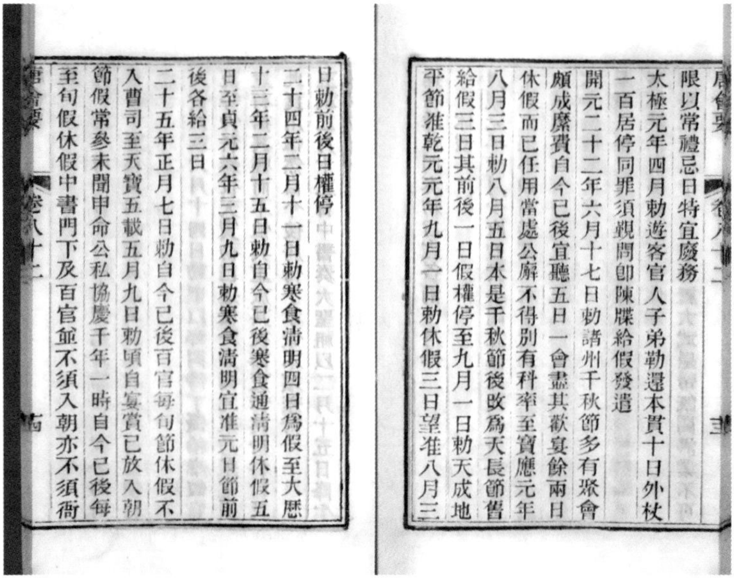
限以常禮忌日特宜廢務
太極元年四月勅遊客官人子弟勒還本貫十日外杖一百居停同罪須親問卹陳牒給假發遣
開元二十二年六月十七日勅諸州千秋節多有聚會頗成糜費自今已後宜聽五日一會盡其歡宴餘兩日休假而已任用當處公廨不得別有科率至寶應元年八月三日勅八月五日本是千秋節後改爲天長節舊給假三日其前後一日假權停至九月一日勅天成地平節准乾元元年九月一日勅休假三日望准八月三日勅前後日權停
二十四年二月十一日勅寒食清明四日爲假至大歷十三年二月十五日勅自今已後寒食通清明休假五日至貞元六年三月九日勅寒食清明宜准元日節前後各給三日
二十五年正月七日勅自今已後百官每旬節休假不入曹司至天寶五載五月九日勅頃自宴賞已放入朝節假常參未聞申命公私協慶千年一時自今已後每至旬假休假中書門下及百官並不須入朝亦不須衙

《唐会要·休假》

朝将寒食节“编入礼典，永为常式”，从此寒食成为法定祭祖之日。由此可见，寒食真正成为扫墓之日，兴起于唐代，而唐代时的清明仍是一个踏青的日子。

世间流传甚广的唐代杜牧七言绝句《清明》云：“清明时节雨纷纷，路上行人欲断魂。借问酒家何处有，牧童遥指杏花村。”事实上，这首诗并非杜牧所作。因为，该诗最早收录于南宋初年佚名编写的大型类书《锦绣万花谷》一书中，书中首次言其为唐诗，之后南宋末年谢枋得《重订千家诗》方才署名为杜牧。再者，杜牧的文集《樊川文集》、清代的《樊川诗集》及《全唐诗》均没有著录杜牧这首诗，这说明比较严谨的文献并不认可此诗为杜牧所作。再从唐代众多诗人的清明诗看，寒食是祭祖扫墓的日子，而清明并不是扫墓的日子。再者《唐会要》《旧唐书·玄宗本纪》也都明确记载寒食节才是扫墓之日，而清明不是祭祖之时。所以此诗非杜牧所作，而应当是宋朝人撰写的。

那么，寒食和清明合二为一，并且确定清明为扫墓的节日起源于何时？应该是宋代。北宋黄庭坚的《清明》诗有“佳节清明桃李笑，野田荒冢只生

清明祭祖

愁”，说的是清明日，走到坟场，看到长满杂草的坟墓，令人凄凉。又南宋高翥的《清明日对酒》云：“南北山头多墓田，清明祭扫各纷然。纸灰飞作白蝴蝶，泪血染成红杜鹃。”诗文写清明扫墓的情景非常真切。又据南宋吴自牧《梦粱录》记载，包括皇家在内，清明时节要上坟祭祖扫墓。由此可见，清明扫墓的习俗是从北宋发端、南宋时兴起的。之后，由于元代蒙古族人吃羊肉及饮奶茶都是烧熟和用火加热后才食用及饮用的，故元朝反对寒食禁火。自此之后，寒食节之名已经完全被清明节所取代，寒食节的扫墓成为明清时期最大的民俗活动，一直沿袭至今，而清明的民俗踏青、放风筝、荡秋千、蹴鞠等都被弱化，甚至有的已经消失。这些正是二十四节气融合发展的结果。

在冬至和夏至的节气民俗中，“冬至饺子、夏至面”是民间饮食文化与节气融合并发展比较典型的产物。饺子，又名角子、匾食、扁食、饺耳、水饺、粉角等，其制作历史非常悠久。1978 年在山东滕州春秋时期薛国故城墓葬的青铜器中发现了饺子。又《礼记》云：“稻米二，肉一，合一为饵，煎之。”这个应当是煎饺。1981 年在重庆忠县三国时的古墓中出土了陶厨庖俑，厨案上放食品，中心放着捏好的花边饺子。由上可知，饺子的历史可追溯到先秦时期。在二十四节气确立之后，节气与饺子便结合起来，形成了有趣的故事。相传，东汉时医圣张仲景看到家乡南阳的乡亲在冬季寒冷的冬至时，因缺少御寒衣帽，耳朵被冻烂。于是他便将羊肉、花椒、芥末等驱寒发热的食材放在锅里熬制后捞出切碎，包成耳朵状的“饺耳”，让乡亲食用，之后百姓的耳朵果然在严冬时不再被冻烂。从此，饺子开始传于世，并成为北方冬至最流行的民俗。实际上冬至吃饺子是节气融合饮食文化而产生民俗的又一范例。“夏至面”

同样如此。中国的面条历史可追溯到4000年前的夏代。在青海民和县4000年前喇家村漫滩沉积物下，考古发现倒扣的碗中装有黄色面条，这是迄今发现最早的实物面条。随着时间的推移，特别是秦汉发明石磨之后，小麦被磨成面粉，吃面条开始增多。魏晋南北朝时，面条种类大增，隋唐时面条的花样则更加丰富。在二十四节气确立之后，夏至节气之前的芒种是收麦的时节，到了夏至时，为了庆祝丰收，于是便把庆贺日定在夏至。又因面条有长寿之意，于是庆丰收的夏至日吃面条便流行起来。夏至吃面条，也是饮食文化与节气文化融合及发展的产物。

流行于江南的“立夏称人”，原本是养生文化的产物，但后来和忠义思想及节气融合形成了许多传奇性的故事。立夏之后，随着气温的升高，在工作和劳动时会大量出汗，同时由于气温高会使食欲下降，这样就会造成人体消耗的增大，使人消瘦，体重减轻。后来，人们便在立夏时称体重，到立秋时再称体重。若体重减轻，便想方设法吃补品以增重。这原本是解决夏季人体减轻的一种养生方法，但后来融入节气之后，在忠义思想感召下，又被融入了许多传奇故事。

称人

其一，相传三国时刘备要出征，将其子阿斗交赵云护送到东吴，交刘备夫人孙尚香抚养。到吴国时恰逢立夏，孙夫人怕照顾不周，使阿斗变瘦，无法向夫君刘备交代，于是给阿斗称重并让赵云记下。到了翌年立夏赵云再去看阿斗时，对其称重，阿斗体重增加了。这个故事表示孙夫人精心照料了阿斗，也说明孙夫人是重情重义之人。

其二，相传三国时期诸葛亮曾七擒孟获，最后使其真心归汉，并对诸葛亮言听计从。诸葛亮临终前嘱咐孟获每年看一次蜀主刘禅，即阿斗。后来，晋灭蜀，阿斗被晋武帝放置于洛阳。孟获不忘丞相之嘱，每年夏至便去看望阿斗，并给阿斗称重，看晋武帝是否虐待阿斗，若虐待就起兵反晋。晋武帝怕孟获造反，每年夏至前做好饭让阿斗吃，孟获每次看望阿斗对其称重，都发现其体重在增加。由此，阿斗得以善终。当然，这仅仅是民间故事，但这正是人的忠义思想与节气文化融合发展的结果，是富有深厚文化色彩的节气民俗。

第十三章

中华民族共同的宝贵文化遗产

第一节 中华民族优秀的传统文化

一、黄河文明是华夏文明的基石

黄河作为中华民族的母亲河，从青海巴颜喀拉山出发，一路奔腾跨越5000多千米流入大海。这条蜿蜒在华夏大地上的巨龙，对中华民族的发展和文化形成产生了深远的影响，不仅是中华文明的脊梁，也是世界上四大文明发祥地之一。

黄河母亲

在世界文明史上，尼罗河流域诞生的古埃及文明，创立了象形文字、金字塔、狮身人面像、太阳神庙等；底格里斯河和幼发拉底河流域诞生的古巴比伦形成的美索不达米亚文明，创立了楔形文字、汉谟拉比法典、空中花园等；印度河和恒河流域诞生的古印度文明，创立了印度教和佛教、阿拉伯数字等；中国黄河流域诞生的中华文明，创立了甲骨文、四大发明、二十四节气、长城、儒学等。

在四大文明古国中，尼罗河流域、底格里斯河和幼发拉底河流域、印度河流域创立的文明都发生了中断现象，唯有黄河流域孕育的中华文明一直连绵不断、传衍至今。

黄河中下游地区在中华文明史上一直起着扛鼎的作用。从旧石器时代到新石器时代，黄河中下游一直处于黄河文明的核心地区。在国家制度诞生之后，黄河中下游地区成为中华民族的核心，是夏、商、周三代至北宋的建都之地，是中国古代政治、经济和文化中心。从裴李岗文化、仰韶文化、龙山文化，再到河洛文化、诸子百家、儒家文化、道教文化、甲骨文等，黄河中下游地区都是核心策源地。

浩荡黄河

黄河文明在其发展过程中，催生了中华民族璀璨夺目的伟大发明，陶器、青铜器、铁器、瓷器、丝绸、中医药、火药、指南针、造纸术、活字印刷、珠算等，大多诞生于黄河流域。而由黄河文明孕育并被誉为中国第五大发明的二十四节气，从黄河中下游地区发源，逐步走向全国，成为中华民族优秀传统文化的杰出代表。

二十四节气作为中华农耕文明的重要标志，是中华民族悠久历史和灿烂文化的重要组成部分。二十四节气作为中国人长期观察自然、顺应自然规律的结晶，一直在华夏文明历史上闪烁着耀眼的光芒。二十四节气所反映的太

造纸术

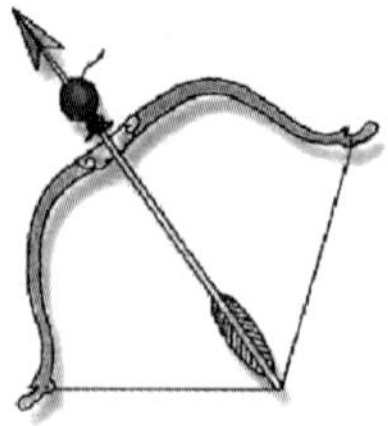

火药

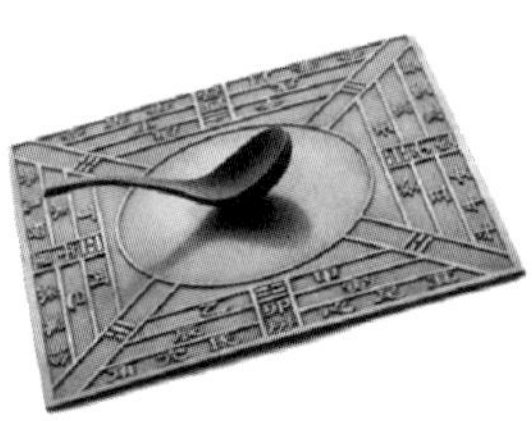

指南针

印刷术

四大发明

阳周年运动规律及制定的节气，使中国的农耕有了准确的时间表，极大地提高了农业的生产效率。二十四节气所反映的自然变化规律及气候特征，使之成为人们日常生活、文化活动等方面的重要指南。在中华各民族的共同努力下，二十四节气不仅得到较好的保护、传承和发展，而且成为中华民族共同的财富，成为中华民族不朽的文化传统和精神食粮。

二、节气是中华民族传统文化观念的反映

二十四节气是中国人独创的时间表，是中华民族智慧的结晶。二十四节气在起源及长期的应用和实践过程中，被融入了大量反映中国人文化意识、思想观念、情感体验以及价值取向等。由此，二十四节气是中国传统文化的重要载体。

（一）节气是中国人的时间观念

时空是人们认识世界的前提，没有时空作为参照，就无法改造世界，即使描述世界都无从下手。但是时空观念也并非人们“生而有之”的，世界各地的人们在时空观念的形成上有着不同的路径。其中，二十四节气就是中国人独创的时间观念，是世界上独一无二的“中国人的时间”。

日晷

对于时间的认识，从根源上来讲，是以人们对事物周期性变化的认识为基础的。例如，太阳一次次从东方升起，月亮一次次圆缺，还有植物一次次枯荣等。这种周而复始的变化，在人们的认识里一次次叠加，就很容易成为人们描述事物变化的参照，这就是时间产生的最初状态。

世界各地的人们，对这些周期性强且可以作为描述其他事物变化的参照物，有不同的认识，因此又形成了各地不同的历法。世界各地在制定历法时都是以与人们关系最为密切，而且最易观察到的太阳和月亮运动规律作为参照物来制定的。其中，以太阳的运行规律为参照物所制定的历法称为太阳历；以月亮的运行规律为参照物所制定的历法称为太阴历；以两者相结合所产生的历法称为阴阳合历。

太阳历，简称阳历，即现在世界通行的公历。此历法最早产生于古埃及，是以地球绕太阳公转的运动周期为基础而制定的。太阳历的历年近似等于回归年。太阳历是先有年后有月，一年中又分为 12 个月，一年平均 365 天，闰年 366 天。太阳历的月份、日期与太阳在黄道上的位置相符，根据阳历日期，可以看出一年四季的冷暖变化情况。

太阴历，简称阴历，是根据月球绕地球的运动周期为基础而制定的。一个月即月球环绕地球一圈。阴历的月是古人从观察实践中得来的。人们在观察月亮时发现了其圆缺变化的周期，于是把月亮的一次圆缺过程经历的时间称为一个月。相对太阳历，太阴历是先有月后有年。由于月亮的圆缺变化周期最为明显，所以古老的中国及埃及、巴比伦、印度、希腊等最初用的都是太阴历。阴历以月亮圆缺一周为一个月，一年分为 12 个月，大月 30 天，小月 29 天，一年平均 354 天。

在太阳历和太阴历之外，还有一个阴阳合历，这是中国人创造的一种复杂而具有丰厚文化内涵的历法。阴阳合历的一年以地球绕太阳一圈的时间为基准；而阴阳合历的月则是以月球绕地球一圈的时间为基准。这是中华先民对太阳、月亮的崇敬以及对农业生产和日常生活的认知和运用的结果。

中国是以农耕为主的国家，随着农业的发展，出现了阴历历法的月份与四季寒暑变化以及农业需要的时令配合不上的矛盾。为此，反映以中原为核心的黄河中下游地区在一年之中的天文、季节、气候、物候、农事活动等方面变化的二十四节气就应运而生了。

从天文学角度来说，二十四节气是由太阳位置决定的，是太阳历的范畴。中国的传统历法，是典型的阴阳合历，即阳历与阴历兼顾的历法，融合了地球、月球、太阳运转的周期。故月份的长度依月球运行周期为准，年的长度依地球公转的回归年为准，而二十四节气则是记录了一年之中季节、气候、物候、农事活动等方面的变化规律。

在中国的阴阳合历中，由于月和年存在着误差，为使月份与季节相符，也就是冬至太阳能回到原来的位置，于是中国人发明了闰月来调整阳历和阴历不相符的矛盾。二十四节气之所以是中国才有的历法，与中国特殊的地理、气候，中国人特有的生产生活方式、认识思维方法以及早期先进的天文科技有关。

首先，二十四节气的发明与早期中国的地理、气候相关。黄河中下游地区属中纬度暖温带季风气候，这种气候环境的特点就是四季分明，春季温暖、秋季凉爽，夏季高温多雨，冬季寒冷干燥。这个特殊的地理、气候环境，最易使人按照气候的变化，把一年分为四季。

其次，二十四节气的发明与中国人的农耕文明传统相关。华夏文明的发源地黄河中下游地区的气候和土壤等自然条件，决定了中国人漫长的农耕生产方式，而农耕生产也离不开所在地气候的变化。开展农业生产的人们，只有认识了农作物的生长与一年四季气候变化的关系，才可能有种有收。“掌握季节，不违农时”是农业生产最基本的要求之一。《齐民要术》上曾经写道：“顺天时，量地利，则用力少而成功多，任情返道，劳而无获。”即按照季节的气

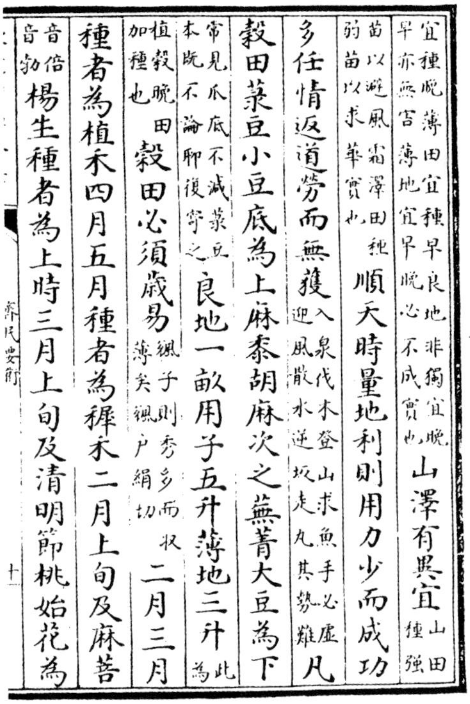
宜種晚薄田宜種早良地非獨宜晚早亦無害薄地宜早晚必不成實也山澤有異宜山田種強苗以避風霜澤田種弱苗以求華實也順天時量地利則用力少而成功任情返道勞而無獲入泉伐木登山求魚手必虛迎風散水逆坂走丸其勢難凡穀田菉豆小豆底為上麻黍胡麻次之蕪菁大豆為下常見瓜底不減菉豆本既不論聊復寄之良地一畝用子五升薄地三升此為植穀晚田加種也穀田必須歲易飆子則秀多而收薄矣飆戶絹切二月三月種者為植禾四月五月種者為穉禾二月上旬及麻菩音倍楊音勃生種者為上時三月上旬及清明節桃始花為

齐民要術　十二

《齐民要术》

候去耕作，可以以较少的投入获得较多的产出，如果按主观臆断任意去做，就会劳而无获。这些是中国人创立二十四节气的农耕因素。

再次，二十四节气的发明与中国人认识世界的方法和古代的科技发展相关。中国人最早、最核心的认识世界的方法是二元认识论，由二元认识论看待世界，产生了阴阳学说，从而把天地万物划分为阴阳对应关系。同时，源于黄河中下游的中国古代用圭表测影方法来确定四季及节气的方法，为节气的诞生奠定了天文科学基石。圭表测影法是中国人认识世界的方法，即阴阳二分法。太阳照射的地方为阳，反之为阴；白天为阳，夜间为阴；高温的夏为阳，寒冷的冬为阴。如此一一对应，把一年时间逐步地二等分，二十四节气就应运而生了。二十四节气的产生，正是中国人通过阴阳理论认识时空的结果，是天文科技发展的结果。

综上所述，黄河中下游的地理、气候，中国人持久的农耕生产方式及中国人独特的认识世界的方法和早期的科学技术水平，这些因素决定了二十四节气在中国被发明的必然性和唯一性。

（二）节气是中国人传统哲学观念的展现

二十四节气不仅是古代中国人用来指导农业生产的补充历法，也是中国人自然观、生命观、宇宙观、哲学观的展现。其中，中国传统哲学中的“天人合一”和“阴阳五行”两大基本命题在节气文化中都有充分体现。

“天人合一”是中国传统文化中的一个基本问题，是中西文化差异的焦点，也是中国哲学的基本特性，而二十四节气的发明与实践正是这种哲学观的典型表现。

“天人合一”作为中国哲学史上一个重要命题，历来有众多解释，总结先秦诸子的看法，虽然各自对“天”与“人”的范畴有不同的解释，但对二者之间关系的表达主要有3种。

一是“顺天说”，即人作为大自然的一部分，要顺天而为。这里面有以老庄为代表的顺天思想。老子说：“人法地，地法天，天法道，道法自然。”即作为主体的人应当效法天地、效法自然。庄子说：“天地与我并生，而万物与我为一。”即人与天地也是相互依存，强调要尊重自然规律。同时，儒家的孔孟思想也肯定天有意志，可以主宰社会人事，后来又被董仲舒改造为“天人合一”“人副天数”的理论。

二是以荀子为代表的“制天说”，即“制天命而用之”。他认为自然与人之间，是有区别和界限的，可明确为“天职”与“人治”。故荀子认为：“天有其时，地有其财，人有其治，夫是之谓能参。”即人类能够根据对天时、地利的认识来利用自然、役使万物，叫作“能参”。人类能够参与世界变革这种自觉的能动性，成为自然界的主人。

三是《周易》的“天人调谐说”，即“范围天地之化而不过，曲成万物而不遗”，即天地之间、人世之间，万物的变化，都是在易道易象的范围之内，通过顺应自然规律促成万物的生长和发展而不会有所遗漏。

从对这3种关系的阐释来看，“顺天说”似乎略显被动；“制天说”则略显主动，特别是在科学技术高度发展的今天，“制天说”似乎有突破人与大自然关系的倾向。只有第三种比较辩证统一而全面，即“天”就是自然，“人”就是人类，“合一”就是两者关系和谐，相辅相成。

“天人合一”的哲学观在二十四节气中有明显的体现。二十四节气是中国人对大自然周期性变化规律的认识和总结，它反映的虽然是客观现象，有其自然属性的一面，但同时对应着自然时间的时序，在二十四节气丰富的内涵中，更多的是人事，有着社会属性的一面，是“天人合一”的最好呈现。主要有以下几个方面：

首先，二十四节气是中国人“顺天”识天的结果。在这里，“天”是客观存在的“天时”，是客观规律，不以人的意志为转移，而中国人作为认识主体，其认识“天时”的活动也是“顺天”的，这样才产生了二十四节气。在这个认识过程中，如果不“顺天”，就不可能真实地反映“天时”，所以二十四节气是“天人合一”的结果，而且在这层天人关系中，人是“顺天”的。

其次，二十四节气也是中国人“制天”实践的总结。对于二十四节气，许多人会把它看作是一个个时间节点。事实上，经过近 2000 年人的智慧和实践的不断充实，它已是一个文化资讯极为丰富的庞大系统。节气里面不仅有人们对大自然的客观认识，例如，什么样的节气有什么样的物候，而且还有更多人们改造大自然的成果和实践总结，例如，二十四节气本来是按照黄河中下游以中原为中心地区的时令指导农事活动，但在其他地区推广后，为了同样达到指导农业生产的目的，人们就会结合实际，创造性地丰富和完善某些节气的内容。例如，有些地方，按照节气的时间点，把当地相近时间点内已有风俗纳入到节气文化中，丰富了节气的文化内涵。太多农耕文明的经验都被不断地添加到节气文化中，从而使节气文化蔚为大观、丰富多彩，成为指导农业生产、生活实践的“百科全书”。

再次，二十四节气是中国人追求“天人调谐”境界的重要工具。在中国人的观念中，“人”对于“天”来说，既是“天”的一部分，又是“识天”“制天”的“万物之灵长”。这两种特性使中国人提出了“天人合一”的最高境界，即“天人调谐”。要达到“天人调谐”的境界，二十四节气是重要的工具。由于二十四节气在人们不断地认识大自然的同时，还提醒人们在大自然面前，一方面作为“万物之灵长”，使大自然“为我所用”；另一方面作为大自然的一分子，不能任意地破坏自己的生存环境，“违时而行”。这是二十四节气长期带给中国人的历史意义，更给我们当下建设生态文明以深刻的启示。

阴阳五行观在二十四节气中有明显的体现。阴阳五行是中国传统哲学

阴阳五行图

的基本命题。阴阳五行，可分为“阴阳”与“五行”，阴阳与五行两大学说的合流形成了中国传统思维的框架。阴阳是指世界上一切事物中都具有的两种既互相对立又互相联系的力量，它是古人对宇宙万物两种相反相成性质的一种抽象反映，也是宇宙对立统一及思维法则的哲学范畴。五行是指世界上的一切事物都由“木、火、土、金、水”5 种基本物质的运行和变化所构成。

就阴阳与五行的关系，阴阳与五行属于形式与内容的关系。具体来说，阴阳的内容是通过木、火、土、金、水物象反映出来的，五行属于阴阳内容的存在形式。如宇宙虽然无边无际，但从地球这个视角来看，其相互对立的两个方面就是天地，天地的空间就是通过东南西北中显示出来的。

自古以来，阴阳和二十四节气有着密切的关系。所谓阴阳就是太阴（月亮）和太阳对地球上生命影响的规律或学问，古人用二十四节气来反映这种阴阳关系。二十四节气中的“冬至”到“夏至”之间的节气属于阳，夏至到冬至之间的节气属于阴。中国处于地球的北半球，由于地球是椭圆形的，且两极轴心有夹角，在自转和围绕太阳公转中产生了上下移动的现象，太阳往上

(北)的最高点被人们规定为北回归线,往下(南)的最低点被人们规定为南回归线。太阳直射最北端北回归线时为夏至,太阳直射最南端南回归线时为冬至,如此周而复始。这就是阴阳与二十四节气的关系。

具体到二十四节气与五行的关系,五行在二十四节气中的体现,由于一年只有四季,古人为了让其与五行相配,用了两种方法:一种是把每季末的18天作为土旺期;另一种是把一年分为5个阶段,把四季中的夏分为夏和长夏,其中长夏按古人的分法,为农历六月。《黄帝内经·素问·六节藏象论》王冰次注云:“长夏者,六月也。土生于火,长在夏中,既长而旺,故云长夏也。”这样四季就变成春、夏、长夏、秋、冬,便与五行对应起来,就是春为木,主生;夏为火,主长;长夏为土,主养;秋为金,主收;冬为水,主藏。

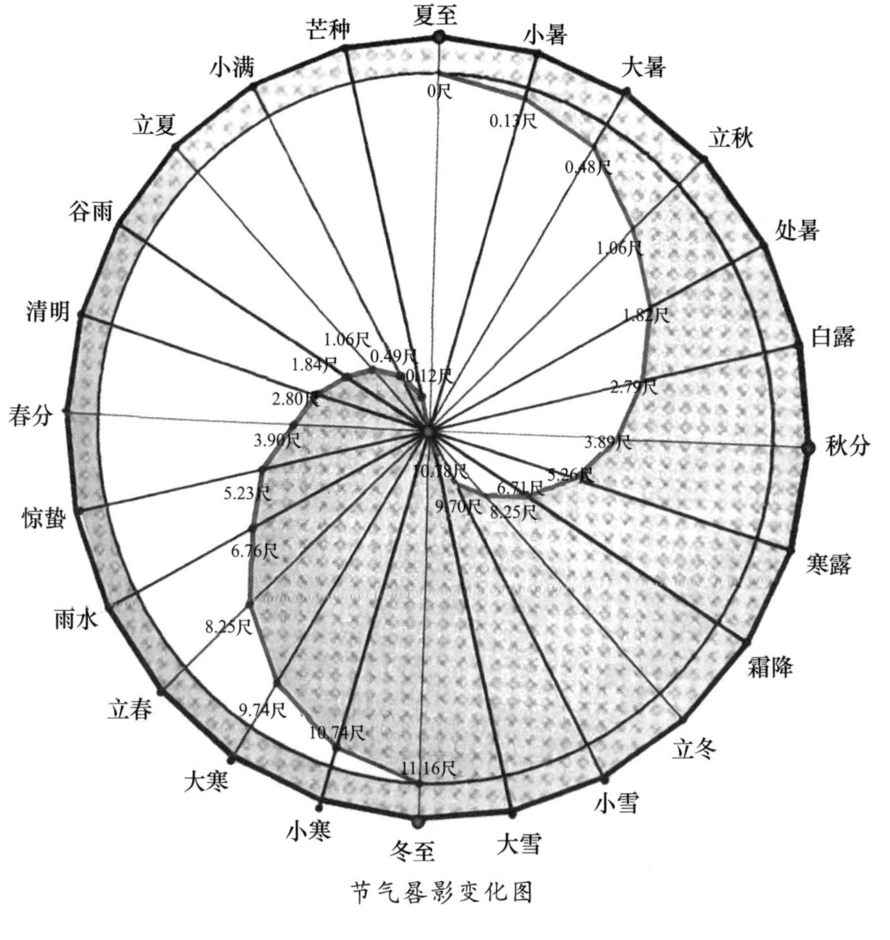

节气晷影变化图

具体到二十四节气与五行的细致关系，即以立春为起点，经过雨水，到惊蛰前止，是以阳木性质为主体的时段；以惊蛰为起点，经过春分，到清明前止，是以阴木性质为主体的时段；以清明为起点，经过谷雨，到立夏前止，是木气向火气转换的过渡时段；以立夏为起点，经过小满，到芒种前止，是以阴火性质为主体的时段；以芒种为起点，经过夏至，到小暑前止，是以阳火性质为主体的时段；以小暑为起点，经过大暑，到立秋前止，是以火气向金气转换的过渡时段；以立秋为起点，经过处暑，到白露前止，是以阳金性质为主体的时段；以白露为起点，经过秋分，到寒露前止，是以阴金性质为主体的时段；以寒露为起点，经过霜降，到立冬前止，是金气向水气转换的过渡时段；以立冬为起点，经过小雪，到大雪前止，是以阴水性质为主体的时段；以大雪为起点，经过冬至，到小寒前止，是以阳水性质为主体的时段；以小寒为起点，经过大寒，到立春前止，是水气向木气转换的过渡时段。

（三）节气是中国人传统伦理观的反映

二十四节气包含深厚的传统伦理观念。伦理，笼统地讲，就是人的行为规范。主要包括3个方面：人与自然、人与人、人与自身。二十四节气从其发展演变过程来讲，最初只是作为“天时”被中国人发明后，用来指导农业生产，随着融入更多的人文活动，从而成为中华民族的一种文化时间，这些人文活动，蕴含了丰富的传统伦理观念。

其一，“天人合一”观念下的祭天祈丰。在中国人的心目中，上天是至善的化身，是人类道德的本源，人的行为受制于天命，所以二十四节气是大自然对人类的恩赐，特别在以农耕为主的社会中，人们对于天命，给予十足的敬畏。其表现形式主要是通过官方和民间祭祀，一方面，祈求上天风调雨顺，造福天下，获得丰收；另一方面，要感恩上天。这些在二十四节气各种民俗中表现得比较突出，如雨水祭龙神、夏至祭天神、冬至祭天神等。

其二，天人感应观念下节气的异常物候现象成为灾祸的预兆。在中国古人的心目中，“天道之大者在阴阳，阳为德，阴为刑，刑主杀而德主生”。即大自然正常情况下，会按时令的变化出现相应的物候现象，这是上天对人们的恩赐，是所谓的“上天之德”。但是它也有不正常的时候，出现反常的物候现象，这又是上天对人们的警告或惩罚，是所谓的“上天之刑”。《逸周书》里的《时训解》就是专门讲二十四节气的七十二候如果没有按照时令出现，就预兆着有灾难与祸事要发生。这是秦汉时期盛行的“谶纬说”。

其三，在慎终追远的观念下，节气民俗有众多祭祖祭圣活动。慎终追远是中国人最重视的伦理观念，也是传统伦理的主要内容，在二十四节气的民俗中，反映这种伦理观就是对圣人、先祖的感恩，其表现形式为祭祖祭圣，如清明祭祖、冬至祭祖、寒衣节祭祖等。

二十四孝图之怀橘遗亲

其四，在百善孝为先的观念下，节气民俗有了众多的感恩父母的活动。孝是中华民族传统美德的基本元素，是关爱父母、父辈、尊敬老人的一种文化传统。由此，孝道是中华民族尊奉的传统美德。在中国传统道德规范中，孝道具有特殊的地位和作用。在二十四节气的民俗中，反映这种伦理观就是对父母长辈的各种孝敬活动，如春节拜长辈、三门祭冬行敬老礼、中元节祭祖等。

其五，在敬畏天时观念下的节令形成了许多“禁忌”。受“天人合一”思想观念的影响，中国人做什么事情都主张顺应天时，而这些天时往往是有道德感的。在二十四节气的习俗中，伦理上就表现出许多不得“违时”的禁忌，如雨水忌无雨、惊蛰春分忌走亲、立夏忌晴天、芒种忌无雨、立秋忌劳作、立冬忌无雪、清明妇女忌做针线活、立夏忌坐门槛、惊蛰忌吃刺激性食物等。当然，在众多的禁忌中，许多是有一定道理的，是反映人们的美好愿望。但有一些禁忌从当今科学技术水平来看，并不符合科学道理，这是当时历史条件下的产物。

第二节　二十四节气的保护和传承

二十四节气作为中华民族智慧的结晶，是宝贵的非物质文化遗产，是中华民族共同的财富。保护和传承二十四节气对弘扬民族精神之魂，传承民族文化瑰宝具有重要的现实意义和历史意义。相信，在全社会的共同努力下，二十四节气这一中华民族文化的瑰宝，一定会绽放出更加璀璨夺目的光彩。

一、二十四节气的保护

二十四节气作为农耕文明的杰出代表，在农耕时代发挥了不可替代的作用。随着社会的发展，二十四节气作为优秀的传统文化，在当今社会的政治、经济和文化中仍然发挥着重要作用，是我们民族前进的重要动力。

二十四节气因其非凡的价值，于 2006 年被列入第一批国家级非物质文化遗产。从 2006 年开始由文化部非物质文化遗产司指导，中国农业博物馆牵头，在中国民俗学会的支持下，联合 10 个代表性传承保护社区进行申报人类非物质文化遗产工作。2016 年 11 月 30 日，在联合国教科文组织非物质文化遗产政府间委员会第十一届常会上，二十四节气被列入人类非物质文化遗产代表作名录，这标志着二十四节气这一宝贵的非物质文化遗产得到了世界的公认。在申遗成功之后，中国农业博物馆组织全国各地与二十四节气相关单位通过举办研究会、报告会、展览会、交流会、节气文化产品设计大赛以及建立保护基地、展示馆、博物馆等多种形式，开展对二十四节气的保护，使二十四节气保护工作取得了良好效果。

在联合国将二十四节气列入人类非物质文化遗产之后，河南登封市的“二十四节气”、浙江杭州拱墅区的“半山立夏”、河南内乡县的“打春牛”、浙江衢州柯城区的“九华立春祭”、广西天等县的“壮族霜降节”、浙江遂昌县的“班春劝农”、浙江三门县的“三门祭冬”、湖南安仁县的“安仁赶分社”、湖南花垣县的“苗族赶秋”和贵州石阡县的“石阡说春”这 10 个代表性传承保护社区作为申报人类非物质文化遗产二十四节气的传承地，其保护工作取得了卓有成效的成绩。

登封市在二十四节气的测影地观星台每年都举办夏至、冬至“测日影祭周公”“千人长寿面”“千人饺子宴”等活动，同时还举办内容丰富的夏至、冬至文化节。杭州拱墅区每年都要在半山举行传统的立夏民俗活动，如吃米饭、煮蚕豆、称人、吃立夏饼等活动。内乡县每年立春时都要举行盛大的“打春牛”民俗活动。立春日，都要在县衙举行的祭春牛、祭芒神、打春牛以及民间文艺表演等活动。衢州柯城区每年立春时都要举行九华立春祭活动，主要内容有供祭品、扎春牛、拜春神句芒、迎春接福、赐求五谷丰登等。天等县在每年霜降期间举办颇具壮族特色的霜降节活动，内容有做糍粑、串亲戚、进行商贸活动、举办民俗歌舞等。遂昌县每年立春前都要举行劝农仪式，即劝课农桑，鼓励农耕，主要内容有祭春、鞭春和开春等仪式。三门县每年冬至都要举行祭冬活动，主要内容有取长流水、祷告祈天、祭祖、演祝寿戏、行敬老礼、设老人宴等。安仁县在每年春分时都要举办赶分社活动，主要内容有祀神祈谷、民间艺术表演、春分开耕仪式、赶场交易中草药等。石阡县每年都在立春前举办石阡说春活动，旨在劝农行耕，祝福风调雨顺，而说春则有说正春和说野春两种形式。除上述代表性传承保护社区外，全国许多地方也开展了形式多样的二十四节气保护活动，如举办研讨会、民俗展示、建立基地、建立博物馆及展示馆、举办节气民俗文化节、研学活动、媒体宣传等形式，开展对二十四节气的有效保护。通过这些措施的实施，使中国宝贵的文化遗产得到了有效的保护，也为二十四节气的传承和创新奠定了坚实基础。

冬至日观星台测日影

石阡说春

在大力保护二十四节气非物质文化遗产的同时，我们也应当看到在二十四节气保护工作中面临着许多现实问题：其一，随着社会的发展及现代天文学和气象学的日新月异，新的气象知识很多已代替了传统的气候知识，二十四节气在指导农业生产方面的功能在弱化，尤其在城市里大多数人只知阳历、星期几，但对农历节气已比较淡漠，相关歌谣、谚语也逐渐淡忘。其二，随着科学技术的发展及工业化和现代化进程的加快，二十四节气对人们生活的指导作用也在弱化，人们日常生活中的衣、食、住、行等，很多以天气预报为指导，而以节气为指南的在弱化。当然，还有一些对二十四节气的重要性及在文化中的地位认识不足，导致二十四节气保护存在主动性不强的问题，这是在保护中华优秀传统文化二十四节气中需要解决的。

对于二十四节气的保护，不论是在理论上还是实践上，社会各界人士基本上达成了几项共识。

其一，大力提高全民对二十四节气的认知。虽然通过大量对二十四节气的宣传、讲解及体验等形式使许多人认识了二十四节气，了解了二十四节气，但就已知程度来说，大多数人对二十四节气知识的认知度还有待提高，对二十四节气深层的文化内涵了解得还不够深刻。这些还需要通过更多的知识讲座、媒体宣传、二十四节气深度体验、进校园、进课堂等活动来实现，从而全面提高公众对二十四节气的认知。

其二，建立保护二十四节气的博物馆、展示馆、体验馆等。就中国目前保护二十四节气的设施而言，相对是比较少的。二十四节气是一个跨度长、内容多的文化体系，保护二十四节气确实存在一些现实问题，如节气的实物分散、节气的时间不一等。如果将反映二十四节气的各种气候、物候现象及各种实物等集中于一体，一是可以起到集中保护的作用；二是可以为公众提供更加丰富的二十四节气文化集中展示和体验区；三是可以为研究、传播二十四节气文化提供充足和便利的条件。

其三，加强二十四节气文化的挖掘整理和研究工作。二十四节气从开始探索到现在已有数千年的历史，从确立到现在已有 2000 多年的历史。随着二十四节气在全国的广泛传播，呈现出欣欣向荣的局面。由于二十四节气历史悠久、内容广博，需要研究和探讨的东西还非常多。由此，挖掘整理和赓续历史上留传下来不胜枚举的二十四节气文化是一项繁重的任务，也是保护好二十四节气文化必须施行的有效措施。二十四节气的理论、技艺、价值、保护、传承、创新等方面都需要认真研究和总结，这也是保护二十四节气文化不可或缺的重要任务。

其四，倡导社会参与和立法保护。二十四节气是一个庞大而复杂的体系，涉及范围及内容极为广泛，仅靠某一团体或组织是很难实施对二十四节气全面保护的。因此，鼓励和引导社会各界参加二十四节气文化的保护显得非常重要。社区、民间组织以及个体都可以参与到保护二十四节气之中，这样二十四节气的保护工作才可以实现全覆盖。国家层面上，通过制定法律、法规和政策保护二十四节气，在当今的法制社会中也是非常重要的。目前，国家已颁布了《中华人民共和国非物质文化遗产法》，各地也出台了不少保护二十四节气的法规政策。今后还要继续出台更多、更广泛的保护二十四节气的法规，从而使其逐步走上更加规范的法制化保护轨道。

其五，二十四节气的保护要加强国际交流与合作。二十四节气已被联合国列入人类非物质文化遗产代表作名录，这表明中华民族优秀传统文化不仅是中国的文化遗产，也属于世界性的文化遗产，是中华民族对世界文明做出的贡献。通过国际合作交流，可以增进人们对这一文化遗产的了解和尊重，促进对文化多样性的保护。2022 年北京冬奥会上的二十四节气倒计时展示，就是一个向世界展现二十四节气文化的范例。这个节气倒计时不仅向世界展示了二十四节气文化，也体现了中国人对自然和谐与文化传承的尊重，使世界各国进一步认识了二十四节气传统文化，这个范例值得很好地借鉴。

二、二十四节气的传承和创新

二十四节气作为中华民族优秀文化遗产，已经得到社会各界的公认。目前，全国各地开展的一系列行之有效的传承活动，使二十四节气对农耕文化的指导、对人们生活的指引以及对民俗文化的影响等都得到比较好的传承。尤其是二十四节气被列入国家非物质文化遗产和人类非物质文化遗产之后，不论内容和形式都得到了较好的传承。但是，二十四节气的传承也面临着一些现实问题，例如，二十四节气的社会教育和传播、学校教育等相对来说还是比较薄弱的。更重要的是，随着社会的发展，特别是随着对文化项目商业价值的重视，二十四节气作为一个文化项目，很难从这个特殊的文化项目中取得较大、较快的经济效益，这就使二十四节气的传承失去经济方面的助推动力。而当把关注点集中到能取得较大、较快经济效益的非遗项目上时，二十四节气文化的传承工作便会受到限制，从而造成二十四节气传承的困难。

对于如何传承好二十四节气，各界人士不断从理论和实践上进行研究和探索，大致达成了一些共识，主要有以下几个方面：

其一，加强二十四节气知识的宣传和普及工作。二十四节气文化具有重要的历史价值、文化价值和实用价值，这是二十四节气文化的核心价值所在。这些需要通过认真细致的宣传和普及，还需要一些对二十四节气知识认知了解比较深刻的人进行讲述。其方法主要有两种：一是要利用多渠道的方法宣

二十四节气科普活动

传普及，可通过媒体、学校教育、社区活动等渠道进行宣传；二是要开展多形式宣传普及，可通过报告会、学术讲座、座谈会、实践体验等形式进行普及。

其二，大力开展二十四节气实践活动。二十四节气不仅是一个文化概念，更多的是实操。要传承好二十四节气必须全方位开展实践和体验活动，这样会使人们从真实的实践和体验中更加全面地了解和掌握二十四节气、传承二十四节气。例如，进行农耕体验、节气生活体验、节气民俗体验等，都可以使人们真正认知二十四节气，从而传承好二十四节气。

其三，创新传承方式，发扬各种组织的作用。二十四节气是一个博大精深的知识体系，在传承二十四节气文化时，除了上述的方法外，还可以利用艺术创作、文学作品以及现代化的图片、声音、视频等多种形式进行传播和交流，使传承途径和方式进一步扩大，从而达到良好的传承效果。同时充分发挥政府及社会组织在传承二十四节气文化方面的重要作用。政府可通过制定政策、加大投入的方法确保二十四节气持续传承。社会组织可通过组织文化交流、公益讲座等形式传承二十四节气文化。

在观星台举行第十一届全国民运会点火仪式

在二十四节气传承创新方面，各界人士达成了一些共识。总的原则是根据社会的发展、人们的生活需要开展二十四节气的创新和发展工作，为二十四节气增添生机和活力。在创新方面，可以通过数字化的手段，把二十四节气制作成动画、短视频等，以此来传播二十四节气文化；还可以通过主体文化方式创新二十四节气的传播形式，如利用立春植树活动、秋分赏月活动、寒露登高活动、美食节行动等传承和发展二十四节气文化。创新二十四节气传承还有一个很好的途径，就是大力开发与二十四节气相关的文创产品。通过这几年的实践证明，这是一个增加收入同时也是为二十四节气传承提供经济支撑的良好途径。此外，跨界融合也是创新二十四节气传承的方法，如通过音乐会、画展、舞蹈等，将节气的元素融入其中，使人们在观赏艺术表演时感受到二十四节气的文化氛围。

总之，二十四节气作为中华民族优秀传统文化的瑰宝，在中华民族发展史上起到了不可替代的作用，保护好、传承好、发展好二十四节气是摆在中华民族每个人面前的重要任务。相信只要大家团结一致，同心同德，全身心投入到中华民族优秀传统文化的保护、传承和创新中，二十四节气一定会绽放出更加绚丽夺目的光彩。

参考资料

班固.汉书[M].北京:中华书局,1997.

北京大学古文献研究所.全宋诗[M].北京:北京大学出版社,1998.

曹书敏,告成镇中文化发展研究会.告成观星台天文测量与探究[M].郑州:河南人民出版社,2017.

陈久金.中国古代天文学家[M].北京:中国科学技术出版社,2013.

陈美东.中国古代天文学思想[M].北京:中国科学技术出版社,2008.

陈梧桐,陈名杰.万里入胸怀——黄河史传[M].上海:华东师范大学出版社,2019.

陈遵妫.中国天文学史[M].上海:上海人民出版社,2016.

程贞一,闻人军.周髀算经译注[M].上海:上海古籍出版社,2012.

褚斌杰.诗经全注[M].北京:人民文学出版社,1999.

范晔.后汉书[M].北京:中华书局,1997.

房玄龄,等.晋书[M].北京:中华书局,1997.

冯秀藻,欧阳海.廿四节气[M].北京:农业出版社,1982.

侯仁之.黄河文化[M].北京:华艺出版社,1994.

胡一三,宋玉杰,杨国顺,张同德,王万民.黄河堤防[M].郑州:黄河水利出版社,2012.

黄怀信,张懋镕,田旭东,黄怀信,李学勤.逸周书汇校集注[M].上海:上海古籍出版社,2007.

黄寿祺,张善文.周易译注[M].上海:上海古籍出版社,2001.

孔广森.大戴礼记补注[M].北京:中华书局,2013.

黎翔凤.管子校注[M].北京:中华书局,2004.

刘文典,冯逸,乔华.淮南鸿烈集解[M].北京:中华书局,1989.

刘向，范祥雍，范邦瑾. 战国策笺证[M]. 上海：上海古籍出版社，2006.
刘昫，等. 旧唐书[M]. 北京：中华书局，1997.
陆玖. 吕氏春秋[M]. 北京：中华书局，2011.
吕宏军. 人类非物质文化遗产·中国二十四节气[M]. 北京：线装书局，2017.
慕平. 尚书[M]. 北京：中华书局，2009.
彭定求. 全唐诗[M]. 北京：中华书局，1960.
乔登云，刘勇. 磁山文化[M]. 石家庄：花山文艺出版社，2006.
石声汉，石定枎，谭光万. 齐民要术[M]. 北京：中华书局，2015.
司马迁. 史记[M]. 北京：中华书局，1997.
宋濂. 元史[M]. 北京：中华书局，1997.
唐圭璋. 全宋词[M]. 北京：中华书局，1965.
脱脱，等. 宋史[M]. 北京：中华书局，1997.
王筠. 夏小正正义[M]. 北京：商务印书馆，1936.
王逵. 蠡海集[M]. 北京：商务印书馆，1936.
王溥. 唐会要[M]. 北京：中华书局，1955.
王星光，张新斌. 黄河与科技文明[M]. 郑州：黄河水利出版社，2000.
王星光. 中国农史研究的新视野[M]. 北京：科学出版社，2015.
魏收. 魏书[M]. 北京：中华书局，1997.
魏征，等. 隋书[M]. 北京：中华书局，1997.
吴守贤，全和钧. 中国古代天体测量学及天文仪器[M]. 北京：中国科学技术出版社，2007.
西安半坡博物馆. 半坡遗址[M]. 西安：陕西人民出版社，1978.
姚春鹏. 黄帝内经[M]. 北京：中华书局，2009.
袁广阔. 二里头文化研究[M]. 北京：线装书局，2013.
袁广阔. 河南新石器时代考古研究[M]. 北京：科学出版社，2020.
张得水. 天地之中：嵩山地区的文化观念[M]. 北京：文物出版社，2018.
张改平. 农业[M]. 郑州：河南大学出版社，2020.
张广智，等. 大嵩山[M]. 郑州：大象出版社，2016.
张培瑜，等. 中国古代历法[M]. 北京：中国科学技术出版社，2007.

张世亮，钟肇鹏，周桂钿．春秋繁露[M]．北京：中华书局，2012．

张廷玉，等．明史[M]．北京：中华书局，1997．

张新斌．品读中原[M]．郑州：河南科学技术出版社，2018．

张学海．龙山文化[M]．北京：文物出版社，2006．

张之恒，黄建秋，吴建民．中国旧石器时代考古[M]．南京：南京大学出版社，2003．

郑玄，贾公彦．周礼注疏[M]．上海：上海古籍出版社，2010．

郑玄，孔颖达，等．礼记正义[M]．上海：上海古籍出版社，2008．

中国农业博物馆．二十四节气农谚大全[M]．北京：中国农业出版社，2016．

中国农业博物馆．二十四节气研究文集[M]．北京：中国农业出版社，2019．

中国农业博物馆．人类非物质文化遗产[M]．北京：中国农业出版社，2019．

朱士光．中国八大古都[M]．北京：人民出版社，2007．

庄威凤．中国古代天象记录的研究与应用[M]．北京：中国科学技术出版社，2009．

宗懔，谭麟．荆楚岁时记译注[M]．武汉：湖北人民出版社，1985．

左丘明，杜预．左传[M]．上海：上海古籍出版社，2015．

除上述所列书籍外，还参考了百度百科和有关官网以及诸多论文，限于篇幅，未一一列举。

后　记

二十四节气是中华民族优秀的传统文化，历史悠久，源远流长。它是中华民族在长期生产、生活的实践中，通过观察太阳周年运动而总结出来的服务于农业生产的补充历法，也是人们生活的重要指南。而由二十四节气衍生的民俗则是中国民俗文化的重要组成部分。

二十四节气起源于黄河中下游以中原为中心的地区，在其漫长的形成和发展史上，逐渐形成了内容极为广博的二十四节气文化。自古至今，反映二十四节气文化的书籍比较多，尤其是 2006 年二十四节气列入国家级非物质文化遗产后，二十四节气的书籍更是层出不穷。但纵观已出版的各类二十四节气书籍，大多是介绍二十四节气名称、节气三候、节气民俗及节气农事的，而研究二十四节气产生的本源、发展历程及对中国农耕、生活及民俗深层次影响的书籍则很少，可以说二十四节气理论研究仍是一个相对比较薄弱的环节。对此，本人所写的《二十四节气·黄河文明的杰作》一书，就是以研究和探索二十四节气理论体系为核心的书籍。

笔者生于中州腹地登封市，因先父吕江水从 1950 年起长期担任文化馆长、文教局长之故，负责中国最古老的观星台文物的保护和维修，并对中国二十四节气有较深的认知。1975 年父亲在参与重修观星台时，首次向我介绍二十四节气，然年幼尚懵懂。自 1979 年后向我比较详细地介绍二十四节气文化，方使我逐步步入二十四节气传承者行列，至今已 40 余载。而使我对节气民俗产生浓厚兴趣的则是在北京师范大学历史系求学期间，中国民俗学家张紫晨教授担任我们民俗学老师，是他深入浅出的讲述使我深爱上了民俗，并于 1987 年加入了中国民俗学会。当年毕业时还特请张紫晨老师在其所著的

《中国民俗与民俗学》一书中签名，以作纪念！

在此之后，由于长期从事中国传统文化研究，加上父亲传授的二十四节气知识，从此对节气的实践和研究理论进入了较为系统的阶段。在2006年二十四节气成为国家级非物质文化遗产之后，开始从深层次的角度研究并践行二十四节气文化，之后还参加了二十四节气申报人类非物质文化遗产活动。由此，历时6载，主编了《人类非物质文化遗产·中国二十四节气》一书，2017年由线装书局出版线装本，2019年又出版了普及本。这部80多万字的书，虽有一些研究性的内容，但主要是全面介绍二十四节气文化的。由此，从2017年起，决定撰写一部系统反映二十四节气理论方面的书籍，到2024年10月历8载方才定稿。

在编写此书的过程中，由于当今作者对二十四节气的认知不同，因而对二十四节气的起源、发展、影响等的解读存在着较大的差异，所以在编写此书时对引用的资料进行认真的甄别，力求做到准确无误。如对二十四节气初步阐释，《礼记·月令》《吕氏春秋·十二纪》皆有，然《礼记》成书于西汉晚期，《吕氏春秋》成书于战国末期，所述可信。又如对二十四节气之记述，《逸周书·时训解》及《淮南子·天文训》均有记载，虽然《逸周书》中有成书于先秦的，但考其所述的二十四节气应在西汉末期之后补写的，故以《淮南子》为准。此外，由于本书许多内容为研究性的，所以对这些事的论述较为详细，并有诸多考释。

在本书的编写过程中，郑州大学图书馆赵长海研究馆员为本书的撰写提供了巨大的帮助，从而使笔者能查阅到上百种有关书籍及诸多论文，对本书的成书起到了不可替代的作用。宋豫秦、张新斌、王星光、徐旺生、程杰等专家学者的著述及文章也是笔者重要的参考。同仁范彦省、景新源、陈占超、姚松涛、吕道玉、张晓东对本书进行了审校，郑泰森、和来贵、宋溧珉、黄建民、王凯旋、白银河等为本书提供图片。本书作为研究性的图书，也采用了馆藏文物及遗址的几幅照片。此外，常松木、曹书敏、杜晓龙、韩晓伟等对本书都给予不同程度的帮助。在此一并致谢！

二十四节气历史悠长，文化博大精深，需要研究和探索的还很多。故在此书的撰写过程中，本人虽尽全力，但由于水平所限，不足之处在所难免。敬请各位专家、学者及广大读者不吝赐教，以使之日臻完善。

吕宏军

二〇二四年霜降日